Mracek, Franz

Atlas der Syphilis und der venerischen Krankheiten

Mit einem Grundriss der Pathologie und Therapie derselben.

Mracek, Franz

Atlas der Syphilis und der venerischen Krankheiten

Mit einem Grundriss der Pathologie und Therapie derselben.

Inktank publishing, 2018

www.inktank-publishing.com

ISBN/EAN: 9783747784266

LEHMANN'S MEDICIN.
HANDATLANTEN.
BAND VI.
Zweite Ausgabe.

ATLAS

der

Syphilis und der venerischen Krankheiten

mit einem

Grundriss der Pathologie und Therapie derselben

von

Professor Dr. **Franz Mraček** in Wien.

Mit 71 farbigen Tafeln nach Originalaquarellen von Maler **A. Schmitson** und 16 schwarzen Abbildungen.

MÜNCHEN.
Verlag von J. F. Lehmann.
1898.

Vorwort.

Indem ich der an mich vor zwei Jahren ergangenen Aufforderung des Herrn Verlegers, einen Atlas der venerischen und syphilitischen Erkrankungen zusammenzustellen, nachgekommen bin, war es meine Absicht ein weiteren Kreisen zugängliches Buch zu schaffen, da die bisher vorhandenen Bilderwerke durch ihren Umfang und ihren Preis nur eine begrenzte Verbreitung finden konnten. Demgemäss war es notwendig, die häufigsten und praktisch wichtigsten Affektionen auszuwählen, seltenere Erkrankungen, die das Interesse der Fachkreise erregen, beiseite zu lassen. Die Abfassung des Textes war durch gleiche Prinzipien geleitet. Das Krankenmaterial entstammt zum allergrössten Teile der mir unterstehenden Abteilung im k. k. Rudolfsspitale zu Wien, ausserdem verdanke ich dem Direktor der n. oe. Landesfindelanstalt Herrn Sanitätsrat *Dr. Braun* zwei Fälle von hereditärer Syphilis, Herrn Primararzt *Prof. Dr. Bergmeister* zwei Fälle von luetischer Erkrankung des Auges, Herrn *Prof. Dr. E. Lang* einen Fall von Erkrankung des behaarten Kopfes.

Herr Maler *Schmitson* hat überraschend schnell die betreffs Auffassung und Wiedergabe der Krankheitsformen so schwierigen Anforderungen überwunden und eine Serie von musterhaft zu nennenden Aquarellen geschaffen.

Die Reproduktion der Originalien wurde von der Verlagsbuchhandlung in anerkennenswerter Weise durchgeführt.

Bei der Sichtung der Krankengeschichten, sowie bei der Kontrolle des Materiales hat mich mein Assistent *Dr. Grosz* mit grossem Eifer unterstützt.

Allen den Genannten sage ich meinen besten Dank.

Und so möge denn diese Arbeit in den Kreisen, für die sie bestimmt ist, freundliche Aufnahme finden.

Wien im November 1897.

Dr. Mraček.

Inhaltsverzeichnis.

Behandlung der Syphilis.

(Die venerischen Geschwürformen.

Die Blennorrhoe.

Verzeichnis

der

farbigen und schwarzen Abbildungen.

Tab. 19. Aggregiertes kleinpapulöses (lichenoïdes) Syphilid. (Recidivform.)
„ 20. Papulo-squamöses Syphilid.
„ 21. Syphilis papulosa orbicularis.
„ 22/23. Gruppirtes papulöses Syphilid.
„ 24. Leukopathia colli (Papulae ad genit.).
„ 24a. — — — (Vorderansicht).
„ 25. Papulae planae nitentes frontis et faciei.
„ 26. Alopecia areolaris syphilitica.
„ 26a. Papulae part. capill. capt.
„ 27. Pustulae min. faciei.
„ 28. Syphilis pustulosa.
„ 28a. „ „
„ 28b. „ „
„ 29/29a. Wuchernde Geschwüre (Framboësia) aus Pusteln an beiden Waden.
„ 30. Psoriaris syphilitica plantaris.
„ 31a. Papulae erosae inter digitos pedis.
„ 31b. Papulae et Rhagades inter digitos pedis.
„ 32. Paronychia syphiltica digit. man. utr.
„ 33. Papulae luxuriantes erosae diphteriticae.
„ 34. Papulae luxuriantes.
„ 35. Papulae luxuriantes in labiis maioribus in plica genito-crurali, perinaeo usque ad anum.
„ 36. Papulae luxuriantes in labiis maioribus in perinaeo et circa anum.
„ 37. Papulae hypertrophicae et plicae circa anum.
„ 38. Papulae annulares inveteratae in centro iam regressae.
„ 39. Papulae diphteriticae in mucosa portionis vaginalis et vaginae.
„ 40. Papulae diphth. in mucosa lab. sup. or. et in bucc. sin.
„ 41a. Infiltratio superficialiter necrotica mucosae et submucosae labii superioris oris.
„ 41b. Papulae exulceratae et Leukoplakia incipiens linguae.
„ 42a. Papulae elevatae confluentes in palato duro.
„ 42b. Leukoplakia (Psoriasis) linguae.
„ 43a. Iritis condylomatosa.
„ 43b. Tarsitis gummosa oculi sinistri. Trachom.
„ 44/45. Framboesia syphilitica. Syphilis praecox.

Tab. 46.
„ 46a. } Ulcera gummatosa lab. maiorum commiss. post. lab. min. d. et vaginae.
„ 47.
„ 48a. Ulcus gummatosum mamillae sinistrae.
„ 48b. Gumma mammae.
„ 49. Rupia syphilitica.
„ 50/50a. Ulcera gummatosa serpiginosa.
„ 51. Ulcera gummatosa serpiginosa surae d.
„ 52. Gumma cutis dorsi pedis. Gumma pharyngis.
„ 52a. Gummata exulcerata pericranii.
„ 53. Gummata gland. lymphat. colli cum destructione cutis.
„ 54/54a. Ulcera gummatosa cutis et glandul. inguinal.
„ 55. Gummatöse, in Nekrose begriffene Erkrankung der Weichteile.
„ 56a. Defectus palati mollis ex ulceratione gummatosa.
„ 56b. Gumma (hintere Pharynxwand).
„ 57. Glossitis gummatosa.
„ 58. Exanthema papulo-pustulosum. Syphilis hereditaria.
„ 59. Exanthema papulo-vesico-pustulosum. Lues hereditaria.
„ 60a, b u. c. Syphilis hereditaria.
„ 61. Ulcera ven. in praeput. et in glande penis.
„ 62. Ulcera venerea contagiosa confluentia in cute penis. Adenitis inguinalis dextr.
„ 63. Paraphimosis ex ulc. vener. in praep. oedem. inflamm. Adenitis inguinalis bilateralis suppur.
„ 64. Lymphangoitis dors. penis suppurans (Bubonulus Nisbethi) cum necros. integum.
„ 65. Abscessus gland. Barthol. sinistr.
„ 66. Blennorrhoe. — Cavernitis.
„ 67. Condylomata acuminata.
„ 68. Condylomata acuminata in sulco coronar. et in lamina interna praeputii inflammati in parte sin. necrotici.
„ 69. Condylomata acuminata portionis vaginalis.
„ 70. Hämorrhagia subcutanea cutis. penis.
„ 71. Mollusca contagiosa (monitiformia).

Druckfehler.

Erklärung zu Tab. 6a	letzte Zeile	lies	1881	statt	1861.
„ „ „ 20	Zeile 26	„	pustulae	statt	pustula.
„ „ „ 20	„ 27	„	gesund	„	geheilt.
„ „ „ 21	„ 16	„	maculöses	„	maculöser.
„ „ „ 21	„ 17	„	figuriertes	„	figurierter.
„ „ „ 21	letzte Zeile	„	wurde	„	wird.
„ „ „ 35	Zeile 2	„	perinaeo	„	perineo.
„ „ „ 36	„ 2	„	perinaeo	„	perineo.
„ „ „ 36	„ 7	„	oberflächlich	„	oberflächliche.
„ „ „ 36	„ 9	„	Perinaeum	„	Perineum.
„ „ „ 46	„ 9	„	3½ Jahre	„	2½ Jahre.
„ „ „ 56a	„ 2	„	gummosa	„	gummatosa.
„ „ „ 56a	„ 11	„	den	„	dem.

Einleitung.

Die Syphilis, auch Lues venerea genannt, ist eine constitutionelle Erkrankung und wird in die Gruppe der chronischen Infectionskrankheiten eingereiht.

Allem Anscheine nach handelt es sich bei der Syphilis geradeso wie bei Tuberculose, Rotz etc. ebenfalls um eine durch einen niederen Organismus hervorgerufene Krankheit. Leider ist es bisher nicht gelungen, den Krankheitserreger zu ermitteln.

Die verschiedenen seit langer Zeit zur Ergründung des Contagiums der Syphilis angestellten Versuche hier aufzuzählen, würde unserer kurzen Darstellung der Pathologie nicht entsprechen, daher wir dieselben einfach übergehen wollen. Ebenso wollen wir von Conjuncturen absehen, die aus einer blos theoretischen Annahme eines Mikroorganismus und dessen Toxinen auf die Auffassung und die Darstellung der pathologischen Producte dieser Krankheit gemacht werden müssten.

Die Syphilis wird von einem kranken Individuum auf ein gesundes, nicht an Syphilis leidendes übertragen (acquirierte Syphilis). Sie ist somit eine contagiöse Erkrankung, welche sich erst nach der Einimpfung im Organismus weiter entwickelt, denselben durchseucht und an ihm verschiedene Krankheitserscheinungen hervorbringt.

Ausser dieser Verbreitungsart hat die Syphilis die Eigenschaft, dass sie von den Eltern auf die Kinder vererbt werden kann (hereditäre Syphilis).

Diese beiden Abarten in der Verbreitung der Syphilis haben in ihrem weiteren Verlaufe wesentliche Verschiedenheiten aufzuweisen, so dass sie seit langem getrennt abgehandelt werden. Auch wir wollen in unserem kurzen Abriss der Pathologie dieser Krankheitsfamilie dem allgemeinen Gebrauche folgen und beginnen mit der erworbenen Syphilis. Am Schlusse werden wir in einem eigenen Capitel die ererbte Syphilis abhandeln.

Unsere Aufgabe ist es, die Krankheitserscheinungen, welche die Syphilis hervorbringt, zu studieren und wenigstens auf diese Art das Wesen dieser Krankheit näher kennen zu lernen.

Die acquirierte Syphilis wird zuweilen mittelbar, meist aber unmittelbar auf einen bisher von ihr freigebliebenen Körper übertragen. Sie bildet an der Einimpfungsstelle einen Herd, von welchem aus das Contagium in den Organimus eindringt. Hierzu ist vor allem eine Vermehrung des Contagiums an der Angriffstelle selbst notwendig, dann aber auch dessen Ueberführung durch die Lymph- und Blut-Bahnen in den übrigen Organismus.

Letzteres geschieht allmählig und für die bisherigen Untersuchungsmethoden unergründlich, so dass wir es, bevor nicht anderweitige Krankheitssymptome auftreten, nur mit den localen Erscheinungen an der Ansteckungsstelle und den nächsten Folgeerscheinungen derselben zu thun haben. Dabei ist es jedoch notwendig, sich vorzustellen, dass sich das Contagium ununterbrochen vermehrt und ebenso continuierlich dem Organismus mitteilt. Allmählig treten mehr oder weniger subjective Störungen bei den Kranken auf und bald kommen auch sichtbare und greifbare Veränderungen auf der allgemeinen Decke zum Vorschein, so dass wir in diesen die vollendete Allgemeininfection nach Ablauf von mehreren Wochen nach der Ansteckung deutlich erkennen.

Zum besseren Verständnisse und mehr der Bequemlichkeit halber als dem thatsächlichen Verhalten entsprechend, teilt man die syphilitischen Erscheinungen ein in ein primäres Stadium, welches die nach der Ansteckung local entstehenden Anfangserscheinungen umfasst, in ein secundäres Stadium, das mit dem Auftreten der Allgemeinerscheinungen beginnt und in ein tertiäres Stadium, in welchem knotige Formen, sogenannte gummatöse Neubildungen entstehen. Einzelne Fachmänner haben diese Einteilung mehr mit Rücksicht auf die klinischen Erscheinungen, andere wieder auf die Zeit, in welcher dieselben auftreten, aufgestellt. Thatsächlich entspricht jedoch diese Einteilung der Natur und dem Verlaufe der Krankheit nicht, denn, wenn auch zwischen den jeweiligen Erscheinungen sogenannte Latenz- oder Intermissions-Perioden vorkommen und der Organismus scheinbar frei von Erscheinungen der nächst folgenden Gruppe ist, so wissen wir, dass das Contagium im Inneren trotzdem fortlebt, sich vermehrt und früher oder später neuerliche Erscheinungen hervorruft. Es wäre daher vielleicht zweckmässiger, die sogenannten primären und secundären Erscheinungen einfach als irritatives Stadium, wie es bereits Virchow gethan hat, zu bezeichnen und von den später auftretenden gummatösen Neubildungen und Entartungszuständen einzelner Organe, falls solche überhaupt zur Entwicklung gelangen, abzutrennen.

Es ist uns nicht möglich, im gegebenen Falle nach der Infection Anhaltspunkte dafür zu gewinnen, wieviel Erscheinungen noch im Organismus auftreten werden und wie schwer der Kranke an seinem Leiden in Zukunft zu tragen haben wird. Es berechtigen uns hiezu weder die milden Erscheinungen am Infectionsherde in der primären Periode, noch das Auftreten milder Allgemeinsymptome auf der Haut und den Schleimhäuten in der secundären Periode. Wir können lediglich nach unserer Erfahrung sagen, dass gesunde, kräftige Individuen zur Hoffnung berechtigen, die Krankheit leicht zu überstehen, wogegen geschwächte, von Tuberculose, Malaria und anderen, mitunter auch intercurrenten Krankheiten heimgesuchte Kranke unter gleichen Umständen meist mehr zu erdulden haben werden. Man muss sich daher in der Prognose bei solchen Individuen noch mehr Reserve auferlegen, als man es schon bei sonst Gesunden zu thun genötigt ist. Hier dürfen auch jene Infectionen mit Syphilis nicht unberücksichtigt bleiben, welche noch nicht entwickelte, ja oft im zarten Kindesalter befindliche Individuen betreffen, da gerade diese unter schwereren Erscheinungen, welche sich in dem zarten, erst wachsenden Organismus fortentwickeln, mehr zu leiden haben. Es ist also dem Arzte nicht möglich, einem Kranken mit Bestimmtheit vorherzusagen, dass sein Leiden nach so oder so langer Zeit mit diesen oder jenen Erscheinungen abschliessen werde. Als Regel gilt, dass die Syphilis mit dem irritativen Stadium oder den sogenannten Secundärerscheinungen abschliesst. Leider müssen viele Kranke die böse Erfahrung machen, dass trotz angewandter Behandlung und trotz sorgsamster Pflege dennoch gummatöse Neubildungen zur Entwicklung gelangen, welche den Organismus mehr zu schädigen im Stande sind, als die leichteren entzündlich-infiltrativen Erscheinungen der secundären Periode. Trotz vielfacher Bemühungen gewiegter Fachmänner gelang es noch immer nicht, bestimmte Anhaltspunkte zu finden, nach denen wir einen Abschluss der syphilitischen Erkrankung mit Sicherheit constatieren könnten, oder nach denen wir berechtigt wären, das Auftreten tertiärer Formen zu erwarten. Bevor es uns nicht möglich sein wird, durch neue Untersuchungsmethoden einen Organismus als von Syphilis befreit zu erklären, sind wir darauf angewiesen noch immer gewisse empirische Thatsachen für die Beurteilung, ob die Krankheit abgeschlossen ist oder nicht, heranzuziehen. Solche sind: Der vor der Acquisition der Syphilis meist gesunde, kräftige Organismus, eine gewisse Regelmässigkeit im Auftreten consecutiver Erscheinungen an demselben, zweckmässige Behandlungsmethoden und endlich das jahrelange Freibleiben von jeder Krankheitserscheinung. Ein Schema dürfte sich für die meisten Fälle folgendermassen zusammenstellen lassen: Vom Tage der Infection bis zu dem Ausbruche secundärer Erscheinungen vergehen etwa acht Wochen. In diese fallen die Entwicklung der Initialsklerose — innerhalb der ersten drei Wochen —, die Beteiligung der benachbarten Drüsengruppen, mitunter auch der zuführenden Lymphgefässe, und subjective Störungen, welche einzelne Kranke vor dem Ausbruche des Exanthems mehr oder weniger belästigen. Das Erstlingsexanthem schwindet, und nach etwa drei Monaten, also am Ende des ersten halben Jahres der Krankheit, entwickelt sich zumeist ein Syphilid mit Beteiligung der Schleimhäute. Der weitere Verlauf gestaltet sich dann gewöhnlich so, dass da und dort localisierte Ausschläge auftreten, die auf entsprechende Behandlung zurückgehen. Diese Periode gelangt zumeist nach 1 1/2 bis 2 Jahren zum Abschluss. Eine Ausnahme von diesem Schema machen die bösartigeren Fälle, welche keine freien Intermissionsperioden haben, bei denen tertiäre neben secundären Erscheinungen auftreten und bei denen sich schon frühzeitig nervöse Störungen und Organerkrankungen bemerkbar machen. Dies sind die malignen Formen von Syphilis. Zwischen beiden Verlaufsarten stehen der Zahl nach jene Fälle, in denen sich nach einer von allen Symptomen freien Zeit der Latenz tertiäre destructive Formen entwickeln.

Bedingungen der Infection.

Soll ein Inviduum mit Syphilis inficiert werden können, so müssen gewisse Bedingungen hiefür vorhanden sein. Es muss nämlich erstens das Individuum von Syphilis frei sein, und es müssen sich zweitens epitheliale oder epidermidale Substanzverluste, kurz irgend welche wunde Stellen auf der Oberfläche seines Körpers befinden, in deren Bereich dann die Uebertragung stattfindet.

Die Syphilis macht nämlich den Körper, den sie einmal befallen hat, für lange Zeit gegen eine neuerliche Infection immun. Allerdings können auch auf ein solches Individuum geschwürige Processe übertragen werden, allein es handelt sich dabei doch nur um eine scheinbare Uebertragung von Syphilis, indem die Erkrankung, die darauf folgt, immer nur eine rein örtliche ist und im Organismus keine weiteren Folgen nach sich zieht.

Der Substanzverlust, der wohl die wichtigste Bedingung für das Zustandekommen der syphilitischen Infection abgibt, kann entweder in dem Momente der Uebertragung entstehen

z. B. beim innigen geschlechtlichen Contact, oder er war bereits vor dem Zeitpunkte, in welchem die Uebertragung stattfand, vorhanden, z. B. eine Erosion nach einem Herpes praeputialis oder labialis. Freilich ist die Möglichkeit einer Uebertragung der Syphilis auch bei völlig unverletztem Gewebe nicht in Abrede zu stellen, nur ist dazu einerseits eine besondere Beschaffenheit des Gewebes notwendig, andererseits muss das betreffende Wundsecret, welches das syphilitische Contagium enthält, lange Zeit hindurch einwirken und eine Gewebsreizung in den Ausführungsgängen der Drüsen oder auf den feinen Schleimhautfalten (Praeputialsack, Interlabialfurchen) hervorrufen, ehe es die Infection bewerkstelligen kann, wo hingegen von einer wunden Stelle aus schon nach einem sehr kurz dauernden Contact die Uebertragung erfolgt.

Ob die Infection durch directen Contact mit einem syphilitischen Körper (unmittelbare Uebertragung) oder aber durch irgend einen Gegenstand, der mit dem syphilitischen Wundsecret verunreinigt war (mittelbare Uebertragung) erfolgt, ist für den weiteren Verlauf der Erkrankung ganz gleichgiltig.

Träger des syphilitischen Contagiums.

Ein im acuten d. h. vollendet infectiösen Stadium der Syphilis stehendes Individuum kann mit Recht für seine Umgebung als gefährlich bezeichnet werden. Vorwiegend sind es die durch die Syphilis bedingten Geschwüre, in deren Secreten das Contagium am reichlichsten angehäuft ist. Aber auch das Blut und die Lymphe enthalten in diesen Stadien das Contagium. Weniger gilt dies von den normalen Secreten eines solchen Körpers, als da sind: Speichel, Milch und Sperma, obzwar auch diesen auf ihrem Wege im Organismus oder dort, wo sie an die Oberfläche gelangen, also in der Mundhöhle, an der Mamma, und bei klinisch kaum nachweisbaren Erkrankungen des gefässreichen Testikels möglicherweise auch das Contagium beigemengt werden kann. Sowohl Individuen mit acquirierter, als auch solche mit hereditärer Syphilis, z. B. mit Pemphigus syphiliticus und Papeln behaftete Kinder, sind für den nicht syphilitischen Organismus gefährlich und bleiben es auch viele Jahre hindurch. Neuere Beobachtungen haben dargethan, dass von einzelnen krank gewesenen Stellen, welche den Träger kaum belästigen, noch lange nachher, wenn sie gelegentlich durch Maceration oder auf mechanische Weise wund gemacht werden, abermals die Infection vermittelt werden kann. Hierher gehören alte anale und perianale Infiltrate, alte Zungenaffectionen und viele andere, sogenannte Praedilectionsstellen der Syphilisproducte, von denen noch später die Rede sein wird.

Es wird im allgemeinen angenommen, dass die tertiärsyphilitischen Producte, die sogenannten gummatösen Neubildungen, keine Syphilis vermitteln können. Diese Behauptung dürfte jedoch nur mit Reserve aufzunehmen sein. So werden Fälle, bei denen diese tertiären Erscheinungen neben noch bestehenden secundären auftreten, wenn sie auch in die Gruppe der tertiären Formen gehören, jedenfalls das Contagium führen. Immerhin ist eine geringere Infectiosität der gummatösen Processe im Verhältnis zu den secundären nicht zu leugnen und der Umstand, der hierbei am schwersten in die Wagschale fällt, ist wohl der, dass das Gumma erst viel später zerfällt, nachdem das Infiltrat bereits regressive Metamorphosen eingegangen ist, so dass wir es hier dann nur mehr mit einem Gewebsdetritus, in dem das Syphiliscontagium bereits abgeschwächt oder unschädlich gemacht wurde, zu thun haben. Ausserdem sind die gummösen Formen häufig an Stellen localisiert, von denen aus eine Uebertragung unmöglich ist (innere Organe). Auch der Umstand ist nicht zu unterschätzen, dass die Kranken jede innige Berührung mit den gummatösen Geschwüren scheuen, weil sie ihnen Schmerzen verursacht. Die secundären Krankheitsprodukte hingegen, welche oberflächlicher liegen und sehr bald nach ihrem Entstehen auch wieder zerfallen, führen zu reichlich secernierenden Substanzverlusten, und dieses Secret kann viel eher die Ueberimpfung vermitteln, als das der gummatösen Geschwüre.

Alte, aus gummatösen Schwielen und Gewebsalterationen hervorgegangene Geschwüre sind, gerade so wie die Hyperostosen und Eburneationen an den Knochen als Folgen der daselbst bestandenen Syphilisproducte anzusehen und enthalten kein Contagium mehr.

Haben wir bisher nur vom syphilitischen menschlichen Körper als Träger des Contagiums gesprochen, so müssen wir jetzt noch hinzufügen, dass auch zahllose Gegenstände, wie Löffel, Gläser, Blasinstrumente, chirurgische Werkzeuge, Bandagen u. s. w. die Infection vermitteln können, wenn sie vorher mit Wunden Syphilitischer in Berührung gekommen waren und etwas Secret an ihnen haften blieb. Das Antrocknen des syphilitischen Secretes an solchen Gegenständen macht das Contagium durchaus nicht unschädlich. Dagegen vermögen hohe Temperatursgrade sowie das Gefrieren nach den bisherigen Erfahrungen die Ueberimpfbarkeit des Contagiums zu zerstören.

Die ersten nach der Syphilisübertragung auftretenden Erscheinungen.

Die ersten Erscheinungen, welche nach der Infection sich einstellen, haben durchaus keine charakteristischen Merkmale an sich, aus denen man auf eine wirksame Uebertragung schliessen könnte. Wir haben es entweder mit bereits vor der suspecten Berührung vorhanden gewesenen Wunden oder mit frischen Verletzungen, die erst zur Zeit der Berührung entstanden sind, oder mit Macerationen von Epithel oder Epidermis an den früher erwähnten Falten oder Drüsenausführungsgängen, am häufigsten der Genitalien, zu thun. Die Kranken kommen zu dieser Zeit nur selten und nur dann zum Arzt, wenn sie sich genauer beobachten und sich dessen bewusst sind, dass die wunde Stelle gegentlich einer Berührung mit einem fremden Körper entstanden ist. Der Sache unkundige Individuen und solche, welche durch mittelbare Uebertragung inficiert worden sind, pflegen oft erst recht spät ärztliche Hilfe aufzusuchen, und kommen zuweilen mit schon vorgeschrittenen, ja sogar am ganzen Körper bereits weit ausgebreiteten secundär-syphilitischen Symptomen zur Untersuchung. Es ist also der Arzt nach dem früher Gesagten kurz nach stattgehabter Infection selten in der Lage, mehr aussagen zu können, als dass die Erosion oder der Hautriss oder die geplatzten Bläschen (z. B. nach einem Herpes) mehr oder weniger verdächtig sind und wird höchstens durch eine Untersuchung des betreffenden Individuums, von dem die Uebertragung ausgegangen sein könnte, mit etwas mehr Berechtigung erschliessen können, ob er in der That eine syphilitische Affection vor sich habe oder nicht.

Immer kommt es jedoch auch darauf an, ob es sich um eine Uebertragung von Syphilisproducten allein handelt oder ob gleichzeitig auch ein eitriges Secret von venerisch-contagiösen Geschwüren überimpft wurde. Im ersteren Falle haben wir es mit einem langsam sich entwickelnden Geschwürsprocess oder vielmehr mit einem allmählig entstehenden Infiltrationszustande an der befallenen Stelle zu thun, im letzteren Falle dagegen verdeckt das acut verlaufende venerisch-contagiöse Geschwür mit seinem rapiden Zerfall und seiner profusen eitrigen Secretion die Zeichen der Syphilisübertragung so vollständig, dass man zu der Erkenntnis der letzteren erst beim Verheilen oder nach Ablauf des Geschwüres gelangt. Alle hierher gehörigen Wunden, ja auch die venerisch-contagiösen Geschwüre können bei antiseptischer Behandlung und sorgsamer Pflege verheilen. Allein man darf nicht glauben, dass damit etwa der ganze Krankheitsprocess zum Abschluss gelangt sein muss. Gar oft entwickelt sich erst in der Narbe die Infiltration, die benachbarten Drüsengruppen schwellen an und man hat es mit einer syphilitischen Initialform zu thun, welche im weiteren Verlaufe für den Organismus dieselbe Bedeutung hat, wie wenn sie von allem Anfang an als ein lediglich syphilitisches Geschwür bestanden haben würde.

Der gewöhnliche Verlauf aber ist der, dass sich aus dem kleinen, unscheinbaren Substanzverluste allmählig rundliche, an der Oberfläche speckig belegte, wenig Secret liefernde Geschwüre entwickeln, welche dem Kranken keine besonderen Beschwerden verursachen. Im Verlaufe der zweiten, namentlich aber in der dritten Woche entwickelt sich dann an der Basis und in der Peripherie die typische Infiltration, welche knotig-sphärische Form annimmt, derb anzufühlen ist und die sogenannte Induration oder Sklerose darstellt (Tab. 1). Der Grad der Infiltration hängt vielfach von der örtlichen Beschaffenheit des Gewebes ab, in dessen Bereich die Uebertragung stattgefunden hat. So finden wir z. B. häufig an der Glans penis und an der Portio vaginalis platte, an der Oberfläche erodierte Infiltrate (Erosio superficialis sklerotica). Auf der Körperoberfläche, namentlich dort, wo die Haut lockerer mit der Unterlage verbunden ist, finden wir knotige, über die Umgebung elevierte, derbe Infiltrate, welche an behaarten, drüsenreichen Partien selbst bedeutende Grösse erreichen können (Tab. 2 bis 11). So sahen wir eine solche fast zweimarkstückgrosse Sklerose am Kinn, welche eine Neubildung vortäuschte, und die Zeit ist noch gar nicht so lange vorbei, wo Verwechslungen solcher syphilitischer Sklerosen an Lippen, Brüsten u. a. mit Epitheliomen vorkamen. Sitzen solche Initialaffecte an Stellen, welche der Zerrung häufig unterworfen sind, z. B. an den Mundwinkeln, am Uebergangsteile der Gaumenbögen in die Zunge, an den Mandeln, am After u. s. w., so nehmen sie die Form rissförmiger Geschwüre an, welche häufig durch den raschen Zerfall des Infiltrates die Diagnose einer Sklerose erschweren. Das syphilitische Gewebe im allgemeinen, besonders aber die mächtige Sklerose erleidet durch Druck oder Zerrung einen rapiden gangränösen Zerfall, wobei es zur Elimination der Induration und zur Bildung eines grossen Geschwüres kommt. Ebenso kann auch durch therapeutische Missgriffe, namentlich durch unnützes Aetzen ein Zerfall des Infiltrates und Entstehung grösserer Geschwürsflächen hervorgerufen werden.

Von der Stelle der Uebertragung aus dringt das syphilitische Contagium weiter in den Körper ein und zwar geschieht dies auf dem Wege der Lymph- und Blutbahnen. Namentlich sind es die ersteren, welche die grösste Menge des von den peripheren Geweben rückströmenden Gewebssaftes aufnehmen und, indem sie selbst sich aus Capillaren zu immer grösser werdenden Lymphbahnen vereinigen, in die zunächst benachbarten Drüsen überleiten. Es soll damit aber durchaus nicht in Abrede gestellt werden, dass auch die rückläufigen Blutgefässe, die Venen, das Virus von der Sklerose aufnehmen und in den übrigen Organismus überführen; für die Lymphgefässe jedoch ist das klinisch und histologisch erwiesen. Wer Gelegenheit hatte, ein grösseres Material zu beobachten, wird sich mancher Fälle erinnern, wo um die Sklerose herum das Gewebe wie angeschwollen, wenn auch nicht so prall und derb wie die Sklerose selbst, so doch dichter und hart, ödematös anzufühlen war, und wo in weiterer Entfernung, z. B. am dorsum penis beim Sitz der Sklerose am Praeputium, derbe harte Stränge zogen, die sich deutlich bis zu den regionären Lymphdrüsen verfolgen liessen. Diese Veränderung beginnt mit einer capillären oder strangartigen, in ihrem Verlaufe oft knotige Anschwellungen zeigenden Lymphangoitis. Liegt letztere gar zu oberflächlich oder sind die knotigen Anschwellungen grösser, so entstehen nicht selten Excoriationen an der Oberfläche derselben, ja tiefer Zerfall. Solche exulcerierte Knoten können als mehrfache Uebertragungsstellen des syphilitischen Contagiums imponieren. Eine solche Entzündung der Lymphgefässe infolge von Initialsklerose kann zu einer mächtig ausgebreiteten, die Genitalien in hohem Grade verunstaltenden Schwellung führen, einem Zustand, den man als Oedema indurativum (Tab. 5 u. 12) bezeichnet, der sich als ungemein hartnäckig erweist, meist der allgemeinen Behandlung zu weichen beginnt und mit den Secundärerscheinungen vollständig schwindet. Es ist diese Art indurativen Oedems wohl zu unterscheiden von acuten entzündlichen ödematösen Schwellungen, welche als acuter Process zu jedweder unreinen oder zerfallenden Wunde hinzutreten können und ab und zu zu Abscedirungen im Verlaufe der Lymphgefässe führen, wie beim venerischen Geschwür (Bubonulus Nisbethii).

Lymphdrüsenschwellungen.

Im weiteren Verlaufe kommt es zu einer bei der Syphilisinfection constant auftretenden Erscheinung, nämlich zu einer Anschwellung der dem Initialaffecte zunächst gelegenen Lymphdrüsengruppen, also bei Genitalsklerose der inguinalen, bei Mund- und Lippensklerose (Tab. 9 u. 10) der submaxillaren und submentalen u. s. w. Diese Anschwellung ist der äusserlich sichtbare Ausdruck eines massenhaften, kleinzelligen Infiltrates, welches ebenso wie in der Initialsklerose selbst und im weiteren Verlaufe in den von ihr abgehenden Lymphgefässen, nun auch in den entsprechenden Lymphdrüsen Platz greift. Sie bleibt bei reinen syphilitischen Geschwüren in der Regel auf einen mässigen Grad beschränkt, ohne besondere subjective Beschwerden hervorzurufen. Bei zerfallenden Geschwüren hingegen und ebenso in jenen Fällen, in welchen eine Mischinfection vorliegt, wird ein viel grösserer Reiz auf die Drüsen ausgeübt. Sie schwellen dann viel beträchtlicher an und bilden nicht selten faustgrosse Tumoren, welche an verschiedenen Stellen zerfallen und eine sogenannte strumöse Adenitis darstellen. Häufig geschieht dies auch bei herabgekommenen, mit Scrophulose, Tuberculose etc. behafteten Individuen und bei diesen auch schon bei relativ geringer peripherer Reizung.

Phimosis und Paraphimosis.

Wir wollen hier noch einer häufigen Complication jener Initialformen gedenken, die am männlichen Gliede, namentlich am Praeputium und im sulcus coronarius vorkommen. In solchen Fällen wird nämlich das Praeputium durch die weit um die Sklerose herum sich ausbreitende Infiltration häufig vollständig unbeweglich, so dass es starr die Eichel umschliesst (Tab. 12). Solche Phimosen kommen auch bei früher locker gewesenen Vorhäuten zur Entwicklung, ganz unabwendbar aber in jenen Fällen, wo schon vordem eine wenn auch nur ganz geringgradige Verengerung bestand. Unter dem dauernd wirkenden Einflusse des Druckes kommt es nun zu Zerfall, gar nicht so selten sogar zu Gangrän der Sklerose. Schreitet die Gangrän vorwärts, so wird das Praeputium durchlöchert und die Eichel kann durch die auf diese

Weise entstandene Oeffnung hindurchschlüpfen. Wir haben Fälle beobachtet, wo das Praeputium durch die Gangrän vollständig zerstört war, wo letztere weiter auf die Haut des Penis, ja auch auf die des Scrotums übergegriffen hatte so, dass einerseits die Corpora cavernosa, anderseits die Testikel samt den zuführenden Gefässen, ihrer Decke entblösst zutage lagen. Wenn ein solches noch bewegliches, aber schon infiltriertes Praeputium gewaltsam zurückgeschoben wird, so gelingt die Reposition selten (Paraphimosis). Das Praeputium wird ödematös geschwellt; der hinter der Eichel befindliche einschnürende Rand wird nekrotisch zerstört. Bleibt dieser Zustand, der die Circulation in der glans und dem retrahierten Praeputium hemmt, länger bestehen, so wird aus diesem Oedem eine bleibende entzündliche Infiltration, welche das Reponieren des Praeputiums nicht mehr gestattet und es resultiert daraus eine bleibende Verunstaltung des Penis.

Prodromalsymptome während der Proruptions-periode.

Während sich die localen Symptome mit grösserer oder geringerer Intensität entwickeln, dringt das Contagium von der Stelle der Uebertragung auf dem Wege der Lymph- und Blutbahnen weiter in den Organismus ein, ohne dass man längere Zeit hindurch, meist bis zum 57. Tage nach erfolgter Infection, andere Veränderungen, als die bisher erwähnten wahrnehmen könnte. Allein es verhalten sich durchaus nicht alle Fälle gleich. Eine grosse Anzahl derselben, (wir möchten fast mehr denn die Hälfte als solche bezeichnen), lässt schon zu der Zeit, wo sich die Weiterverbreitung der Krankheit im Körper vollzieht ohne noch durch äusserlich besonders auffallende Veränderungen in Erscheinung zu treten, durch gewisse Symptome auf das Vorhandensein einer schweren Allgemeinerkrankung schliessen.

Es klagen nämlich die Patienten in solchen Fällen viele Tage vor dem Ausbruche des Exanthems über Mattigkeit und Abgeschlagenheit, sind auffallend blass, weisen bläuliche Ringe um die Augen auf, kurz sie nehmen ein ausgesprochen krankhaftes Aussehen an. Gleichzeitig treten auf irgend einen Körperteil beschränkte Schmerzen auf: Kopfschmerzen, Intercostalneuralgien, Druckempfindlichkeit des Sternums, namentlich in der Nähe der Ansatzstellen der Rippenknorpel ohne dass man daselbst irgendwelche Schwellungen nachweisen könnte, Schmerzhaftigkeit einzelner Gelenke oder gewisser Muskelgruppen u. a. Letztere bezeichnet man auch als rheumatoide Schmerzen und gar nicht selten geben sie die Veranlassung zu Verwechslungen mit beginnendem Rheumatismus. Weiter zeigen die Kranken mitunter eine gewisse Unruhe und leichte Erregbarkeit, die sich einerseits darin äussert, dass sie sehr reizbar werden und sich unzufrieden zeigen, andererseits darin, dass bis dahin ganz gesunde Personen nun beim Stiegensteigen und ähnlichen geringfügigen Anstrengungen von heftigen Herzpalpitationen befallen werden. Auch der Schlaf ist bei diesen Patienten zuweilen gestört. Es tritt Schlaflosigkeit entweder ohne jede weitere Veranlassung oder im Gefolge der oben angeführten, sich meist in den Abendstunden steigernden Schmerzen auf und trägt zur Verschlimmerung des Allgemeinzustandes der Kranken bei. Von den angeführten Symptomen kann der Kranke dieses oder jenes allein oder aber mehrere gleichzeitig aufweisen. Bei einzelnen Individuen lässt sich gegen Abend eine Temperaturerhöhung um 0,5 bis 1^0 constatieren, bei den meisten aber ist eine Temparatursteigerung überhaupt nicht zu finden (Syphilitisches Fieber).

Nachdem nun die aufgezählten Erscheinungen kürzere oder längere Zeit, meist acht bis zehn Tage anhielten, lassen sie allmählig, oft ohne jede Behandlung nach und es entwickelt sich das Exanthem, mit welchem wir das Gebiet der sogenannten Secundärperiode betreten.

Wir wollen gleich hier, bevor wir uns noch mit den übrigen Krankheitsproducten der secundären Periode der Syphilis beschäftigen, erwähnen, dass man in der Regel etwa gleichzeitig mit dem ersten Auftreten von Allgemeinerscheinungen an den verschiedensten Körpergegenden ein allmähliges Anschwellen der tastbaren Drüsen (allgemeine syphilitische Drüsenanschwellung) beobachtet. Man findet dann die supraclavicularen, cervicalen, submaxillaren, nuchalen, retroauricularen, ferner die axillaren, cubitalen u. a. Lymphdrüsen entweder insgesamt oder nur gruppenweise mässig vergrössert und beträchtlich verhärtet. Grössere Schwellungen finden sich bei scrophulösen, anämischen und bei sonstwie heruntergekommenen Individuen.

Ganz nebenbei wollen wir bemerken, dass das Drüsensystem auch in späteren Perioden entweder für sich allein oder im Zusammenhange mit cutanen Geschwürsprocessen eine gar wichtige Rolle spielt. In diese Periode fällt auch die Zunahme der Milzanschwellung, welche jedoch schwer zu constatieren sein dürfte und auch nicht in allen Fällen vorzukommen pflegt. In einem späseren Absatz wollen wir nochmals auf diese pathologischen Veränderungen zurückkommen.

Die syphilitischen Exantheme.

Die syphilitischen Exantheme der Secundärperiode können wir mit Rücksicht auf ihr histologisches Verhalten und den klinischen Verlauf in drei Gruppen sondern, nämlich

in maculöse,
in papulöse und
in pustulöse.

Ausserdem treten in ganz seltenen Fällen im Anschluss an die papulösen Exantheme sogenannte squamöse Formen auf, die ihrer sehr frühzeitig in Erscheinung tretenden Tendenz zum oberflächlichen Abschuppen diesen Namen verdanken. (Tab. 20.)

Die syphilitischen Exantheme zeigen gewisse allgemeine Merkmale, die allen in ziemlicher Regelmässigkeit zukommen. Die Efflorescenzen sind gewöhnlich auf beide Körperhälften symmetrisch verteilt und ihre Anordnung hält, was namentlich bei reichlicheren Eruptionen deutlich wird, die Spaltrichtungen der Haut ein. So findet man z. B. am Rücken die einzelnen Reihen, in welchen die Efflorescenzen nebeneinander stehen, schief nach beiden Seiten hin abfallend. (Tab. 16.) Weiter zeigen alle syphilitischen Exantheme kreisrunde oder elliptische Form und dies sowohl an den einzelnen Efflorescenzen als auch in den mehr weniger ausgebreiteten Gruppen, die letztere während der vorgeschrittenen Stadien bilden (Tab. 21). Diese Eigenschaft, die man übrigens auch bei anderen Dermatosen findet, könnte sehr wohl in der Verteilung von Gefässen und Nerven in der Haut ihren Grund haben. Endlich muss hervorgehoben werden, dass die Exantheme seltener ein gleichartiges, sondern in den weitaus meisten Fällen ein polymorphes Aussehen darbieten. (Tab. 16.) Man beobachtet dabei entweder ein directes Uebergehen einzelner Efflorescenzen aus der einen in die andere Form (z. B. aus der maculösen in die papulöse) oder es entwickeln sich innerhalb einer Gruppe z. B. maculöser Efflorescenzen papulöse, papulöser Formen pustulöse mit verschiedenartigem Charakter. (Tab. 18.)

Das maculöse Syphilid.

Beim maculösen Syphilide müssen wir zwei Formen unterscheiden, die syphilitische Roseola und das grossmaculöse Syphilid.

Die Roseola, der eigentliche Repräsentant des hyperaemischen Stadiums tritt hauptsächlich am Stamme, und zwar in braunroten, linsen- bis erbsengrossen, auf Fingerdruck erblassenden Flecken auf, welche in der Regel das Niveau der Haut nicht überragen und, oft ohne eine Spur zu hinterlassen, binnen wenigen (3—12) Tagen verschwinden können. Subjective Beschwerden fehlen bei ihr vollständig, weshalb gerade diese Form des syphilitischen Exanthems fast in der Regel von den Kranken nicht wahrgenommen wird. (Tab. 13.)

Das grossmaculöse Syphilid tritt später als die Roseola auf und combiniert sich häufig mit papulösen Formen an den Genitalien, am After, im Munde u. a. Seine Farbe ist an der unteren Körperhälfte livid, an der oberen zeigt sie einen deutlichen Stich ins kupferfarbige.

Die einzelnen Efflorescenzen, die wegen ihrer Grösse im Gegensatze zu denen der Roseola, die schlechtweg Maculae heissen, Maculae maiores genannt werden, nennt man je nach ihrer Form und Anordnung M. m. figuratae, M. m. gyratae, M. m. annulares u. s. w. Diese Formen entstehen entweder durch Confluenz mehrerer nebeneinander stehender Flecke oder dadurch, dass einzelne Efflorescenzen in ihrem Centrum abblassen, während in der Peripherie die Rötung bestehen bleibt oder gar noch zunimmt, so dass dann diese Ringe nur um so deutlicher hervortreten.

Die meisten grossmaculösen Syphilide sind über das Niveau der Haut leicht erhaben und erinnern daher an verschiedene Formen des Erythema exudativum multiforme. Allein durch ihre längere Dauer, durch den Mangel jedweder subjectiver Beschwerden und endlich durch die begleitenden Erscheinungen können sie von diesem leicht unterschieden werden.

Bei den Efflorescenzen des grossmaculösen Syphilids handelt es sich, wie bereits Biesiadecki nachgewiesen hat, nicht um eine blosse Hyperaemie der Haut, sondern auch um eine kleinzellige Infiltration um die Gefässe der betreffenden Stelle, so dass wir hier eigentlich schon die erste Andeutung jener Infiltrationen finden, wie sie für das papulöse Stadium charakteristisch sind.

Die Roseola schwindet, wie bereits erwähnt, ohne merkliche Veränderungen in der Haut zurückzulassen. Beim grossmaculösen Syphilid dagegen nimmt man, wenn auch in ziemlich seltenen Fällen, nach dem Verschwinden an den Stellen eine leichte, kaum merkliche Abschuppung der Epidermis wahr. Häufiger schwindet nach dem Abblassen der Efflorescenzen an den befallenen Stellen das Pigment, wodurch diese jetzt lichter erscheinen und zur Bildung der Leukopathia cutanea Veranlassung geben. (Tab. 14, 15 u. 16.)

Das papulöse Syphilid.

Der häufigste unter den syphilitischen Ausschlägen der Haut, den sogenannten Syphiliden ist das papulöse. Es tritt oft als Erstlingsexanthem nach der vollzogenen Allgemeininfection des Organismus auf und bleibt als solches entweder bis zum Verschwinden allein oder es kommt vergesellschaftet mit dem maculösen oder pustulösen Syphilid vor. Das Substrat der Papel ist eine ursprünglich in die Papillarschichte der Haut abgelagerte, kleinzellige Infiltration, welche je nach der Ausbreitung und Anhäufung des angewucherten Gewebes die Grösse und Form der Papeln bestimmt. In seiner Erscheinungsform zeigt es von allen Syphiliden die meisten Varianten. So sehen wir einerseits Knoten von Hirsekorn- bis Bohnengrösse auftreten, während wir andererseits wiederum Papeln von mehr flächenhafter Ausbreitung bis zu Zweipfennigstückgrösse begegnen, welche randständig wachsende, in der Mitte etwas vertiefte Efflorescenzen darstellen. — In den jüngeren Fällen von Syphilis sind die Papeln über die ganze Hautdecke zerstreut, in den älteren hingegen treten sie als localisierte Formen an den Genitalien, am After, an den Handtellern, an der Schleimhaut der Mundhöhle u. a. auf. Für die Beurteilung der Schwere des einzelnen Falles ist es von grosser Wichtigkeit Form und Grösse der einzelnen Papeln genau zu berücksichtigen.

Das lenticuläre Syphilid setzt sich aus Efflorescenzen zusammen, die als rote Knötchen am Stamme und an den Extremitäten auftreten. Nach relativ kurzem Bestande von 8—14 Tagen fangen die einzelnen Knötchen an, sich schmutzig-weisslich zu verfärben und abzuschuppen. Diese Form des papulösen Syphilids lässt nach ihrem Verschwinden meist keinerlei bleibende Merkmale zurück (Tab. 17).

Das kleinpapulöse, sogenannte lichenoide Syphilid kommt meist bei scrophulösen oder tuberculösen Individuen vor. Es ist fast niemals gleichmässig über die ganze Körperoberfläche zerstreut, sondern tritt fast regelmässig in Gruppen von zehn bis zwanzig nebeneinander stehenden Knötchen auf. Die einzelnen Efflorescenzen sind gleich bei ihrem Auftreten verhältnismässig wenig hyperämisch, zeigen meist bald eine gelbliche Verfärbung so, dass man namentlich bei reichlicherem Exanthem an das Bild des Lichen scroph. erinnert wird. Diese Form bleibt trotz energischer Behandlung sehr oft lange bestehen und wenn sie endlich der Heilung entgegengeht, so zeigen zwar die Knötchen an ihrer Oberfläche eine deutliche Abschuppung, aber die abgestorbenen Schollen fallen schliesslich im Ganzen heraus und hinterlassen feinste dellenartige Vertiefungen in der Haut (Tab. 19 u. 20).

Eine weitere Form des papulösen Syphilids ist das flache, glänzende papulöse Syphilid (Papulae nitentes), welches wir meist auf der Nase, in den Nasolabialfurchen, an der Stirne, kurz im Gesichte zu beobachten Gelegenheit haben. Die einzelnen Efflorescenzen haben eine blassrote glänzende Oberfläche, einen mässig erhabenen scharfen Rand und ein leicht vertieftes Centrum. Dieselben verschwinden bei zweckmässiger Behandlung mit einer merklichen Abschuppung, wobei meist keinerlei sichtbare Veränderungen auf der Haut zurückbleiben (Tab. 25).

Eine Spätform, welche häufig mit recidivierenden Papeln an den Praedilectionsstellen (Genitalien, Analgegend u. a.) oder neben Organerkrankungen (Auge), auftritt, sind die Papulae orbiculares (Tab. 21). Die einzelnen Efflorescenzen stellen je nach der Länge ihres Bestandes kleinere oder grössere Kreise dar, welche in der Mitte eine leichte, bräunlich pigmentierte Vertiefung erkennen lassen und mit einem erhabenen Wall sich gegen die normale Epidermis abgrenzen. Die Exsudation in diesem Teile der Efflorescenz ist mitunter so mächtig, dass die Epidermis durch dieselbe abgehoben wird und zu einer Kruste vertrocknet, die Papel ringförmig umgibt. Die Rückbildung erfolgt in der Weise, dass der Wall allmählig abflacht und das Centrum nach und nach durch Desquamation wieder die normale Farbe erlangt.

Schliesslich sei noch des gruppierten papulösen Syphilides (Tubercula cutanea [Ricord], Papulae cumulis coacervatae) Erwähnung gethan. Dieses gruppierte Knötchensyphilid tritt erst in den späteren Stadien der Syphilis, häufig mit Knochen- und Gelenksaffectionen vergesellschaftet, nicht selten neben wahren gummösen, serpiginösen Geschwüren auf. Die einzelnen Gruppen sind von Zweimarkstück- bis Flachhandgrösse und setzen sich aus erbsengrossen, die

2*

ganze Dicke der Haut durchsetzenden Infiltraten zusammen, die an ihrer Oberfläche entweder mit abgestorbenen Epidermislamellen oder mit bereits zu Krusten umgewandelten, massigeren Auflagerungen bedeckt sind. Die Haut zwischen diesen erhabenen Knötchen ist dunkelrot verfärbt oder bereits braun pigmentiert. Diese Form des papulösen Syphilids kann viele Monate hindurch bestehen bleiben und bildet sich schliesslich durch Aufsaugung und oberflächliche Abschuppung zurück, in welchem Falle es nur zu einer zarten Abflachung der Epidermis kommt, oder durch Zerfall und Krustenbildung an der Oberfläche, in welch letzterem Falle merklichere vertiefte Narben als bleibende Veränderung der befallenen Hautpartien zur Entwicklung gelangen (Tab. 22 u. 23). Durch ihre Art der Rückbildung erinnert diese Spätform des Knötchensyphilids an die destructiven Formen des gummösen Stadiums, in welches sie mitunter als oberflächliches Hautgumma eingereiht wird.

Das pustulöse Syphilid.

Weit mehr Beschwerden als die maculösen und papulösen Syphilide bereiten den Kranken die pustulösen. Sie treten nur sehr selten als Erstlingsausschläge auf, sondern in den weitaus meisten Fällen pflegen ihnen maculöse und papulöse Formen voranzugehen. Häufiger sehen wir papulöse und pustulöse Efflorescenzen nebeneinander bestehen. Immerhin gibt es auch Fälle, wo das pustulöse Syphilid als Erstlingsexanthem auftritt und diese verdienen deshalb besondere Berücksichtigung, weil sie dadurch als eine acutere, rascher verlaufende Syphilis gekennzeichnet sind und dem Arzte bei der Stellung der Prognose ganz besondere Vorsicht auferlegen.

Dem Ausbruche des pustulösen Syphilides gehen in der Regel schwerere allgemeine Krankheitserscheinungen voraus. Die Kranken sehen sehr angegriffen blass, aus, haben abendliche Temperatursteigerungen, zeigen eine eigentümliche Unruhe und klagen oft über Mattigkeit, Kopf- und Gliederschmerzen. In diesem Stadium des Syphilis begegnen wir nicht selten Störungen, welche auf Erkrankungen innerer

Organe hinweisen, z. B. Icterus, Auftreten von Albumen im Urin etc. (Tab. 18).

Wir müssen in der Gruppe der pustulösen Syphilide mehrere Formen auseinanderhalten.

Gar oft zeichnen sich die Efflorescenzen in der Entwicklung durch starke seröse eitrige Exsudation aus, die zu Abhebung der Epidermis führt und ihnen das Aussehen eines Bläschens verschafft (vesiculöses Syphilid, variola syph.). Im weiteren Verlaufe trocknet die Epidermis mit dem Bläscheninhalte zu einer Borke ein, unter welcher, wenn sie abgehoben wird, das Stratum papillare blosliegt. Meistens trifft man schon eine neugebildete Epidermis unter der Borke an.

An diese Form reiht sich die Pustula minor oder das acneartige Syphilid an, dessen einzelne Knötchen mehr einer Papel gleichen, in deren Mitte ein Eiterbläschen sitzt. Die befallenen Stellen entsprechen meist den Haarbalgausführungsgängen oder den Talgfollikeln. Aus dem Bläschen bildet sich bald eine braune Borke, welche dann die Kuppe der Efflorescenz deckt (Tab. 27).

Der Hauptrepräsentant dieser Gruppe der Syphilide ist die Pustula maior. Dieses postulöse Syphilid kommt entweder neben dem acneartigen oder für sich allein vor und zeichnet sich durch die Grösse, den raschen Zerfall und das häufige Confluieren der einzelnen Efflorescenzen aus. Die Kranken klagen über einen brennenden Schmerz, der durch das Syphilid an und für sich schon hervorgerufen, noch beträchtlich aber gesteigert wird, wenn Kleidung oder Bettwäsche an den stärker secernierenden Pusteln anklebt. Die Borken werden häufig losgerissen und es entstehen tiefe Geschwüre mit speckigem Grund, welche allmählig das ganze infiltrierte Stratum papillare zerstören.

Greift die Pustel weniger in die Tiefe, sondern breitet sie sich mehr in die Peripherie aus, so kommt die sogenannte Ecthymapustel zustande (Tab. 28 u. 29).

Oft wachsen die Krusten und Borken, welche die Pusteln bedecken, in die Höhe. Eine langsam fortschreitende Exsudation führt zur immer neuerlichen Vertrocknung des Secretes, die Borke gewinnt an Dicke und zumal sie sich auch durch das Einschmelzen peripher ausbreitet, so kommt es zu fortwährend neuer Borkenbildung und zur Entstehung einer Austerschalen ähnlichen Formation, die als Rupia syphilitica (Schmutzflechte) [Tab. 44, 45 u. 49] bezeichnet wird.

Der weitere Verlauf ist bei allen Pustelformen derselbe, indem sie sämtlich durch Narbenbildung heilen. Vielfach bleiben die Narben längere Zeit hindurch hyperämisch und infiltriert. Schliesslich schwindet die Hyperaemie, die Narbe atrophiert und eine bräunliche Pigmentation umgibt die lockere, weisslich glänzende Narbe. Diese bleibende Veränderung tritt ganz besonders deutlich an behaarten Körperstellen zutage, wenn es gleichzeitig zu einer Zerstörung den Haarwurzeln gekommen ist.

Einer beim pustulösen Syphilide seltener vorkommenden Erscheinung möchten wir noch zum Schlusse Erwähnung thun, welche darin besteht, dass sich um die einzelnen Pusteln eine mehrere Millimeter breite, unregelmässige hochrote Zone vorfindet, welche einer erisypelatösen Rötung gleicht. Ob dieselbe durch den Zerfall des Gewebes allein oder durch etwa sich entwickelnde Toxine verursacht ist, müssen wir dahingestellt sein lassen. Eines wollen wir noch hervorheben, dass in jenen Fällen, in welchen wir diese Erscheinung constatieren konnten, die Kranken eine Hinfälligkeit und ein Aussehen dargeboten haben, wie wir es bei schwereren fieberhaften Erkrankungen zu beobachten gewohnt sind.

Syphilide mit Hauthaemorrhagien.

Die hämorrhagischen Syphilide zerfallen in zwei Gruppen. Bei der ersten handelt es sich um Fälle, bei welchen die Syphilis eine Complication durch eine andere Erkrankung, z. B. Haemophilie, Scorbut erfährt. Hier tritt die Haemorrhagie als Symptom des complicierenden Leidens an den auch durch die Syphilis veränderten Gefässen auf.

Zur zweiten Gruppe gehören jene, allerdings ziemlich seltenen Fälle von papulösen oder pustulösen Exanthemen, welche, ohne dass eine andere Erkrankung gleichzeitig bestünde, von vornherein mit Haemorrhagien an den befallenen Stellen einsetzen, so dass letztere wohl als der Ausdruck einer durch die Syphilis als solche hervorgerufenen Gefässerkrankung betrachtet werden müssen. Ob solche Haemorrhagien nicht auch auf einer schweren Bluterkrankung beruhen, werden Untersuchungen des Blutes in Zukunft noch zu beweisen haben.

Der Verlauf solcher Formen deutet unter allen Umständen auf eine schwerere Erkrankung des Organismus hin. Das darf bei der Stellung der Prognose, ob es sich nun um eine schwere Complication der Syphilis oder aber um eine besonders bösartige Form der letzteren selbst handelt, nie übersehen werden.

Selbstverständlich wird bei ersteren Fällen vor Allem auch eine Behandlung des complicierenden Leidens erforderlich sein, bei letzteren hingegen darf neben der Allgemeinbehandlung eine sorgfältige locale Therapie der meist nicht ausbleibenden Geschwüre nicht unterlassen werden.

Auf Einzelheiten kommen wir noch bei Besprechung der Therapie zurück.

Pigmentanomalien.

Die meisten Syphilide gehen mit Pigmentverschiebungen, d. h. Schwund des Pigmentes an der Stelle der Efflorescenz und Zunahme desselben an ihrer Peripherie einher. Dies gilt vor Allem von jenen Stellen, die uns als pigmentreich bekannt sind, z. B. die Nackengegend und die Genitalsphäre. Zuweilen findet man auch den ganzen übrigen Körper mit lichten, pigmentlosen, kreisförmigen oder mehr ovalen Stellen besät. Erhält man sie früh genug zur Beobachtung, so kann man feststellen, dass ihr Centrum rötlich, ihre Peripherie weiss, ihre Umgebung jedoch dunkel pigmentiert erscheint. Im weiteren Verlaufe aber nimmt die ganze Stelle eine weisse Farbe an und tritt, da die nächste Umgebung mehr Pigment führt, umso deutlicher hervor. Diese sogenannte Leukopathia syphilitica (Tab. 14, 15

u. 16) hat vor vielen anderen Merkmalen den Vorzug, dass sie für ein Stigma eines selbst vor sehr langer Zeit dagewesenen Hautsyphilides gelten kann und bei zweifelhaften Formen von Organerkrankungen, z. B. Retinitis, Endarteriitis ein differenzial-diagnostisch hochwichtiges Moment abgibt.

Eine gleichsam entgegengesetzte Eigenschaft mancher Syphilide, besonders solcher, die mit beträchtlicher Hyperaemie einhergehen, äussert sich darin, dass sie zu massenhaften Pigmentablagerungen führen, die, namentlich bei längerem Bestande dunkelbraune Flecke meist an den abhängigen Partien des Körpers hinterlassen, welche sich nach dem Schwund aller sonstigen Krankheitserscheinungen lange erhalten.

Schliesslich mögen noch jene Pigmentverluste Erwähnung finden, die aus zerfallenden, das Stratum papillare zerstörenden Formen pustulöser Syphilide hervorgehen und als weissliche, dünne, atrophische Narben das ganze Leben hindurch bestehen bleiben (Tab. 24).

Die Erkrankungen der behaarten Kopfhaut.

Während der secundären Periode der Syphilis entwickelt sich häufig eine Art Seborrhoe der behaarten Kopfhaut, die sich jedoch von der gewöhnlichen Seborrhoe sehr wesentlich unterscheidet. Es handelt sich dabei nicht um eine vermehrte Secretion mit Abschülferung der Epidermis, sondern vielmehr um eine diffuse Infiltration des Papillarstratums und der Haarwurzelscheiden. Dabei kommt es zur Abschuppung der Epidermis, die Haare entfärben sich, verlieren ihren Glanz, sind leicht ausziehbar und fallen selbst leicht aus. Der Haarausfall vollzieht sich meist in einer auf dem ganzen Kopfe ziemlich gleichmässigen Weise (diffuse Alopecie). Mitunter hält die Erkrankung ganz den Typus der papulösen Syphilide ein, die Haare stehen zu Büscheln aneinander gedrängt und der Haarausfall erfolgt an einzelnen scharf umschriebenen bohnengrossen Stellen (areolaere Alopecie). Sowohl bei der diffusen als auch bei der areolaeren syphilitischen Alopecie ist ein Wiederersatz der verloren gegangenen Haare möglich. Wenn der Zustand nicht zu lange angehalten hat, wachsen wieder nach ungefähr drei bis vier Monaten Lanugohaare, die später durch ganz gesunde kräftige Haare ersetzt werden (Tab. 26 a schwarze und farbige).

Wenn auch der Haarausfall am auffälligsten an den Kopfhaaren in Erscheinung tritt, so müssen wir doch betonen, dass ganz analoge Prozesse sich auch an den Augenbrauen, Lidrändern, seltener in der Achselhöhle und an den Schamhaaren abspielen können.

Häufiger als die erwähnten Erkrankungen kommt das pustulöse Syphilid am behaarten Kopfe vor. Die Infiltrate umgeben die Haarbälge, greifen selbst bis zu den Haarwurzeln in die Tiefe, und während an der Oberfläche die Haare noch durch die Krusten und Borken festgehalten werden, hat sich in der Kopfhaut deren Absterben und Lockerwerden vollzogen. Die Haare sehen matt glanzlos aus und fallen endlich samt den Krusten in ganzen Büscheln ab. Mitunter gewinnt das pustulöse Syphilid am behaarten Kopfteil ein eigenartiges Aussehen. Die Pusteln erlangen entweder durch die eigene Ausbreitung oder durch Confluenz mehrerer zu einem Geschwüre die Grösse eines Zweipfennig- bis Zweimarkstückes. Die Basis wuchert zu brombeerartigen, mitunter die Grösse eines Taubeneies erreichenden Geschwülsten hervor (Framboesia syph.), welche an der Oberfläche mit braunen und schmutzigen Borken bedeckt sind. Beim Berühren bluten diese Wucherungen leicht, verursachen den Kranken bedeutende Schmerzen und leisten der Behandlung einen bedeutenden Widerstand (Tab. 44 u. 45). Die pustulösen Ausschläge heilen mit Narbenbildung und hinterlassen haarlose Stellen, welche den durch den Prozess gesetzten Zerstörungen des Haarbodens entsprechen.

Die Erkrankungen der Handteller, Fusssohlen, Finger und Zehen.

Die häufigste Erkrankungsform der Syphilis an der Hohlhand und der Fussohle ist die sogenannte Psoriasis syphilitica palmaris et plantaris. Es ist das ein papulöses

Syphilid, welches jedoch viel später zum Vorschein kommt, als das Exanthem auf der übrigen Hautdecke und sich auch durch den Verlauf von letzterem wesentlich unterscheidet. Da es sich dabei um Papeln handelt, welche unterhalb einer dicken Epidermis liegen, sehen wir dieselben oft erst vier Monate nach stattgehabter Infection zum Vorschein kommen, zu einer Zeit also, in welcher die übrige Haut von papulösen Formen schon wieder frei sein kann. Aber es fehlt auch nicht an Fällen, bei welchen wir die Psoriasis palmaris et plantaris noch viel später auftreten sehen, mehrere Jahre nach erfolgter Uebertragung, oft bei vollständigem Fehlen irgendwelcher sonstiger Krankheitserscheinungen. Endlich wollen wir gleich hier erwähnen, dass diese Affection zuweilen jedweder Therapie einen so hartnäckigen Widerstand entgegensetzt, so dass bereits gummöse Prozesse und Organerkrankungen aufgetreten sein können, ohne dass es gelungen wäre, sie zum Verschwinden zu bringen.

Was nun die Papeln selbst betrifft, so erscheinen sie entweder als stecknadelkopf- bis erbsengrosse, von derber verhornter Epidermis bedeckte Knötchen, auf welche die Kranken häufig erst dann aufmerksam werden, wenn sie, die Gegend der Phalangealgelenke einnehmend, bei direktem Druck oder beim Erfassen harter Gegenstände leicht schmerzhafte Empfindungen hervorrufen; oder sie kommen als flache livide Flecke mit einer verhornten schmutziggelben Epidermis im Centrum vor, welch letztere rissig wird und schliesslich zu schuppen beginnt. Nur selten erreichen die Papeln grössere Dimensionen. Häufiger jedoch kommt es vor, dass sie mehr oder weniger dicht nebeneinander stehen oder gar confluieren. Die Haut erscheint dann mehr infiltriert, die verhornte Epidermis wird rissig und nach kurzer Zeit entstehen, besonders bei schwieliger Beschaffenheit der Haut, schmerzhafte Rhagaden an den Beugeflächen, welche den Gebrauch von Hand und Fuss bedeutend einschränken, ja ganz unmöglich machen können.

Treten Papeln zwischen zwei Fingern, namentlich aber zwischen zwei Zehen auf, so wird die Epidermis rasch maceriert, es entstehen wunde Flächen, die Zehen, beziehungsweise Finger schwellen an, zeigen livide Verfärbung und erscheinen an ihrer Basis oft von radiär verlaufenden Geschwüren wie zerschnitten. Im weiteren Verlaufe schwillt, meist unter grossen Schmerzen der ganze Fuss, beziehungsweise die ganze Hand an und wenn den Kranken nicht rechtzeitig entsprechende Behandlung zuteil wird, kann sich als eine sehr bedenkliche Complication, eine schwere Lymphangoitis hinzugesellen.

Entstehen papulöse Infiltrate an der Matrix des Nagels oder an dem Nagelfalze, so resultiert daraus eine für den Nagel bedeutungsvolle Ernährungsstörung, die man Onychia, resp. Paronychia syphilitica nennt.

Die Endphalange schwillt mehr oder weniger an, der Nagel zeigt beträchtliche Verhornung, wird sehr spröde, brüchig, rollt sich krallenartig ein, wird von der Unterlage abgehoben, erscheint dabei schmutzig-gelblich bis bräunlich verfärbt, schiebt sich dann immer weiter vor, um schliesslich vollständig abgestossen zu werden. Geht dieser Process, wie dies häufig der Fall ist, mit Eiterung im Nagelfalz einher, dann verursacht er den Kranken heftige Schmerzen und Gebrauchsunfähigkeit des betreffenden Gliedes, zumal in der Regel mehrere Finger oder Zehen gleichzeitig oder kurz nach einander erkranken (Tab. 30, 31 a u. b, 32).

Der Verlauf dieser Erkrankung erstreckt sich gewöhnlich über mehrere Monate. Der Ersatz des verloren gegangenen Nagels tritt meist ein, wenn auch oft erst nach einem halben Jahre oder selbst nach einer noch längeren Zeit.

Secundärsyphilitische Erscheinungen an den Genitalien und am Anus.

Die Genital- und Analgegend ist in der Secundärperiode am häufigsten der Sitz von schweren Erscheinungen, die wegen der Regelmässigkeit ihres Auftretens, wegen der häufigen Recidiven, wegen der Gefahr einer Uebertragung, wegen der Mannigfaltigkeit ihrer Formen und endlich wegen der wichtigen Rolle, welche die Veränderungen, die sie zurücklassen, bei der Diagnose der Organerkrankungen in späteren Stadien spielen, unsere Aufmerksamkeit besonders verdienen.

Es wird vielfach angenommen, dass die Gewebe in der Umgebung einer Initialerkrankung auf grössere Strecken hin von dem Syphilisvirus imprägniert sind und demgemäss sich ohnehin in einem Reizungszustande befinden, der zur Production neuer Formen förmlich vorbereitet ist. Dies gilt namentlich von den Genitalien, bei welchen das abfliessende Secret, der Schweiss und noch mehr die Unreinlichkeit der Kranken den Reiz noch zu erhöhen helfen. Man beobachtet auch häufig noch vor der Erkrankung der allgemeinen Decke das Hervorspriessen von Papeln beim Weibe am Rande der grossen Schamlippen (was namentlich bei den Sklerosen an der Vag. portion zutrifft), beim Manne am Scrotum. Viele Individuen beachten derartige Erscheinungen gar nicht, sei es weil sie keine oder wenig Schmerzen empfinden, sei es weil sie überhaupt indolent und nachlässig sind oder der Sache eine andere Bedeutung beilegen. Daher entwickeln sich in diesen Gegenden auch verhältnismässig grössere papulöse Efflorescenzen, als am übrigen Körper, und diese sind sehr bald an der Oberfläche maceriert und bilden Geschwüre, welche je nach dem Zerfalle Gewebsdetritus, Eiter oder auch nur eine dicke serös-lymphide Secretion abscheiden. Dieses Secret führt das am meisten überimpfbare Contagium in sich und bildet auch die häufigste Ursache der Ansteckung mit Syphilis. Durch das Confluieren der eng aneinander stehenden Papeln, welche anfangs seicht errodiert sind, entstehen bald breite, speckig belegte, wenig Secret liefernde Geschwüre mit mässig infiltrierter Basis.

Mitunter häuft sich längs der Lymphgefässe ein diffuses Infiltrat in den erkrankten Partien z. B. der Vorhaut, der Haut des Penis, den grossen Schamlippen auf, so dass sich der oben bereits erwähnte Zustand des Oedema indurativum entwickelt.

Der tiefere Ulcerationsprozess ist bei dem papulösen Genital- und Analsyphilid eine seltenere Erscheinung. Vielmehr fangen nach kurzem, 4—6 wöchentlichem Bestande die Papeln an sich aus der Basis zu erheben und erreichen oft die Grösse einer Brombeere oder einer Haselnuss. Dabei sind die angewucherten Massen zumeist enge, aneinander gedrängt, oberflächlich wund und bieten das Aussehen der wuchernden venerischen Condylomata acuminata (auch venerische Papillome genannt). Von diesen letzteren unterscheiden sich die wuchernden syphilitischen Papeln (papulae luxuriantes) durch die massige Wucherung und Infiltration der aus dem Hautniveau sich erhebenden Basis ohne die tiefen Einschnitte, welche die einzelnen venerischen Papillome bis auf den Grund von einander trennen. Anatomisch sind die beiden Prozesse auch verschieden, indem sich das luxurierende papulöse Syphilid durch die massige, kleinzellige Anhäufung in der Papillarschichte der Haut von dem in dem epidermidalen Stratum mehr wuchernden Papillom unterscheidet.

Am Perinaeum, an den Nates (Tab. 37) und in den drüsenreichen Partien um den Anus herum besteht im Auftreten von Papeln dasselbe Verhältnis wie an den Genitalien. Die Analgegend hingegen bietet durch ihre anatomischen Verhältnisse oft Gelegenheit zur Entwicklung von ganz eigenartigen Gebilden. Die Falten werden länger, derb infiltriert; zwischen denselben entstehen tiefgreifende Rhagaden, welche bis in die Apertura ani reichen. Diese Risse stehen nicht nur radiär, sondern sind zuweilen auch quergestellt und lösen dann mitunter die infiltrierten Falten zum Teile von ihrer Basis ab. Das Gesamtbild hat dann den Anschein, als ob es sich um die Entwicklung mehrerer frischer Knoten handeln würde. Der Zustand ist an und für sich, namentlich aber bei der Defäcation sehr schmerzhaft und zwingt selbst die nachlässigsten und indolentesten Individuen, ärztlichen Rat einzuholen.

Schliesslich müssen wir noch erwähnen, dass solche Processe tief in die Haut greifende Infiltrate hinterlassen und trotz energischer Behandlung häufig der Sitz neuartigen Zerfalles werden. Sie bilden erfahrungsgemäss die häufigste Quelle für die Verbreitung der Syphilis. Nicht selten geschieht es auch, dass nach vielen Jahren, zu einer Zeit, wo keinerlei Erscheinungen mehr am übrigen Körper nachweisbar sind, neuerdings papulöse Efflorescenzen an den Genitalien und um den After auftreten. Eine häufige Gelegenheitsursache zu letzterer Erscheinung ist die Gravidität und die mit ihr verbundene Stauung an den Genitalien. Auch bei Prostituierten sahen wir in dieser Gegend häufig einzelne glänzende und später nässende Papeln auftreten, obwohl am ganzen übrigen Körper durchaus kein Zeichen von Syphilis zu constatieren war (Tab. 33 bis 39).

Erkrankungen der Mundschleimhaut.

Abgesehen von jenen Fällen, in welchen die Mundschleimhaut in Folge directer Uebertragung der Sitz syphilitischer Primär-Affectionen wird (Tab. 8—11) kann man behaupten, dass sie sich fast jedesmal mit mehr weniger schweren Erscheinungen an dem Processe in der Secundärperiode beteiligt.

So sehen wir recht häufig auf der Schleimhaut der Lippen und Wangen, namentlich, wenn sie durch scharfe Zahnreste, durch Tabak und andere Irritamente bereits vorher gereizt war, Papeln auftreten. Diese Schleimhautpapeln unterscheiden sich von denen auf der äusseren Haut vor Allem durch ihren raschen Zerfall. Wie leicht begreiflich, wird die kranke, von ihrer Basis schlecht ernährte Schleimhautstelle sehr bald maceriert, das Epithel wird trübe, weisslich, schon am nächsten Tage zerfällt die Oberfläche und wir haben zumindesten ein seichtes Geschwür mit infitrirtem, leicht blutendem Grunde vor uns. (Tab. 40 u. 41 a.)

Häufiger noch, als an den Lippen und Wangen, kommen Papeln an den Gaumenbögen, an den Tonsillen und am weichen Gaumen vor. Ja letztere können sogar am Isthmus faucium und im Rachen eine so mächtige Ausbreitung erlangen, dass klinisch das Bild eines Croup oder einer Diphtherie vorgetäuscht werden kann. Die Diagnose ist jedoch nicht schwer, wenn man bedenkt, dass man es hier mit einer Erkrankung zu thun hat, die keine Temperatursteigerung aufweist, langsam verläuft und endlich durch vielfache anderweitige, am Körper auffindbare Erscheinungen ausgezeichnet ist. Auch durch eine Erkrankung der Tonsillen allein können mitunter mehr oder weniger schwere Functionsstörungen verursacht werden. Sind nämlich die Tonsillen in etwas höherem Grade von dem Krankheitsprozesse befallen, so nehmen sie eine beträchtliche Grösse an, der Isthmus faucium ist stark verengt und die Kranken haben eine näselnde Sprache, werden von lästigem Speichelfluss geplagt und leiden vor allem an Schlingbeschwerden. Durch Zerfall der Krypten entstehen mitunter tiefgehende Geschwüre an den Tonsillen.

Haben die Papeln Stellen der Schleimhaut ergriffen, welche der Zerrung mehr ausgesetzt sind, wie z. B. die Lippen, die Mundwinkel, die Zungenbasis, so entstehen sehr leicht rissartige, tiefer durch die Schleimhäute greifende Wunden (Rhagaden), welche den Kranken vielfache Beschwerden verursachen.

Seltener als die übrige Mundschleimhaut, wird das Zahnfleisch von Papeln befallen. In solchen Fällen erscheint die Gingiva geschwollen und infiltriert und durch Geschwürsbildung am Rande des Zahnfleisches kommt es leicht zu einer Lockerung der Zähne.

In vorgeschrittenen Fällen von Syphilis der Secundärperiode begegnen wir mitunter Infiltrationszuständen der Mundschleimhaut, welche auffallend wenig Tendenz zum Zerfall haben. Wir sahen solche diffuse Infiltrate am weichen Gaumen und der Uvula auftreten, welche das sonst nachgiebige Gaumensegel in eine derbe, elevierte, glänzende Platte von dunkelroter Farbe verwandelten. Diese Infiltrate schrumpfen dann und haben eine Verzerrung des Velum palati und eine Verziehung der Uvula nach der einen oder der anderen Seite zur Folge (Tab. 42 a).

Die Zunge ist sehr häufig Sitz secundär syphilitischer Erkrankungen, die auch wegen ihrer Vielgestaltigkeit besonderes Interesse verdienen. Da zwischen mechanischer Irritation eines Organs und Localisation der Syphilis auf demselben ein zweifelloser Zusammenhang besteht, kann es wohl nicht Wunder nehmen, dass im Verlaufe der Syphilis die Zunge nur selten von krankhaften Erscheinungen frei bleibt.

Schon im papulösen Stadium treten meist auf der Höhe der Zungenwölbung einzelne Papillen besonders hervor, die anfangs erbsengrosse, von weisslichem, aufgelockertem Epithel überzogene Stellen bilden. Später werden sie desselben verlustig und wandeln sich in fleischfarbige, glänzende Plaques um, welche bei längerem Bestande durch Maceration und Zerfall sogar speckig belegte, etwas über das Niveau der Haut erhabene Geschwüre darstellen können. Dies gilt sowohl für die Zungenoberfläche, als insbesondere für den Zungenrand, der durch cariöse, scharfkantige Zähne und Zahnreste oft hochgradig irritiert ist, und findet sich sehr häufig bei Rauchern und Trinkern, namentlich bei ungenügender Mundpflege. Dass dann solche Geschwürsbildungen das Sprechen und Kauen in hohem Grade beeinträchtigen, versteht sich von selbst.

Dieser Erkrankung einzelstehender Papillen kommt am nächsten eine flächenartig über eine grössere Zungenstrecke hin sich ausbreitende Erkrankung, bei welcher die Zunge an den befallenen, scharf begrenzten Stellen glänzend und leicht infiltriert ist, und zur oberflächlichen Rhagaden- und Wundbildung grosse Neigung zeigt.

Eine dritte Form der Zungenerkrankung ist die, bei welcher die Schleimhaut in rundlichen Feldern bis zu Zweipfennigstückgrösse in eine derbe, über das Niveau der Zunge deutlich erhabene, von der Musculatur abhebbare Platte umgewandelt wird. Die Oberfläche ist unregelmässig durchfurcht, da und dort ragen aus ihr einzelne hypertrophische Papillen von weisslicher Farbe hervor.

Eine weitere, häufig übersehene Form ist die Erkrankung in der Gegend der Papillae circumvallatae, bei welcher diese selbst oder das adenoide Gewebe des Zungengrundes, den Sitz der Affection bilden. Hier finden wir neben infiltrierten und erhabenen Papillen rissförmige und unregelmässige Geschwürsbildungen, welche lange jedweder Behandlung trotzen können. Die Heilung erfolgt mit eingezogenen Narben, welche oft grössere Strecken des Zungengrundes bedecken (Tab. 41 b).

Das gummöse Stadium der Syphilis.

Die Spätformen der Syphilis treten zumeist unter der Form des Gumma auf, daher nennt man dieses Stadium das gummöse oder in weiterer Analogie zum secundären das tertiäre Stadium. Treten diese Prozesse im Organismus bösartig auf und führen sie zu ausgebreiteten Destructionen, gesellen sich überdies amyloide Entartungen innerer Organe hinzu, dann haben wir den Zustand der syphilitischen Kachexie vor uns, welchen Sigmund als viertes Stadium der Syphilis bezeichet hat.

Die grösste Anzahl der an Syphilis Erkrankten hat das Glück, dass die Erkrankung mit den Erscheinungen der secundären Periode endigt. Selten sind jene Fälle, in denen schon neben secundären auch tertiäre Produkte gleichzeitig auftreten, bei denen demnach kein zeitlicher Unterschied im Einsetzen der verschiedenen Formen obwaltet. Es sind dies die bereits erwähnten Fälle der Syphilis maligna oder praecox. Bei diesen Unglücklichen entwickelt sich häufig schon als erstes Exanthem die Pustula major, es plagen sie gleichzeitig periosteale Gummen (tophi) und vor Ablauf des ersten halben Jahres treten zerstörende Prozesse in der Mund- und Nasenhöhle auf. Noch dazu ist man nicht im Stande, mit den gebräuchlichen Mitteln diesem bösartigen Verlaufe Einhalt zu thun, so dass das Leben solcher Patienten gefährdet ist.

Häufig jedoch begegnen wir Fällen, in denen sich die Kranken nach der Secundärperiode lange Zeit, oft viele Jahre wohlfühlen, bis sie neuerdings durch krankhafte Anzeichen auf ihr schon in Vergessenheit geratenes Leiden aufmerksam gemacht werden. Dieses Latenz- oder Intermissionsstadium relativen Wohlbefindens kann verschieden lang andauern. Wir haben in einem Falle vom Verschwinden der secundären bis zum Auftreten der tertiären Erscheinungen 34 Jahre zählen können, andere nehmen sogar eine 40 bis 50 Jahre dauernde Intermissionsperiode an.

In den letzten Jahren war man vielfach bemüht, den Ursachen nachzugehen, warum es überhaupt in manchen

Fällen zum Auftreten der tertiären Formen der Syphilis kommt? Die einen wollen die mangelhaft oder gänzlich unterlassene Behandlung in den secundären Stadien hierfür verantwortlich machen; andere sind der Ansicht, dass Entbehrungen in der Lebensweise, das Auftreten von Tuberkulose, Malaria oder anderer den Organismus schwächenden Erkrankungen die Disposition zum Auftreten des Gumma schaffen. Bisher ist man über theoretische Erwägungen nicht hinausgekommen und der Arzt wird gut thun, wenn er nach Ablauf der Secundärerscheinungen dem Kranken nicht zu viel verspricht.

Viele wollen für das Auftreten der gummösen Prozesse ausser einer Disposition eine nähere Ursache noch als notwendig annehmen, so z. B. Stoss oder Schlag bei wenig von Weichteilen bedeckten Knochen, lange währende Aufregungen, Missbrauch von Alkohol für die Erkrankungen des Nervensystems u. s. w. Diese Auffassung hat zur Begründung der Theorie über Syphilis und Reizung geführt, welche jedoch auch nicht überall aufrecht zu erhalten ist.

Viele Aerzte wollen, da die Sekrete der tertiären Produkte sich für die Ueberimpfung der Syphilis nicht eignen, als eine allgemein geltende Regel aufstellen, dass dieselben niemals Träger des syphilitischen Contagiums sind. Wir haben schon in der Einleitung auf diesen Gegenstand hingewiesen und betonen nochmals, dass wir diesen Satz nur mit grosser Vorsicht gelten lassen können, für akut verlaufende Fälle aber gewiss in Abrede stellen müssen.

Das tertiäre Stadium hat manche Verschiedenheiten von dem secundären, welche nicht nur in dem Produkt selbst (Gumma), sondern auch in der Art des Auftretens liegen.

Das Gumma kündigt sich durch keinerlei allgemeine Beschwerden an. Vielfach werden die Kranken von dem Prozesse förmlich überrascht und spüren erst nach dem Auftreten an Ort und Stelle der Erkrankung Schmerzen, Behinderung der Bewegung, welche Beschwerden je nach der Dauer und dem Sitze sich bis zur Unerträglichkeit steigern können. Das schlechte Aussehen der Kranken und die Abmagerung sind oft erst die Folgen dieser Beschwerden.

Die gummösen Produkte zeichnen sich ferner auch dadurch von den secundären aus, dass sie keine Symmetrie und keine Reihenfolge im Auftreten einhalten. Wir treffen sie zumeist an der Körperoberfläche nur an einer Seite, ja oft nur an einer einzigen Stelle an, wo sie nicht nur lange bestehen sondern auch recidivieren können. Bald sind die Haut und die Schleimhäute der Sitz des ersten Ausbruches der Gumata, bald die Knochen oder gar die inneren Organe. In schweren Fällen jedoch sind die Prozesse an mehreren Körperstellen zugleich anzutreffen.

Das Gumma stellt eine Art Neubildung bestehend aus Granulationsgewebe dar. Die Knoten sind nämlich aus einer unregelmässigen Anhäufung eines bald mehr zellreichen bald zellärmeren, in bindegewebiger Organisation begriffenen Granulationsgewebes zusammengesetzt, welches das ursprüngliche Organgewebe verdrängt, zum Schwinden bringt oder mit in die Degeneration aufnimmt, der das syphilitische Produkt selbst anheim fällt. Die Tumoren besitzen in einem gewissen Stadium eine elastische Consistenz, woher auch ihre Bezeichnung als «Gummi-Geschwulst» stammt; ältere Tumoren können mehr hart erscheinen.

Die Hinfälligkeit, welche die Syphilis-Produkte im Allgemeinen auszeichnet, kommt auch in hohem Maasse dem Gumma zu. Diese für das Gumma fast charakteristische Tendenz, raschere Metarmorphosen (necrobitische) einzugehen, trifft man schon bei relativ noch frischen Gummen an; sie beginnt in der Mitte des Knotens, so dass die Gewebsstructur daselbst schon verwischt ist, während peripher noch gefässreiches, neugebildetes Bindegewebe, welches allmählich in das angrenzende Gewebe übergeht, erhalten ist,

Dieses hervorstehende Merkmal bedingt auch das Schicksal der Geschwülste. Die Gummen des subcutanen und submucösen Zellgewebes und die subperiostalen gehen oft rasch eine sogenannte mucöse Degeneration ein. Die Gummen in den drüsigen Organen: Leber, Hoden sowie jene des Gehirnes oder der Muskeln gehen fettige Metamorphosen ein und wir finden die trockenen käsigen Massen in einem peripher neugebildeten Bindegewebe, wie

3*

in einer Art Kapsel, eingeschlossen, wo sie jahrelang unverändert verweilen können.

Die Gummata treten zwar als einzelne Knoten in verschiedener Grösse auf; nicht so selten entwickelt sich aber an der Peripherie des alten Infiltrates ein neuer Knoten, sodass wir die älteren Knoten geschwürig zerfallen und neue peripher entstehen sehen (serpignöser Charakter).

Es können die Knoten aber auch gleichzeitig mehrfach auftreten oder in kurzen Zwischenräumen einer dem andern folgen, sodass wir einer Gruppe von Gummen begegnen; beim Zerfall geht das zwischen den einzelnen eng aneinander liegenden Knoten befindliche Gewebe auch zu Grunde und es entstehen elliptische oder nierenförmige Geschwülste oder Geschwüre.

Das Gumma der Haut und des Unterhautzellgewebes.

(Das gummöse Syphilid.)

. Die Hautgummen kommen für gewöhnlich im zweiten Jahre nach der Infektion vor, können aber auch nach vielen Jahren relativen Wohlbefindens auftreten. Die oben erwähnten Umstände, welche einen Organismus zum Auftreten von Tertiärformen der Syphilis disponiert erscheinen lassen, gelten auch für die Hauterkrankungen. Doch ist besonders hervorzuheben, dass die allgemeine Decke des Körpers mehr den Insulten ausgesetzt ist, als die übrigen Gewebe und Organe.

Vielfache Beobachtungen haben die interessante Thatsache zu Tage gefördert, dass Gummen an Stellen vorkommen, welche in der primären und secundären Periode Sitz von Syphilisprodukten waren. Man könnte darin eine lokale Disposition, welche das Contagium bereits gesetzt hat, erblicken.

Das Gumma entwickelt sich in der Cutis oder im subcutanen Zellgewebe. Die Grösse der Knoten variiert von der einer Erbse bis eines Taubeneies und darüber.

Liegt ein Gummaknoten oberflächlich, so ist die Oberhaut lividrot und beteiligt sich direkt an den weiteren pathologischen Veränderungen des Gumma.

Sitzen die Knoten tiefer, im subcutanen Zellgewebe, so gerät die Haut erst später, beim zunehmenden Wachstum des Knoten, unter stärkerer Infiltration in eine Art Entzündung. In beiden Fällen bleibt die Haut intakt und erlangt ihre normale Farbe wieder, wenn durch eine Therapie eine baldige Resorption des Knotens eingeleitet wird.

Geht die Rückbildung nicht rasch genug vor sich, gerät das Infiltrat in Erweichung, dann zerfällt auch die inzwischen dünn gewordene Haut über demselben und es entsteht ein Geschwür. Je nach dem Sitz des Knotens einerseits und je nach seiner Grösse sind die Geschwüre mehr oder weniger tief, die Ränder überhängend oder steil abfallend.

Anfangs ist der Geschwürgrund noch mit nekrotischem Gewebe bedeckt, bald trocknet aber das geringe eitrige Sekret des Geschwüres mit dem ausgetretenen Blute zu einer dunkelbraunen Borke ein, wie wir solche bei den pustulösen Geschwüren der Haut schon angeführt haben. Bei zweckmässiger Behandlung reinigt sich bald das Geschwür und füllt sich mit gesunden Granulationen aus. Von den Rändern schiebt sich der Narbensaum gegen die Mitte vor und die Geschwüre heilen mit flachen Narben. Mit der Zeit schwindet der Rest des Infiltrates, die anfangs noch livide Narbe wird weiss und wenig entstellend.

Sind gleichzeitig mehrere Knoten neben einander entstanden und geraten dieselben in raschen Zerfall, so bilden sich dann buchtige Geschwüre von grösserer Ausbreitung. Schreitet der Prozess vor und bildet sich peripher ein neues Infiltrat, so verflacht sich das Geschwür auf der einen Seite, nimmt aber auf der andern durch neuerlichen Zerfall des Infiltrates an Ausdehnung zu und so entstehen serpiginöse Geschwüre von Halbkreis- oder Nierenform mit Narbenbildung im Centrum und Zerfall an der frischer infiltrierten Peripherie. Ist der Zerfall rasch, entweder durch den herabgekommenen Zustand des Patienten bedingt oder durch unzweckmässige lokale Verhältnisse herbeigeführt, dann entstehen grosse Devastationen und die Geschwüre können erschreckende Ausdehnung erlangen. So z.B. sahen wir die Haut des ganzen Unterschenkels durch serpiginöse Gummageschwüre zerstört.

Mehr noch als die Produkte der primären und secundären Syphilis geraten jene der tertiären unter ungünstigen Verhältnissen direkt in Brand. Es genügt oft ein mässig beengendes Kleidungsstück, welches auf das gummöse Infiltrat drückt, um eine ganze Gruppe von Gummen der brandigen Zerstörung zuzuführen; auch allgemeine Ernährungsstörungen können dies herbeiführen; so erinnere ich mich eines Falles, bei welchem infolge einer Emaciationskur (trockene Semmelkur) an acht Körperstellen trockener brandiger Schorf aufgetreten war. Nachdem sich die Schorfe abgelöst hatten, bestanden flache Wunden, die den knotigen Charakter des Gumma kaum mehr nachweisen liessen.

Was die Borkenbildung über den gummösen Geschwüren anbelangt, so bleiben einfache mässig secernierende Geschwüre auch von einschichtigen Borken bedeckt, bei etwas stärkerer Secretion und Ausbreitung entstehen mehrfach über einander geschichtete austernschalenähnliche Borken, wie wir sie schon beim pustulösen Syphilid gesehen haben, die sogenannte Schmutzflechte oder Rupia der Alten.

Die gummösen Prozesse der Haut und des Unterhautzellgewebes breiten sich nicht nur in diese Gewebe aus, sie greifen gar oft in die Tiefe und gefährden dadurch die darunter liegenden Muskeln, Knochen und Gelenke, welche in Mitleidenschaft geraten (s. Tab. 55). Myositis, Knochencaries und selbst Nekrose sind gar nicht seltene Erscheinungen bei fortschreitendem gummösen Prozess, wodurch die Erkrankung zu einer noch bedrohlicheren und folgeschweren wird. Sind es nicht schon die directen Läsionen, welche durch Zerfall der in die Tiefe greifenden Gummen entstehen, so sind nicht so selten die Narben nach diesen Prozessen so mächtig, dass zumindest Verunstaltungen entstehen, ja nicht selten die freie Beweglichkeit und der Gebrauch der Gliedmassen verloren gehen kann. In einzelnen Fällen geraten die Narben in Schwellung, auch in Wucherung und bilden formlose Wülste (Keloide), welche neben gummösen Geschwüren die Hautoberfläche bedecken.

Bevor wir die gummösen Erkrankungen der Haut, welche in zahllosen Formen auftreten und immer wieder neue Bilder schaffen, verlassen, möchten wir einer den Spätformen der Syphilis angehörigen massigen Infiltration gedenken, welche wir als Syphiloma hypertrophicum diffusum oder Leontiasis syphil. lieber wie als Lupus syphiliticus bezeichnet wissen möchten. Auch diese Form tritt erst auf, nachdem das secundäre Stadium lange abgeschlossen ist. Sie entwickelt sich langsam und hat gegenüber den rein gummösen Formen die Eigentümlichkeit, lange bestehen zu bleiben, ohne bedeutende Veränderungen einzugehen. Wir beobachten diese Form als plattenförmige derbe Infiltration an den Lippen, der Nase und der Zunge. Das Infiltrat nimmt die ganze Dicke der erwähnten Stellen, wodurch die unförmig derben Partien unbeweglich geworden sind. Die Oberfläche zeigt zwar stellenweise geschwürigen Zerfall, derselbe erreicht aber nie die Tiefe und die Ausbreitung, welche bei Gummen vorkommt. In allen Fällen kommt es nach energischer antiluetischer Therapie zur Resorption und zur Heilung. Mässige bindegewebige Verdichtungen der befallenen Stellen zeigen nach Jahren den Ort der Erkrankung an.

Syphilis des Bewegungsapparates.

Wie schon erwähnt, pflanzt sich die gummöse Erkrankung von der Haut und dem Unterhautzellgewebe mitunter auf die darunter liegenden Knochen und Muskeln fort; es trifft dies namentlich die wenig bedeckten Knochen, z. B. die vordere Tibiafläche, das Cranium, das Brustbein, die Clavicula, Ulna u. a. (s. Tab. 52a, 55.)

Diese genannten Knochen werden bei Gummen der sie bedeckenden an und für sich dünnen Haut schon frühzeitig in Mitleidenschaft gezogen, das Periost wird mit der Haut fast gleichzeitig zerstört und die Knochen liegen entblösst zu Tage. Werden solche Fälle einer zweckmässigen Behandlung zugeführt, so kann es mit einer leichten sandigen

Exfoliation des Knochens abgethan sein. Greift aber die Zerstörung weiter um sich und werden grössere Knochenpartien entblösst, so gesellt sich meist Caries der Knochen hinzu, die den Knochen mehr oder weniger zerstört. Die genannten Knochen — wir möchten noch die Rippen hinzuzählen — sind häufig schon während des secundären Stadiums Sitz von spontanen Beinhautentzündungen; es entstehen schmerzhafte, kaum elevierte Stellen über dem Knochen, welche immer grösser werden, und wenn auch da die Behandlung nicht Stillstand schafft, gerät die Haut in Entzündung, es brechen diese weichen Geschwülste (tophi) nach aussen auf und aus ihnen entleert sich eine schleimige Masse.

Die von der Haut ausgehenden und auf das Periost übergreifenden Gummen und deren Folgen finden ein Analogon in der Erkrankung der Schleimhäute und der darunter liegenden dünnen Knochen. Wir finden so am häufigsten Zerstörung des Gaumens, der Nasenscheidewand, wo innerhalb weniger Tage die Beinhaut durch Ulceration zerstört wird die Knochen blossgelegt werden, welche dann der Caries und Nekrose anheimfallen.

Das Periost ist häufig der Ausgangspunkt von gummösen Geschwülsten, welche nicht die erwähnte regressive Metamorphose mit dem rapiden Verlauf eingehen, sondern als harte derbe Geschwülste den Knochen usurieren, und wie in einer Nische in die Vertiefung eingebettet sind (fibröse Gummata). Auch diese Gummositäten können durch zweckmässige Behandlung zur Resorption gebracht werden. Ihre Entstehung, ihre Dauer und auch die Bedeutung welche sie durch die im Knochen erzeugte Absumption haben, machen diese Art periostealer Geschwülste zu ernsteren Erkrankungen.

In der Umgebung solcher Usuren werden die Knochen verdickt und sklerosiert. Solche flach erhabene Verdichtungen finden wir nach lange bestehenden periostealen Prozessen an den flachen Schädelknochen, der vordern Fläche der Tibia u. a.

Gummöse Erkrankungen der Knochen, sowohl der Röhren- als auch der Plattenknochen, können auch in Form der Osteomyelitis auftreten, welche in den Röhrenknochen ihren Ausgang vom Knochenmarke nimmt, in den Plattenknochen von der spongiösen Substanz oder von der Diploë des Schädels.

Solche Kranken klagen häufig längere Zeit über bohrende, namentlich Nachts auftretende Schmerzen, ohne dass es uns gelingen würde, eine Auftreibung des Knochens, zu konstatieren. Diesbezüglich war uns ein an Pneumonie gestorbener Fall sehr instructiv, bei welchem die Section Gummen in mehreren Röhrenknochen ergab (Osteomyelitis gummosa).

Jedenfalls dürfte der Prozess längere Zeit ohne merkbare Veränderungen bleiben, bis an der consistenteren Knochenrinde eine Auftreibung oder eine centrale Nekrose entwickelt sein wird.

Hierher gehören auch jene Fälle, in welchen Syphilitiker oft bei geringem Anlass Fracturen erleiden, die meist durch eine bedeutende Verkürzung des Knochens und mangelhaften Trieb zur Anheilung ausgezeichnet sind (Spontane Fractur bei Osteomyelitis gummosa).

Jeder dieser Knochenherde, mögen sie von einer Periostitis oder Osteomyelitis ausgehen, zeigt am macerirten Knochen central eine Rarificierung, in der Peripherie Verdichtung der Knochensubstanz.

Ist das Periost auf grosse Flächen zerstört, oder entstehen im Knochenmarke mehrere Gummen nebeneinander, so dass der Knochen in grossem Umfange der Ernährung beraubt wird, so resultiert daraus Nekrose und folgende Sequestration der betreffenden Knochenpartien, und, sofern es sich um eitrigen Zerfall der entzündeten Weichteile handelt, gesellt sich auch Caries hinzu.

Kleine Röhrenknochen wie die Clavicula oder die Phalangen werden durch ausgebreitete gummöse Infiltrationen rarificiert und es entsteht die sogenannte Spina ventosa, wie wir sie sowohl an der Clavicula als auch nach einer Dactylitis syphilitica an den Phalangen beobachtet haben.

Gelenke. Die Synovialis der Gelenke verhält sich ähnlich wie das Periost, namentlich was das Auftreten von schmerzhaften Schwellungen der Gelenke in der Frühperiode der Syphilis anlangt (Arthromeningitis syphilitica). Unter dem Bilde eines Gelenksrheumatismus schwellen oft mehrere grössere Gelenke an. Die Exudation in die Gelenkshöhlen, die Schmerzhaftigkeit und mitunter ein fieberhafter Zustand können die Differentialdiagnose schwierig machen. Doch ist diese Erkrankung von dem Rheumatismus durch den remittierenden Typus des Fiebers und die begleitenden Erscheinungen an der Haut und den Schleimhäuten, sowie durch eine kürzere Dauer, namentlich bei Anwendung antiluetischer Mittel unterscheidbar.

Der Ausgang dieser akuten Synovitiden ist meist ein günstiger, nur bei Vernachlässigung oder bei Anwendung unzweckmässiger Kaltwasserbehandlungen büssen die Gelenke die Beweglichkeit ein, ja nicht selten finden wir Crepitation als Zeichen der entstandenen Usuren in dem Knorpelüberzug.

Wichtiger als diese Erkrankungen sind die tertiär-syphilitischen Affectionen, welche an dem befallenen Gelenk fast immer schwerere Veränderungen hinterlassen. Es sind dies die fortgepflanzten gummösen Erkrankungen der Knochen die der Epiphysen, welche bis ins Gelenk greifen; ferner die gummösen periarticulären, die fibrösen Kapseln und Bänder betreffenden Erkrankungen, welche auf die Synovialmembran übergreifen. Solche Gelenkshöhlen haben wenig flüssigen Erguss und sind hauptsächlich mit Adhäsionen, zottigen Auswüchsen, teilweisen Ablösungen der gummös erkrankten Synovialmembran ausgefüllt.

Bei den schweren Veränderungen ist der häufigste Ausgang syphilitischer Gelenkserkrankungen fibröse Ankylose und auch dann, wann es sich um periarticuläre syphilitische Prozesse handelt.

Seltener ist wohl der Ausgang, dass periarticuläre Gummen, welche nach Aussen zerfallen, so lange geschwürig bestehen bleiben, bis sie gegen die Gelenkshöhle durchbrechen und zu einer eitrigen Gelenksentzündung führen. Im letzteren Falle thut rasche chirurgische Abhilfe not, zumal man durch eine antiluetische Therapie keine Heilung zu erwarten hat.

Muskeln. Auch die Muskeln scheinen häufig frühzeitig unter rheumatischen Schmerzen von dem Syphilisprozess befallen zu sein. Da jedoch diese Initialstadien sowie die secundären Formen auch spontan zur Rückbildung gelangen, so beobachten wir selten bleibende Erscheinungen einer solchen Erkrankung.

Schwerer sind jene Prozesse, bei welchen die gummöse Erkrankung der Haut und des Unterhautzellgewebes auf den Muskel übergreift.

Der Muskel kann aber auch primär der Sitz einer gummösen Infiltration werden (Myositis gummosa). Die Muskelgummen können eine beträchtliche Grösse, bis zu der eines Hühnereis erreichen und geben daher bei ihrem Sitz und Verlauf nicht so selten Veranlassung, für Geschwülste, speziell Sarcome gehalten zu werden. Der Muskel erkrankt jedesmal so, dass von dem Perimysium und zwar von den noch die Gefässe enthaltenden Lagen des Bindegewebes aus eine kleinzellige Wucherung entsteht, welche das Perimysium auf weitere Strecken ergreift, während die Querstreifung der eigentlichen Muskelsubstanz allmählig verloren geht.

Zerfällt ein solches Gumma geschwürig, so kann auch noch Muskelsubstanz nekrotisch werden und zerfallen. Meist aber beobachten wir, dass die Muskelgummen fettige Degeneration eingehen und die käsige Masse von mehr oder weniger dichterem Bindegewebe abgekapselt wird. Nach Abstossung oder Resorbtion dieser nekrotischen Masse bildet sich aus dem um die Gummen reichlich angewucherten Bindegewebe eine mächtige sehnige Narbe, welche die Funktion auch noch erhaltener Muskelreste brachlegt, so dass wir es stets mit Gebrauchsunfähigkeit der Extremitäten als unvermeidlichem Resultat nach Muskelgummen zu thun haben. (Tab. 55.)

Gleichzeitig mit den Muskeln können auch die Sehnen, namentlich an ihrem Uebergangsteil in den Muskel mit in den Infiltrationsprozess einbezogen werden. Man trifft die Affektionen an allen Sehnen, wir haben namentlich solche an der Achillessehne und am ligamentum patellae beobachtet.

Die Sehnenscheiden sind mitunter auch der Sitz einer oft grossen gummösen Wucherung. (Tab. 52). Nach langem Bestande kommt es endlich zur Ausstossung, was man aber zweckmässiger durch einen chirurgischen Eingriff beschleunigen kann.

Syphilis der lymphatischen Apparate.

Hieher gehören die Erkrankungen der Lymphdrüsen der Tonsillen, der Folliculärapparate im Isthmus und Rachen, der Milz, der Schilddrüse und der Nebennieren.

Die charakteristischen indolenten Lymphdrüsenschwellungen des primären Stadiums finden ihr Analogon in der allgemeinen Drüsenschwellung nach vollendeter Allgemein-Infection; sie kommt oft schon vor den Hautsymptomen zum Vorschein, bildet sich aber jedenfalls weiter aus, wenn Zerfall secundärer Produkte auf der Haut und den Schleimhäuten vorkommt. Im Allgemeinen trifft man grössere Drüsen bei scrophulösen oder sonst herabgekommenen Individuen. Dabei ist es häufig auffallend, dass man Lymphdrüsen angeschwollen findet auch an Körperstellen z. B. Seitenteile des Thorax, wo man sie für gewöhnlich nicht zu tasten pflegt. Gewöhnlich fühlen wir in der Secundärperiode die Inguinaldrüsen, die cervicalen und zwar über dem process. mastoid. längs des M. Sternocleidomastoideus bis in die Supraclaviculargrube, die Achseldrüsen unter dem vorderen Rande des Pectoralis, die Cubitaldrüsen über dem Condylus internus etc. Bei Sectionen an secundärer Syphilis Leidender haben wir auch die inneren Drüsen ebenso angeschwollen gefunden. Diese Drüsenschwellung entwickelt sich langsam, es resultieren aus denselben spindelförmige, derbe, längliche Knoten, mitunter aber bleibt die sphärische Form bestehen. Bei zweckmässiger Behandlung sehen wir die Drüsen auf ein Minimum schrumpfen. Bei der anatomischen Untersuchung sind die Drüsen am Durchschnitt Anfangs rötlich-braun, später ist der Hylus derselben mehr von Bindegewebe ausgefüllt oder nebst dem Bindegewebe auch Fettgewebe im Hylus angewuchert und die Rindensubstanz der Drüse erscheint verdünnt.

Tertiäre Prozesse beobachten wir sehr häufig. Sie treten als selbständige Drüsenanschwellung auf, erreichen Tauben- bis Hühnereiergrösse und bilden sich auf Jod-Behandlung wieder zurück, um entweder an derselben Drüsengruppe oder an einer anderen eine ähnliche Geschwulst zu bilden. Auch neben gummösen Geschwüren der Haut beobachten wir Erkrankungen an den Drüsen. Sind die gummösen Geschwüre in eitriger Schmelzung begriffen, so können manche Drüsenschwellungen darauf zurückgeführt werden (Tab. 54). Auch sonst stehen die Drüsenschwellungen nicht immer in direktem Zusammenhange mit den Gummositäten der Haut, ja vielmehr müssen wir sie als eine besondere Erkrankung ansehen, weil wir häufiger das Auftreten von Gummen in der Haut und dem Unterhautzellgewebe ohne jede Drüsenschwellung beobachteten.

Solche gummöse Prozesse an den Drüsen können zu Verkäsungen führen, wobei die käsige Masse lange eingeschlossen bleiben kann; es kann aber auch der Prozess von der Drüse auf die Haut übergreifen, dieselbe zur Entzündung und zum Zerfall bringen, wie wir es typisch bei dem Fall auf der Tab. 53 dargestellt sehen. Bei längerem Bestande kommt es zur Exfoliation der Drüse (Tab. 54) und dann zur Vernarbung.

Milz. Die Annahme, als müsste die Milz im akuten Stadium der Syphilis in jedem Falle anschwellen, trifft nicht immer zu. Eine grössere Anzahl von Fällen, namentlich solche, welche im Proruptionsstadium mit Chloranæmie einhergehen, lässt durch Palpation und Percussion eine Milzschwellung konstatieren. Diese Milzanschwellung schwindet auf antiluetische Therapie geradeso wie die Exantheme der Secundärperiode. Seltener bleibt eine Verhärtung des Organs zurück, wobei die Milzpulpa härter und trockener wird, die Septa und die Kapsel bindegewebig verdickt erscheinen, letztere vielfach durch Adhäsionen der Nachbarschaft angelötet. Häufiger kommen diese Milztumoren bei Leberaffectionen oder mit Erkrankungen an Magen, Darm und Nieren vergesellschaftet vor.

Gummöse Neubildungen in der Milz werden als kleine oder grössere Knoten mitten in dem Organ, häufiger aber unter der Kapsel beobachtet. Gemeinhin verfallen sie der Verfettung und Verkäsung und können wahrscheinlich als trockene Masse oft lange in der Milz eingekapselt bestehen.

Diese herdweise auftretende Splenitis lässt sich am Lebenden von der früher erwähnten indurativen diffusen Form nicht unterscheiden. Anatomisch können solche fettig-käsigen Herde Infarcten sehr ähneln, und namentlich gegen verkäste Solitärtuberkel ist die Differencierung manchmal schwierig. Manchmal dürfte auch eine Entarteritis infolge von Syphilis zu einer ähnlichen herdweisen Entartung des Gewebes führen.

Die Milz erkrankt ferner am häufigsten unter den inneren Organen bei den an Marasmus ex lue zu Grunde gegangenen, an Amyloidentartung und wir sehen oft nur sie, während in den übrigen Organen sich keine Amyloidentartung oder nur Spuren davon vorfinden, amyloid erkrankt.

Auch an der Schilddrüse und an den Nebennieren sind Erkrankungen gummöser Art beobachtet worden, sie gehören jedoch zu den Seltenheiten und wurden bisher nur als zufällige Befunde konstatiert.

Syphilis des Verdauungstractus.

Mundhöhle. Die Schleimhaut der Mundhöhle wird, wie wir oben gesehen haben, in der secundären Periode fast immer von der Erkrankung heimgesucht. Papeln, Geschwüre, Rhagaden sind regelmässige Befunde. Zu den Spätformen der Syphilis hingegen gehören Veränderungen an der Schleimhaut der Zunge, der Wangen, namentlich den Zahnreihen entsprechend, und mehrerer anderer Stellen, welche wir als Pachydermia syphilitica oder Psoriasis mucosae oris bezeichnen. Diese Veränderung ist charakterisirt durch die Verdickung der Schleimhautoberfläche, welche das daselbst in mehrfachen Lagen angewucherte Epithel als weissliche, fast hornartige den Epidermislagen ähnliche Plaques bildet. Ausser der Syphilis kommen noch mehrfach andere Irritamente hinzu, wie mechanische Reizung durch rauhe Prothesen, nekrotische oder scharfe Zähne, Kauen von Tabak, Rauchen und Genuss von Alkohol. Dieser Zustand ist unheilbar und belästigt die Kranken durch das häufige Wundwerden; diese Stellen sind nämlich sehr leicht lädierbar, entbehren jeder Elasticität, so dass harte Bissen bereits genügen, um Verletzungen zu erzeugen (Tab. 41 b und 42 b). Seltener entwickeln sich an Stelle dieser weisslichen epithelialen Lagen submucöse Gummen. Viel häufiger führen sie zur Entwicklung von Epitheliomen.

Die Gummen gehen in der Mundhöhle von der Submucosa aus, doch ergreift der Prozess baldigst die Schleimhaut, so dass wir kaum in der Lage sind, zu entscheiden, ob der Anfang in der Schleimhaut oder in der Submucosa zu suchen ist.

Praedilectionsstellen für das Auftreten der Gummen sind: die Zunge, der Gaumen, dann der isthmus faucium und das Cavum pharyngonasale.

Die Zunge. Es gibt kaum ein Organ, an welchem die Syphilis so mannigfache und zahlreiche pathologische Produkte setzt, wie an der Zunge. Die späteren Stadien der secundären Syphilis sind häufig durch papulöse Efflorescenzen, Geschwürsbildung am Zungenrand, durch ausgebreitete Infiltration aus der Zungenoberfläche, ausgezeichnet. Zu den Spätformen gehören Veränderungen der Zungenoberfläche, die sog. Psoriasis oder Leukoplakia linquae. Im Anschlusse an diese möchten wir die glatte Atrophie der Zungenwurzel (Atrophia laevis baseos linquae) gedenken, welcher als einer persistierenden Veränderung geradeso wie der Psoriasis eine diagnostische Bedeutung bei fraglichen syphilitischen Erkrankungen innerer Organe zukommt. Es ist dieser Prozess nicht zu verwechseln mit den narbigen Verbildungen dieser Gegend, deren wir bei den sec. Erkrankungen gedachten. Sie entsteht ohne

Vorwissen der Kranken, wahrscheinlich durch eine Beteiligung des lymphatischen Apparates und stellt einen ähnlichen Zustand dar, wie man bei Syphilis-Prozessen in manchen Geweben, z. B. der Atrophie des Herzmuskels, begegnet. (Siehe darüber Nothnagels Pathologie: Kraus »Erkrankungen der Mundhöhle«.)

Häufiger als diese Prozesse entwickelt sich das Gumma in der Zunge und zwar als submucöses Gumma, welches rasch die Schleimhaut zum Zerfall bringt, bei zweckmässiger Behandlung aber bald vernarbt. Die im submucösen Gewebe und in der Muskulatur sich entwickelnden Gummata bilden durch ihre Grösse eventuell durch ihre Aneinanderlagerung eine voluminöse Geschwulst der Zunge, welche, wenn kein Stillstand oder keine Rückbildung erfolgt, erweicht. Die Schleimhaut wird zerstört und es entleert sich eine rötlich-braune Masse. Die nun entstehenden Höhlen haben oft eine bedeutende Tiefe, sehen meist spaltförmig aus, ihr Grund ist weisslich gefärbt, von nekrotisch zerfallendem Gewebe bedeckt. Die Geschwülste, noch mehr aber die Geschwüre. hindern die Kranken oft am Kauen und Sprechen, indem sie bedeutende Schmerzen bei Nahrungsaufnahme und beim Sprechen verursachen, sodass die Kranken unter diesem qualvollen Zustand bald herabkommen.

Bleiben die Gummen lange bestehen, recidivieren sie häufig, so können sie Veranlassung zur Bildung von Epitheliomen geben. Es fällt oft schwer bei dem kachetischen Aussehen der Kranken sagen zu können, ob man es noch mit einem Gumma und nicht schon mit einer Neubildung zu thun habe. Lancinierende Schmerzen, die Beteiligung der Drüsen und schliesslich das Fehlschlagen der antiluetischen Therapie zeichnen das Carcinom vor dem Gumma aus, und so wird man mit der Diagnose baldigst ins Klare kommen (Tab. 57). Die gummösen Prozesse heilen an der Zunge mit narbigen Einziehungen aus, welche die Gebrauchsfähigkeit des Organes bedeutend behindern, häufig zu Verletzungen und zu Recidiven führen, manchmal auch zu Entwicklung eines Epithelialkrebs Veranlassung geben.

Der Zungengrund, dessen Bedeutung wir eingangs bereits hervorgehoben haben, ist auch häufig der Sitz gummöser Neubildungen, welche sich in dem adenoiden Gewebe daselbst bilden, Geschwüre und Infiltrationszustände hervorrufen, deren Diagnose oft schwer ist, weil sie den Kranken anfänglich keine fühlbaren Beschwerden verursachen. Erst ein länger anhaltender Geschwürsprozess bringt die Kranken dazu, sich untersuchen zu lassen. Dabei ist die Palpation mit dem Finger ebenso von Wichtigkeit wie die Untersuchung mit dem Kehlkopfspiegel. Es lässt sich die Schwierigkeit der Verwechslung mit tuberculösen Geschwüren oder mit zerfallenen Epitheliomen nicht verkennen und man ist lediglich auf die Begleiterscheinungen der Syphilis und den Erfolg der Therapie angewiesen.

Die Ansatzstelle des weichen an den harten Gaumen ist ein Lieblingssitz gummöser Neubildungen, welche sich vor allen andern durch ihren raschen Zerfall auszeichnen; bevor noch der Kranke zur Kenntnis einer Erkrankung gelangt, entwickelt sich, fast über Nacht, ein Geschwür und eine Perforation. Rasche Hilfe kann mitunter den Prozess lokalisieren, auch die Perforation zum Verschluss bringen oder wenigstens einen grossen Teil des weichen Gaumens retten, so dass ein operativer Verschluss nach Ausheilung des Prozesses möglich wird. Verabsäumt jedoch der Kranke, ärztliche Hilfe aufzusuchen, so macht der Zerfall rapide Fortschritte und nach 1—2 Wochen sehen wir die Kranken bloss mit Residuen des Randes des weichen Gaumens, an welchem noch die infiltrierte Uvula hängt. Reissen diese Residualspangen durch, so kann es durch Aspiration der geschwellten Uvula zu Suffukationserscheinungen kommen, so dass es unter solchen Umständen besser ist, die losen Reste abzutragen. Diese Zerstörungen des Gaumens setzen zu mindest narbige Verziehungen des Isthmus faucium, wenn nicht die Arcus selbst in den Zerfall einbezogen worden sind.

Ebenso rasch zerfallen die Gummen am harten Gaumen, seien sie in der Submucosa oder im Periost entwickelt und bald folgt die Perforation derselben. Der Knochen selbst wird von Caries ergriffen, und in kurzer Zeit erfolgt das Ausfallen einer ganzen sequestrierten Knochenpartie oder durch allmähliges Zerbröckeln und Ausstossen des Detritus. Die nun entstandene Verbindung zwischen dem cavum oris und cavum nasale belästigt den Kranken, auch nachdem bereits eine Vernarbung erfolgt ist, da sie den Genuss von Trank und weicher Speise, sowie das Sprechen unmöglich macht. Viele Kranke behelfen sich mit der Tamponade dieser Oeffnungen, besser jedoch ist der Verschluss durch eine Gummiplatte oder, wenn nicht gar zu grosse Zerstörungen erfolgt sind, durch Operation (Tab. 56 a und 56 b).

Die hintere Rachenwand ist mitunter selbstständig von der Rachentonsille ausgehend häufig aber durch Uebergreifen des Prozesses vom cav. nasal. oder aus dem isthm. fauc. Sitz gummöser Erkrankungen. Die Schleimhaut wird durch eine rapid um sich greifende Zerstörung unglaublich schnell in ein grosses Geschwür verwandelt, welches das cavum pharyngonasale nach rückwärts abschliesst; der Zerfall hann bis in das Periost und selbst auf die Wirbelknochen vordringen (Tab. 56 b).

Je nach den gesetzten Zerstörungen gestalten sich auch bei eventueller Heilung die daraus resultierenden Deformitäten. Es kommt mitunter zur gänzlichen Verschliessung des Nasenrachenraumes oder zu teilweisem Abschluss durch narbige Verziehung der Reste des weichen Gaumens und der Arcus. Die Zungenbasis wird hiedurch gegen die hintere Rachenwand gezogen, die Communikation mit der Speiseröhre und dem Kehlkopf bleibt mitunter durch eine kleine Oeffnung vermittelt, Durch diese Verhältnisse sind die Kranken oft derart beim Schlingen behindert, dass sie sich zu operativer Nachhilfe entschliessen müssen. Aber auch das Athmen bei Verschluss des cav phar. nas. ist für die Kranken recht beschwerlich, da sie mit offenem Mund atmen, wodurch Kehlkopfaffektionen, Bronchialkatarrhe und tiefere den Atmungsakt noch schwerer behindernde Prozesse entstehen.

Auch für das Gehörorgan haben die Ulcerationen am Pharynx eine grosse Bedeutung; indem sie die Mündung der Ohrtrompeten zerstören, gefährden sie das feine Gehör, verursachen stechende Schmerzen und beim Uebergreifen auf das Mittelohr können schwere Schädigungen des Gehörorganes sich entwickeln.

Am wenigsten häufig ist die Schleimhaut der Wangen und Lippen Sitz von gummösen Geschwüren. Dasselbe gilt auch von der Gingiva. Die etwa vorkommenden Gummen und Infiltrate sind noch am häufigsten an den Lippen, parallel dem cav. or. anzutreffen (Tab. 41a).

Diese Geschwüre haben jedoch keine besonderen Eigentümlichkeiten vor den übrigen. Sie sind mitunter von differentialdiagnostischer Bedeutung gegenüber tuberkulösen Zerstörungen der Mundschleimhaut oder einem Epithelialkrebs. Diesbezüglich sei in Kürze erinnert, dass man an der Peripherie tuberkulöser Geschwüre häufig Tuberkelknötchen bemerkt und der Grund niemals die massige Infiltration erreicht, welche die Syphilis auszeichnet; auch sind die tuberkulösen Erscheinungen selten primär, man findet daneben gewöhnlich vorgeschrittene Erkrankungen des Respirationstractus.

Der Epithelialkrebs hat im Allgemeinen einen langsameren Verlauf als die Syphilisprozesse, namentlich wenn letztere in gummösen Schleimhautinfiltraten bestehen. Ueberdies schwellen bei Syphilis die submaxillaren Drüsen selten an, wogegen sie bei länger bestandenem Carcinom stets in Mitleidenschaft gezogen werden. Endlich führen die schon erwähnten therapeutischen Eingriffe zur Differantialdiagnose.

Die Speicheldrüsen wurden als durch Syphilis erkrankt einige Male beobachtet.

Oesophagus. Die Diagnose einer syphilitischen Erkrankung des Oesophagus ist in den meisten Fällen bei der Autopsie gestellt worden. Derselbe wird kaum primär von der Syphilis befallen, zumeist sind es fortgeleitete Prozesse von den Mediastinaldrüsen, vom Schlundkopf. Die gummösen Erkrankungen der Mediastinaldrüsen greifen auf die Oesophaguswand über, es kommt zum Zerfall der Schleimhaut und es entstehen, wenn der Prozess ausheilt, constringierende Narben.

4*

Magen. Der im Frühstadium der Syphilis unter den Erscheinungen eines akuten oder subakuten Magenkatarrhs mitunter vorkommende Zustand, kann in den weitaus seltensten Fällen als eine direkte Folge der Syphilis bezeichnet werden. Eher kann man es von jenen Fällen annehmen, wo derselbe als Consecutiverkrankung bei bestehender Leber- oder Nierensyphilis aufzufassen ist.

Als direkte Produkte der Syphilis kommen am Magen Geschwüre aus gummösen Infiltrationen der Submucosa vor. Sie wurden durch Autopsie vielfach bestätigt. Sie treten zumeist in der Gegend des Pylorus und der kleinen Magencurvatur, aber auch an der Kardia auf; die Infiltrate entwickeln sich in der Submucosa und breiten sich sowohl gegen die mucosa als auch gegen die serosa der Magenwandung aus. Es wurden neben Verschwärungen noch gummöse Infiltrate, auch Narbenbildungen vorgefunden, so dass daraus auf die Möglichkeit einer Vernarbung gummöser Geschwüre im Magen geschlossen werden kann.

Ferner finden sich, wenn auch sehr selten, Geschwüre aus syphilitischer Arteriitis der Magengefässe; sie tragen die Charaktere des runden Magengeschwürs in der klinischen Symptomatologie sowohl, als auch mehr oder weniger im anatomischen Aussehen.

Darmkanal. Die bei constitutioneller Syphilis vorkommenden Störungen, welche als akuter Darmcatarrh oder als eine chronische Enteritis auftreten lassen in vivo kaum eine Vermutungsdiagnose zu, nicht so selten sind sie als Begleiterscheinungen im Gefolge von syphilitischen Erkrankungen an der Leber, einer etwa auftretenden Amyloidentartung und gehören als solche nicht zum Syphilisprozess.

Es kommen aber, und zwar meist vielfache Geschwüre im Darme vor, welche ohne allen Zweifel von der Syphilis herrühren. Ihre Kenntnis rührt aber der grössten Zahl nach von zufälligen Befunden bei der Autopsie her. Sie finden sich im Dünndarme und zwar besonders in seinem oberen Anteile lokalisiert, und entwickeln sich meist aus den Plaques entsprechenden, eigentümlich starren die Schleimhaut Submucosa und Muscularis durchgreifenden Infiltraten, von bis über Thalerstück Grösse; nach Zerfall der Schleimhaut bestehen quergestellte fast ringförmige Substanzverluste mit buchtigen, scharf abgesetzten Schleimhauträndern und einem starren, bald speckig belegtem, bald narbigem Grunde, Verdickungen und pseudomenbranösen Bildungen an der Serosa, wodurch auch Verwachsungen von Darmpartien zustande kommen können; sie hinterlassen flache, etwas stenosierende Narben.

Im Mastdarm ist das Vorkommen schwerer Störungen infolge von Syphilis ein häufigerer Befund. Einerseits pflanzen sich Infiltrationszustände der Analfalten und die dazwischen liegenden Rhagaden fort, anderseits entwickeln sich vom After auf den Mastdarm auch gummöse Prozesse in der Schleimhaut und im perirectalen Gewebe und ergreifen das Darmrohr. Entleerung schleimeitriger Massen, Diarrhoe, Stuhlzwang, Blutungen, selbst Vorfall der erkrankten Partien sind die gewöhnlichen Erscheinungen.

Nach längerem Bestande entwickelt sich eine Bindegewebsvermehrung und hochgradige Verengerung des Darmrohrs. Dieser schwere Prozess bringt durch die hochgradige Schmerzhaftigheit, das Fieber, die Blutverluste und bedeutende Secretion aus dem Mastdarm die Kranken bald herab. Es kann eitrige Perproctitis und selbst eine Peritonitis hinzutreten und den exitus dieser ohnehin sehr herabgekommenen Kranken herbeiführen.

Die Leber. Unter den inneren Organen nimmt, was die Häufigkeit des Prozesses anbelangt, die Leber den ersten Platz ein. Kommt es einmal zur Erkrankung innerer Organe infolge von Syphilis, so kann man mit grosser Wahrscheinlichkeit auch auf eine Beteiligung der Leber rechnen, wenn sich auch die Störungen in anderen Organen noch vorwiegend geltend machen. Aber auch allein erkrankt die Leber; man unterscheidet gemeinhin zwei Formen: Die interstitielle und die gummöse Hepatitis.

Fast immer kommen diese beiden pathologischen Veränderungen nebeneinander vor. Wir finden bald nur Abschnitte des Organs, mitunter aber auch die ganze Leber von dem Prozesse ergriffen.

Die Gummigeschwulst der Leber bildet grössere und kleinere meist haselnussgrosse Knoten, die vereinzelt oder in Gruppen liegen, wodurch bis hühnereigrosse Tumoren entstehen können. Sie finden sich häufiger im rechten Lappen vor, namentlich zwischen beiden Leberlappen, unter dem ligamentum suspensorium. Gewöhnlich trifft man sie im Zustande der Nekrose oder der Verkäsung, von mehr oder weniger dichten Bindegewebszügen umschlossen, welche strahlenartig und unregelmässig weit in das umgebende Parenchym ausstrahlen und sich dasselbe in unregelmässig grosse Inseln von Lebergewebe zerteilen. Unter der Wucherung des gummösen Granulationsgewebes selbst geht das Lebergewebe zu Grunde und es bleiben nur die feineren Gallengänge, häufig auch in Wucherung begriffen, übrig. Mit der Resorption der käsigen Massen, dem partiellen Schwunde des Granulationsgewebes, seiner teilweisen Umwandlung in fibröses Bindegewebe kommt es zu tiefen narbigen Einziehungen an der Oberfläche, ja förmlichen Abschnürungen einzelner Abschnitte, dem Hepar lobatum. Reichliche und gehäufte Entwicklung von Gummen in einem Bezirke oder in einem Lappen, kann so zum Schwunde grosser Anteile, ja eines ganzen Lappens führen — während eine über das ganze Organ verbreitete Gummenbildung eine diffus verbreitete Bindegewebswucherung und Sonderung des Leberparenchyms in kleineren Inseln zur Folge hat, die sogenannte Cirrhosis syphilitica, die sich durch die ungleichmässige (am Ort ehemaliger Gummen reichlichere, sonst geringere) Bindegewebsbildung auszeichnet. Entsprechend dem Schwunde von Lebergewebe kommt es an den restierenden Teilen zur Hypertrophie und Regeneration, die sich bald in einer Vergrösserung der Inseln von Lebergewebe zeigt, wodurch knollige Protuberanzen an der Oberfläche, vergrösserte Läppchen an der Schnittfläche entstehen, bald in einer Vergrösserung eines ganzen Lappens bestehen kann; so sahen wir bei einer syphilitischen Schrumpfung des rechten Leberlappens den linken bis zur Grösse des ersteren hypertrophiert.

Daneben gehen peritoneale Adhäsionen, Zerrungen teils des Organes, teils der Gallenblase und der grossen

Gallenwege einher, die nicht minder als die durch die Tumoren und die Bindegewebsentwicklung bedingte Circulationsstörung der Vena portae und ihrer Verzweigungen zu den mannigfachen Störungen und Beschwerden in vivo Veranlassung geben.

Pancreas. So sehr wir bei hereditärer Syphilis am Pancreas Anhaltspunkte für die Affection dieses Organs vorfinden, so selten trifft man dieselbe bei der acquirierten Syphilis der Erwachsenen. Es sind sowohl eine gummöse Erkrankung als auch Veränderungen infolge einer Erkrankung der Gefässe bekannt geworden, diese stellen jedoch eine grosse Seltenheit vor und können kaum in vivo erkannt werden, wenn nicht gleichzeitig anderwärtige gummöse Prozesse die Vermutungsdiagnose aufstellen lassen.

Der Respirationstractus.

Die Nasenhöhle. In der secundären Periode ist die Schleimhaut der Nasenhöhle seltener als die Mundhöhlenschleimhaut afficiert. Die Spätformen der Syphilis dagegen sind häufig anzutreffen und haben eine grosse praktische Bedeutung. Der häufigste Sitz der gummösen Geschwüre ist das Septum und zwar zumeist an der Uebergangsstelle des knorpeligen in den knöchernen Anteil desselben. Wir brauchen kaum zu betonen, dass das Periost und die darüber ziehende Schleimhaut bei Auftreten von Gummositäten rasch zerfallen und Geschwüre bilden. Nicht lange währt es, und die Knorpel erweichen, die Knochen werden cariös und wir sehen baldigst eine Perforation des Septums. Mitunter entdeckt man eine solche Perforation, ohne dass die Kranken davon wissen. Das eitrige, zuweilen noch mit Blut untermischte Secret ist äusserst übelriechend. Es trocknet häufig in der Nase zu braunen Borken ein, welche den Geschwürsgrund, meist aber auch die schon nekrotischen Knochenstücke bedecken. Die nekrotischen Zerstörungen pflanzen sich längs des knöchernen Septums auf den harten Gaumen fort und es kommt zur Durchlöcherung der knöchernen Gaumenplatte. Die Nekrose kann auch die angrenzenden Knochen, den Oberkiefer, das Siebbein, die Gaumenfortsätze des Keilbeines und die Thränenbeine ergreifen.

Während des Zerfalles und des Andauerns der Stinknase fehlt der Geruchsinn vollständig, aber auch nach der Abheilung erhalten ihn die Kranken selten wieder. Die Zerstörungen des knorpeligen Septums bedingt die Sattelnase, jene des Vomer und der Nasenbeine das Einsinken der ganzen Nase. Häufig gelingt es, die Haut der Nase selbst bei grossen Zerstörungen im cavum nasale zu erhalten, doch schrumpft mit der Zeit dieselbe zu einem unförmigen Stumpf zusammen und ist zu einer etwaigen Plastik nicht mehr zu verwerten. Gänzliche Zerstörungen der Nase samt der Haut kommen im Gefolge von sehr vernachlässigten Erkrankungen vor.

Von der Nasenhöhle aus breitet sich der Geschwürprozess auf die Oberlippe, die alae nasi, auf den Thränensack und auf die Choanen bis gegen die Pharynxkuppe fort.

Selbst nach Ausheilung des Prozesses werden die Kranken durch das ständige Wundwerden der Narben in der Nasenhöhle fortwährend belästigt und erscheint eine dauernde Pflege zur Vermeidung neuerlicher Erkrankungen notwendig.

Am Kehlkopf finden wir die Schleimhaut schon frühzeitig (in der Secundärperiode) erkrankt in Form von Papeln, Geschwüren und Vegetationen. In der tertiären Periode ist gerade das Auftreten von Gummositäten in diesem so lebenswichtigem Organe für den Kranken von grösster Bedeutung. Sie gehören mit zu den gefährlichen Formen, weil durch den raschen Zerfall die Knorpel des Kehlkopfes, der Kehldeckel, die Muskeln und die Stimmbänder samt der Schleimhaut gefährdet sind. Es ist daher sehr wichtig, die Kranken auf die Gefahr aufmerksam zu machen, damit sie sich baldigst der entsprechenden Behandlung unterziehen. An und für sich bieten die Gummositäten keine anderen Eigenschaften als jene der anderen Schleimhäute und sind sowie diese durch die Tendenz zum raschen Zerfall ausgezeichnet.

Die Trachea und die Bronchien werden in Formen von Infiltraten und Ulcerationen, häufig im Anschluss an die Kehlkopfsyphilis gefunden. Sie geraten auch in Mitleidenschaft durch das Uebergreifen des Prozesses vom

Mediastinum aus. Je nach der Ausbreitung und Tiefe der Geschwüre sind diese Erscheinungen mehr oder weniger bedrohlicher Art und hinterlassen selbst beim Ausheilen oft sehr lästige Störungen.

Die Lungenerkrankungen bei acquirierter Syphilis gehören zu den selteneren Erscheinungen, wenn wir namentlich die Fälle ausschliessen, welche durch hartnäckige Kehlkopf- und Trachealaffectionen hervorgerufen werden. Narbige Lungenverdichtungen, Peribronchitis manchmal neben noch vorhandenen Gummen wurden bei Autopsien beobachtet; wir konnten uns von sicheren anatomischen Befunden aus eigener Erfahrung nicht überzeugen. Drüsentumoren im Mediastinum können auf die Bronchien einen Druck ausüben, ja selbst eine Peribronchitis per contiguitatem veranlassen. Periostitis der Rippen oder Nekrose derselben kann unter Beteiligung der Pleura parietalis auch der viscera zu Adhäsionen führen.

Syphilis der Circulationsorgane.

Wenn auch die Lehre von den syphilitischen Erkrankungen der Circulationsorgane noch zu den jüngeren Errungenschaften der pathalogischen Anatomie gehört, so sprechen immer mehr und mehr Thatsachen dafür, dass man derselben viel zu wenig Gewicht bei der Deutung der Syphilis-Produkte beigelegt hat.

Das Herz bietet mannigfache pathologische Veränderungen infolge der Syphilis; wir können erstens die syphilitischen Veränderungen an den kleineren Gefässen des Herzens, zweitens die Produkte der Syphilis im Perikardium, im Endokardium und endlich im Myokardium selbst auseinanderhalten. Um den Rahmen dieses Abrisses nicht ungebührlich weit zu überschreiten, beschränken wir uns auf das blosse Aufzählen der wichtigsten Veränderungen und der durch sie veranlassten klinischen Erscheinungen.*)

---

*) Das Nähere über «Syphilis des Herzens» siehe Archiv für Dermatologie und Syphilis 93.

Die constatierten Herzaffektionen in Folge von Syphilis sind insgesamt Spätformen; denn die in der Sekundärperiode beobachteten Störungen sind bisher anatomisch noch nicht begründet und als solche bloss den functionellen Störungen beizuzählen.

Die Myokarditis fibrosa ist durch Bindegewebszunahme und Schwielenbildung, sekundäre Atrophie und Schwund der Muskelsubstanz ausgezeichnet.* Sie breitet sich im septum ventriculorum oder in den Wandungen der Ventrikel und Vorhöfe über beschränkte Parthien aus.

Die Gummen im Myokardium bilden verschieden grosse Knoten, die central verfettet bis käsig degeneriert und von bindegewebigen und fibrösen Bindegewebslagen umgeben sind. Sie können, wie alle Gummen, lange in diesem Zustande verharren, aber auch aufbrechen und grössere Zerstörungen und Ablösungen der Papillarmuskeln oder der Klappen zur Folge haben.

Die Endokarditis und Perikarditis syphilitica sind meistens nur begleitende Processe der Erkrankungen des Myorkardiums.

Bei der Diagnose in vivo müssen wir daran festhalten, dass die Syphiliserscheinungen am häufigsten zwischen dem 30.—40. Lebensjahr neben oder nach den Spätformen der Syphilis vorkommen. Im vorgerückten Alter sind die Herzaffectionen meist Folgen eines atheromatösen Prozesses oder rheumatischer Endokarditiden oder beruhen auf fettiger oder fibröser Degeneration z. B. beim chronischen Alkoholismus, so dass die Diagnose ungemein schwierig ist. Man muss aber auch daran denken, dass schwere Funktionsstörungen des Herzens durch syphilitische Produkte im Centralnervensystem, z. B. in der medulla oblongata vorgetäuscht werden können.

Bei Erkrankung des Herzmuskels, die sich als Beklemmung, Herzklopfen bis zu wahrer Erstickungsnot kundgibt, lässt sich objectiv leichte Dilatation, Asystolie, Arythmie, Cyanose, leichte Anasarka nachweisen. Andere Prozesse, welche sich in der Nähe der Klappen abspielen, können die Erscheinungen einer Klappeninsufficienz darbieten. Durch syphilitische Entarteritis einer Coronar-Arterie entstehen die schwersten Symptome der Angina pectoris. Für den Praktiker möchten wir noch immer den von Semola aufgestellten Satz gelten lassen: «Wenn ein Patient, der eine unzweifelhafte Syphilis überstanden hat, sich dem Arzte mit den Symptomen einer persistierenden Arythmie vorstellt, die sich weder durch hygienische noch pharmaceutische Mittel überwältigen lässt, dann muss der Arzt ohne weiteres vermuten, dass ein syphilitischer Prozess dahintersteckt, und er muss dem Kranken eine specifische Behandlung verordnen, selbst wenn zur Zeit kein Symptom existiert, das einen augenscheinlichen Beweis der konstitutionellen Syphilis liefern kann.»

Die Mehrzahl der Fälle von Herzsyphilis waren zufällige Befunde bei der Autopsie. Der letale Ausgang tritt in den meisten Fällen unerwartet und rasch ein. Selten geht eine Erschöpfung des degenerierten Myokardiums mit den Erscheinungen der Herzschwäche dem exitus voraus.

Wenn wir auch in vivo nicht in der Lage sind, die Kardiopathien infolge von Syphilis mit Sicherheit zu diagnosticieren, so ist es doch die Aufgabe des Arztes, welche wir in dem oben angeführten Citate Semola's gegeben haben, in zweifelhaften Fällen mit Jod- und selbst Quecksilberpräparaten unter vorsichtigen Cautelen gegen das gefährliche und sicher zum Tode führende Leiden anzukämpfen.

An den Arterien, und zwar denen mittleren Kalibers, können wir seit Heubner eine specifisch-syphilische Erkrankung, welche von der hauptsächlich von der Intisma ausgehenden Gewebswucherung als Endarteriitis obliterans bezeichnet wird; es sind aber alle Schichten beteiligt und in manchen Fällen entwickeln sich in denselben Verkäsungen, unter welchen die Elastica und Media zu Grunde geht, so dass man auch mit Recht von einer Arteriitis gummosa sprechen kann. Am häufigsten und typisch entwickelt findet sich dieselbe an den basalen Gehirnarterien; sie ist aber auch an der Carotis, Poplitea, an der Nieren- und Milzarterie, sowie an peripheren Aesten constatiert worden. Atrophie, selbst Nekrosen (Milz) der Organe sind die Folgen in solchen Fällen, sowie encephalomalacische Herde im Gehirne, wovon noch die Rede sein wird.

Zweifelhafter bezüglich der Aetiologie sind Klappenverdickungen, Endo Aortiden, namentlieh bei der Häufigkeit der atheromatösen Prozesse daselbst überhaupt; dasselbe gilt von den Folgezuständen, speciell der Aneurysmabildung, wobei zu betonen wäre, dass es bei der typischen Erkrankung an den Hirnarterien nicht zur Entwicklung von Aneurysmen kommt.

Die Erkrankungen der kleinsten arteriellen Zweige findet man neben Spätformen der Syphilis, gefolgt von trophischen Störungen und bindegewebiger Schwielenbildung in dem Parenchym der Organe.

Die venösen Gefässe sind seltener der Sitz syphilitischer Produkte, obzwar auch da in der jugularis und in der Scheide der femoralis Gummen angeführt wurden.

Syphilis des Urogenitalapparates.

Inwieferne die Nieren durch den Syphilis-Prozess beeinflusst werden können, haben erst die Erfahrungen der letzten Jahre dargethan. Auf blosse Eiweissbefunde im Harne Syphilitischer hin kann man noch nicht auf eine syphilitische Erkrankung der Niere schliessen. In der Frühperiode der Syphilis, bei merkurieller Behandlung, entsteht häufig infolge der Ausscheidung des Quecksilbers eine Nierenreizung und Eiweissausscheidung selbst in beträchtlicher Menge. Amyloidentartung der Nieren finden wir bei kachectischen Individuen in den Spätstadien der Syphilis. Diese Umstände erschweren somit die Diagnose einer direkten Beteiligung der Nieren an dem Syphilis-Prozesse. Man nimmt auch da eine Nephritis anatomisch als feststehend an, welche auf einer diffusen interstitiellen Zellwucherung beruht. Aber auch Gummigeschwülste hat man bei den Sektionen zufällig gefunden. Klinisch jedoch wird man dieselben kaum vermuthen können, höchstens wenn bei bestehenden stürmischen Erscheinungen von Seite der Nieren, welche auf einen Zerfall des Parenchyms hindeuten würden, ein Erfolg durch eine antiluetische Therapie erzielt worden wäre.

In der Blase hat man mehrfach Geschwüre beobachtet, die auf Syphilis bezogen wurden.

Die Hoden sind häufiger, als man gewöhnlich 'anzunehmen geneigt ist, von dem Syphilis-Prozess ergriffen. Vielleicht geben die anatomische Beschaffenheit, die häufigen Insulte, mitunter vorausgegangene Erkrankungen, eine Disposition zur gegenüber anderen Organen häufigeren luetischen Erkrankung dieser Drüse. Geringe, teilweise nur das Parenchym treffende Infiltrationszustände wird man kaum nachweisen können, da auch die Kranken bei so geringen Veränderungen keinen ärztlichen Rat suchen. Wir hatten manchmal Gelegenheit bei Männern, welche sich entweder ängstlich beobachteten oder die, als Heiratskandidaten sich auf Residuen von Lues untersuchen liessen, oder endlich nach Zeugung hereditär-syphilitischer Früchte auf ihr früheres Leiden aufmerksam wurden, einzelne Abschnitte der einen oder der anderen Hode als verhärtet zu konstatieren. In zwei Fällen, welche wir vor der Erkrankung gekannt haben, konnten wir eine Verhärtung in dem abführenden Teile der Cauda nachweisen.

Man unterscheidet im allgemeinen zwei Formen der syphilitischen Affection, nämlich die Orchitis fibrosa und die Orchitis gummosa. Beide Prozesse sind Spätformen und entwickeln sich im zweiten Jahre, gewöhnlich noch viel später nach der Infection.

Die Orchitis fibrosa kommt häufiger und gewöhnlich früher vor als die gummöse Form. Sie beginnt mit der Infiltration der Scheidenhaut der Hode, welche sich längs der Septa in das Parenchym fortsetzt; bald wird auch das Caput der Epididymis in den Prozess einbezogen. Die Kranken empfinden kaum Schmerzen, es fällt ihnen nur die grössere Schwere und eine Spannung in der Hode auf; man findet das Organ vergrössert und derber. Schreitet der Prozess weiter, so wird auch der Körper der Nebenhode in diese Geschwulst einbezogen und das Volumen der Geschwulst nimmt noch mehr zu. Die Kranken empfinden ziehende Schmerzen bis in den Leistenkanal hinauf. Auf eingeleitete Jodkalitherapie gehen diese Prozesse oft binnen wenigen Tagen rapid zurück. Bei längerem Bestande jedoch bleibt das Organ verhärtet und es resultiert daraus eine Schrumpfung, welche das Parenchym der Hode zu einem bindegewebig durchfurchten und stellenweise atrophischen Organ macht.

Die Orchitis gummosa charakterisiert sich durch das Auftreten eines Knotens, der allmählig an Grösse zunimmt und mit den Hüllen darüber verwachst. Geht derselbe in Schmelzung über, so bricht die fluctuierende Geschwulst nach aussen auf, wobei sich bräunliche Massen, aus Gewebsdedritus und dünnflüssigem Eiter bestehend entleeren. Bei länger währender Erkrankung der Hoden bleibt es kaum bei einem Knoten, sondern es wuchern mehrere nach, die dazwischen befindliche Hodensubstanz wird erdrückt und der Rest derselben durch eine fibröse Wucherung verdichtet. An der Erkrankung der Hoden beteiligt sich auch die tunica vaginalis propria; dieselbe sahen wir vielfach verdickt und von serösem Erguss erfüllt. Das Scrotum erlangt oft Faust- bis Kindskopfgrösse, so dass man die einzelnen Abschnitte in der prallen Geschwulst nicht durchtasten kann. Auch über diesen Geschwülsten wird die adhärente Haut an einer oder an mehreren Stellen zerstört. Doch selten entleeren sich grössere Quantitäten flüssiger Zerfallsproducte, sondern es tritt durch die Oeffnung eine feste, fettig degenerierte, käsige, gelblich weisse Masse zu Tage. Ist der Process soweit gediehen, so ist eine Rückbildung nicht mehr zu erwarten und die ablatio testis bleibt das einzige Mittel, welches den Kranken von seinem Zustande befreit.

Am Penis, namentlich an der glans, dem sulc. coronar, und dem praeputium treten nicht selten gummöse Prozesse auf, welche eine differential-diagnostische Beurtheilung nicht nur gegenüber fremdartigen Tumoren, sondern auch den Initialformen, der Sklerose erheischen. Bei der Sklerose ist die Gefahr eines Zerfalles nicht so eminent wie bei der Gummigeschwulst, daher ist es von Wichtigkeit, dass man den entstandenen Knoten als Gumma erkennt und frühzeitig eine Therapie einleitet. Wesentlich ist der Zustand der inguinalen Drüsen hierbei, da wir bei der gummösen Erkrankung eine Schwellung derselben vermissen; dazu kommen Anamnese, Verlauf etc. Die im sulc. coron. entstehenden Gummen pflanzen sich gerne auf die glans fort und zerstören dieselbe oft in kurzer Zeit. Bedenklich ist ihr Sitz in der Nähe der urethra durch das Uebergreifen auf das corpus cavernos.

Auch die auf der Haut des penis vorkommenden Gummen sind dadurch gefährlich, dass sie nicht nur die Haut zerstören und zu äusserer Narbenbildung führen, sondern vielmehr dadurch, dass sie auf das corp. cavern. übergreifen. Mitunter sieht man aber Gummen im corp. cavern. selbst entstehen. Mag das Gumma wie immer dasselbe ergreifen, jedesmal breitet sich das Infiltrat in die Tiefe aus und führt bei günstigem Verlaufe nach Resorption desselben zu narbigen Einziehungen an dieser Stelle. Demzufolge füllt sich das corp. cavern. unvollkommen mit Blut und bei der Erection finden wir meist an dieser Stelle eine Knickung des penis oder bei grösseren Zerstörungen tritt nur unvollkommene Erection ein oder sie ist geradezu unmöglich.

An dem weiblichen Genitale sind die vulva und durch weiteres Fortschreiten des Prozesses die vagina der häufigste Sitz gummöser Zerstörungen. Daraus entstehen unter allen Umständen Verunstaltungen und narbige Verziehungen, Stenosen. Greifen aber die Prozesse in die Tiefe, so sind Perforationen in das Rectum eine häufige Folge. Gemeinhin bedarf es eingehender und langwieriger Behandlung, bevor man den Zerfall zum Stillstand bringt, wonach erst ein operativer Eingriff zulässig ist. Gelingt es endlich, dem Prozess Einhalt zu thun, so ist nur von der Operation eine Besserung des lästigen Zustandes zu erwarten.

Der Uterus wird durch direkte Ansteckung an der Vaginalportion von der Syphilis heimgesucht (Tab. 6a, 6b, 7). Die Sklerose, welche sich da entwickelt, hat ausgebreitete Infiltrationszustände und bindegewebige Verdichtungen des Collums zur Folge, welche unter Umständen ein Hindernis beim Geburtsakt abgeben.

Auch Papeln befallen die Schleimhaut der portio vaginalis (Tab. 39). Diese vergesellschaften sich mit Papeln an dem äusseren Genitale und heilen nach eingeleiteter Behandlung mit denselben.

Noch möchten wir einer Vergrösserung und Verdichtung des Uterinalgewebes Erwähnung thun, welche man bei syphilitischen Wöchnerinnen mitunter antrifft.

Wir konnten mehrfach durch Metrorrhagien etc. gestörtes Wochenbett beobachten, welches mit einer mangelhaften Involution des Uterus geendet hat.

Auch gummatöse Neubildungen hat man im Uterinalgewebe vorgefunden; sie gehören jedenfalls zu den seltensten Befunden.

An der Mamma kommen in den Spätstadien der Syphilis gummöse Processe vor, welche jedoch zumeist von dem subcutanen Gewebe ausgehen, und auf die Brustdrüse übergreifend das Bild eine Mastitis erzeugen. (Tab. 48 a u. b.) Die Haut über solchen Infiltrationen des Brustdrüsengewebes wird gewöhnlich zerstört und wenn keine Behandlung eingeleitet wird, so greifen die Zerstörungen auch in die Tiefe. Substanzverluste von der Grösse eines Taubeneies sahen wir inmitten von fortschreitenden Infiltraten und serpiginösen Geschwüren der Haut und des subcutanen Zellgewebes in der Mamma als Folge der Vernachlässigung des Prozesses. Das Jodkalium ist bei den Affectionen dieses Organes wie bei denen des Testikels ein wertvolles Mittel, welches binnen wenigen Tagen den Prozess günstig beeinflusst und damit auch eventuell zweifelhafte Diagnose bestätigt.

Syphilis des Auges.

Dem Syphidologen vom Fach kommen vorwiegend nur Fälle von Erkrankungen der orbita, der Lider, der cornea, sklera, und iris zu Gesicht, während tiefere Augenerkrankungen und Muskellähmungen mehr dem Augenarzte zugeführt werden. Wir wollen auch, dem Rahmen unserer Ausführungen entsprechend, nur die ersteren Affektionen kurz abhandeln.

Die Syphilis der orbita gehört in den meisten Formen in das Gebiet der Periostitis, welche sich zuerst am Orbitalrand lokalisiert oder aber sich von dem Stirnbeine auf den Orbitalrand überpflanzt. Hier müssen wir zwei Formen unterscheiden: eine produktive und eine destruktive, aus einem gummösen Prozesse hervorgegangene Periostitis. Die produktiven Periostitiden haben ihren Anfang zuweilen schon in der secundären Periode und sind, wenn sie grössere Auflagerungen am Orbitalrande veranlasst haben, von den Hyperostosen des Augenhöhlenrandes zu unterscheiden. Die gummösen Prozesse ergreifen neben dem Knochen auch die Haut und brechen, wenn sie nicht bald zurückgehen, nach aussen durch. Hierbei ist das Lid ödematös geschwellt und hängt unbeweglich herab. Ist der levator palpebrae lange unthätig, so ist die Gefahr vorhanden, dass sich die Ptosis kaum mehr hebt. Grössere Zerstörungen der Haut, welche das Augenlid mit einbeziehen, haben narbige Schrumpfung, Ektropium und Lagophthalmus zur Folge.

Die Knochen werden seltener von der hyperplastischen, viel mehr von der gummösen Periostitis befallen. Die Anschwellung im Periost und die Infiltration des orbitalen Zellgewebes können einen Orbitaltumor vortäuschen und veranlassen dieselben Erscheinungen. Am häufigsten erkrankt die obere Wand, selten die dünne innere Wand, das os ethmoidale. Diese Prozesse künden sich durch Neuralgien und Kopfschmerzen an, welche abends und nachts ihre Steigerung erfahren; Palpation des Orbitalrandes erhöht die Schmerzen. Das Auftreten der Dislocation des bulbus ist ein characteristisches Symptom und gibt sicheren Anhalt, dass Periost und Zellgewebe infiltriert sind. Die Dislocation ist bei vorne sitzenden Periostitiden eine seitliche, die in der Tiefe der Orbitalhöhle befindlichen dagegen veranlassen eine protrusio bulbi. Gerade die syphilitischen Tumoren nehmen grössere Dimensionen an, so dass man fast immer neben seitlichen Verschiebungen Exophthalmus antrifft. Eine der syphilitischen Periostitis ganz charakteristisch zukommende Erscheinung ist die Behinderung der Beweglichkeit des bulbus in einer oder mehreren Bahnen, welche oft bei noch intactem

Muskel lediglich durch die Verdrängung des bulbus erzeugt werden kann. Bei längerem Bestande greift der Prozess auch auf die Muskeln über und gefährdet für längere Zeit oder für immer die Leistungsfähigkeit derselben. Vielfach gelingt es, durch rechtzeitige Therapie die Geschwüre zur Rückbildung zu bringen. Tritt jedoch Verflüssigung des Infiltrates ein, so kommt es bei noch festem Knochen zum Durchbruch nach vorne gewöhnlich am Augenhöhlenrande. Geht der Knochenprozess in Nekrose über, so entstehen Durchbrüche in die Nase, in die Haimorshöhle; bei Durchbruch nach oben kann eine Meningitis letalen Ausgang hervorrufen.

An den Lidern ist die Haut nicht selten Angriffspunkt primärer syphilitischer Affekte. Ferner kommen am Lidrande papulöse Erkrankungen vor, ebenso auch an der Conjunctiva. Die gummösen Prozesse bilden plattenförmige Infiltrate, wobei die Conjunctiva ein trachomartiges Aussehen durch neugebildete Granulationen bekommt. Aber auch Affektionen der Lidknorpel, Tarsitis syphilitica, wurden im gummösen Stadium beobachtet (Tab. 43 b). Gummöse Prozesse des Lides können auch die Conjunctiva desselben ergreifen und führen zu Zerstörungen und Defecten des Lides.

Die Erkrankungen der Cornea gehören in das Gebiet der hereditär. Syphilis und präsentieren sich als interstitielle Keratitis (Keratitis parenchymatosa); sie sind mit Erkrankungen der Iris, des corp. ciliare, nicht selten auch mit solchen der Sklera vergesellschaftet. In der Sklera sind selbstständig auftretende, aber auch von dem Uvealtractus übergreifende Gummen mit Zerfall und Geschwürsbildung beobachtet worden.

So häufig man Iritis neben secundären Erscheinungen der Syphiiis begegnet, so selten findet man sie im Tertiärstadium. Man unterscheidet mehrfache Formen. Der geringste Grad ist wohl die Iritis serosa. Lichtscheu, mässige Ciliarinjection, geringe Verfärbung der Iris und Niederschläge auf der hinteren Cornealwand sind die Erscheinungen, welche diese Iritis kennzeichnen. Die Pupille reagiert auf Licht und die Präzipitate nehmen häufig die

Form eines Dreieckes mit der Spitze nach oben an. Die zweite Form ist die Iritis plastica. Bei dieser ist die Ciliarinjection stärker, die Verfärbung der Iris deutlicher, die Streifungen derselben sind verwischt, das Gewebe aufgelockert, die Reaction der Pupille nahezu aufgehoben, der Pupillarrand der vorderen Linsenkapsel durch hintere Synechien angelöthet. Es kann selbst eine neugebildete Membran (Pseudomembran) die Pupille verschliessen. An der hinteren Wand der Cornea sind ebenfalls oft Präcipitate wahrnehmbar. Das Kammerwasser ist getrübt, am Boden der Kammer mitunter ein Hypopium. Eine dritte Form, die Iritis papulosa oder condylomatosa, zeichnet sich durch hirsekorngrosse am Ciliarrande der Iris sitzende Knötchen aus, die von dem Gewebe der Iris ausgehen und eine rötlich-gelbliche Farbe zeigen. (Tab. 43 a). Hierbei pflegen die Ciliarinjection und die hinteren Synechien stärker zu sein. Die übrigen Symptome sind die bei der Iritis plastica erwähnten. Ist nicht rasche Hilfe zur Hand, so resultieren daraus mehrfache empfindsame Veränderungen, Synechien, Pupillarverschluss u. a. schwere Störungen.

Die Erkrankungen des Ciliarkörpers, der Chorioidea, des Glaskörpers, der Retina, endlich jene des Sehnerven wollen wir hier übergehen, da sie in das spezielle Gebiet der Augenheilkunde sowohl der Diagnose als auch der Therapie nach gehören.

Syphilis des Centralnervensystems.

Syphilis des Gehirns. Die Syphilis des Centralnervensystems bietet eine solche Mannigfaltigkeit in ihrem Auftreten, eine solche Unsumme von Erscheinungen dar, dass es schwer fällt, syphilitische Leiden von anderen zu trennen. Es gibt in der ganzen Nervenpathologie kaum ein Symptom, welches nicht auch durch Syphilis hervorgerufen werden könnte. Die Erkenntnis eines syphilitischen Nervenleidens beruht auf der sicheren Anamnese oder darauf, dass neben den Störungen des Nervensystems anderweitige bereits als luetisch sicher erkannte Prozesse vorhanden sind. Im allgemeinen gehören die syphilitischen Nervenleiden zu der

5*

Spätformen der Syphilis und die meisten fallen in das fünfte bis zehnte Jahr nach Acquisition der Krankheit. Um einige Uebersicht über diese grosse Krankheitsgruppe zu gewinnen, müssen wir uns vor Augen halten, dass die Processe, welche die Nervensubstanz in letzter Linie treffen, sie teilweise oder ganz zerstören, verschiedenen Ursprunges sein können. Zerstörende Prozesse in den Knochen greifen auf die dura und die Gehirnhäute und von da auf das Gehirn über. Umgekehrt erzeugen Gummen der dura pathologische Veränderungen am Knochen und auch an den Gehirnhäuten. Ferner können in den weichen Hirnhäuten, in der Aarachnoidea und Pia selbst gummöse oder chronisch entzündliche Prozesse entstehen, welche secundär das Gehirn treffen. Endlich sind aber die Erkrankungen der Arterien die häufigste Ursache pathologischer Veränderungen der Nervensubstanz selbst. Je nach dem Sitz und der Ausbreitung der durch diese genannte Prozesse gesetzten teilweisen oder gänzlichen Zerstörung der Nervensubstanz sind consecutiv die verschiedenen Symptome, die man in vivo beobachtet, begründet.

Die syphilitischen Erkrankungen an der Peripherie des Gehirnes, die chronische exsudative, fibröse, hyperplastische Entzündung der Hirnhäute kommt selten allein vor, sondern gewöhnlich in Begleitung von Gummen; besonders in der Nachbarschaft der Hirnarterien und -nerven finden sich gummöse Ablagerungen, wobei die austretenden Hirnnerven von den im subarachnoidalen Raume befindlichen Exudatmassen eingeschlossen werden. Die fibrösen Neubildungen breiten sich diffus über grössere oder kleinere Flächen aus und führen zur Verlötung der Gehirnhäute untereinander und mit der Gehirnoberfläche, wobei mitunter mehrfache trockene, verkäste gummöse Herde eingeschlossen bleiben. Die fibröse wie die gummöse Neubildung greift auf die Hirnrinde über und kann sich bis in die weisse Substanz erstrecken. Die Hirnnerven, welche bei diesem Prozess an der Basis des Gehirnes in Mitleidenschaft gezogen werden, sind das chiasma des opticus, oculomotor., trigem., facial., abduc., trochlear., glossopharyng., vag., accesor. und hypogloss.

Gummen, welche in der Hirnsubstanz selbst auftreten, erreichen oft beträchtliche Grösse und verursachen je nach ihrem Sitz Erscheinungen ähnlich wie andere Neubildungen. Diese gummöse Encephalitis kann über grössere Bezirke der Rinde, der weissen Substanz und im Hirnstamme ausgebeitet sein, ohne dass die Meningen in Mitleidenschaft gezogen werden.

Hochwichtig sind die Erkrankungen der Hirnarterien, wie wir sie als Entarteritis syphilitica bereits kennen gelernt haben. Diese Prozesse haben verschiedene Bedeutung, je nachdem sie Arterienzweige treffen, welche Endarterien sind oder nicht. Dieser Verschluss der Hirngefässe hat Ernährungsstörungen der Hirnsubstanz, ferner Erweichungen und Blutungen, welche dieselbe zerstören, in grösserem oder kleinerem Ausmasse zur Folge. Es entstehen Erweichungsherde und Nekrose des Gehirns, wie wir sie z. B. an den Stammganglien, der pons und der medulla oblongata vorfinden, oder es tritt bloss eine herabgesetzte Ernährung ein, weil die Möglichkeit einer Gefässfüllung durch Collateraläste gegeben ist.

Durch diese andeutungsweise gegebenen anatomischen Veränderungen entsteht, wie schon eingangs erwähnt, die grösste Mannigfaltigkeit der Symptome. Allen voran deutet der Kopfschmerz, die Schlaflosigkeit, Schwindelanfälle, Störungen des Bewusstseins, der Intelligenz u. a. die Schwere der Erkrankung an. Je nach der Lage der Herderkrankungen, seien es Gummen oder encephalomalacische Herde entstehen Lähmungen, Sensibilitätsstörungen.

Den psychischen Störungen, welche wir oft neben den erwähnten auffinden, liegt mitunter kein prägnantes anatomisches Bild zu Grunde; sie werden durch das schwere Leiden bedingt, das die Nutritionsverhältnisse im Gehirn entweder durch die allgemeine Kachexie oder durch locale Processe beeinflusst.

Erkrankungen der Rinde können durch gummöse Infiltration sowohl als auch durch encephalomalacische Prozesse infolge Verschluss einer Hauptarterie (z. B. art. fossae Sylvii) bedingt sein in welchem Falle sie die Centren für die motorischen Funktionen, Extremitäten (facialis), die Sprache und Sensibilität treffen können sowie die psychichen Fähigkeiten schwer beeinträchtigen. Die Lähmungen können in mehreren Etappen nach einander einzelne Muskelgruppen treffen oder gleich über die ganze Extremität ausgebreitet sein. Mitunter findet sich Rindeneplepisie, welche in tonischen und klonischen Zuckungen einzelner Muskelgruppen auftritt und sich mitunter in epileptischen Krämpfen über eine ganze Körperhälfte auflöst; sie ist mit dem Verluste des Bewusstseins combiniert. Neben diesen erwähnten Störungen tritt bei der Rinden-Syphilis häufig Aphasie, meist aber vorübergehender Natur, auf.

Die vom Grosshirn angeführten Erkrankungen können — ceteris paribus — auch am Kleinhirn vorgefunden werden. Sie erzeugen hier Störungen in der Gleichgewichtsfunction und sind vielfach mit heftigen Kopfschmerzen, Schwindelanfällen und Druckerscheinungen verbunden.

Während somit die syphilitischen Prozesse im Gehirne in ihrer Symptomatologie wie andere Gehirnerkrankungen erscheinen, geben gewisse Combinationen von Affectionen, welche für den luetischen Prozess typisch sind, characteristische Symptomencomplexe; das ist der Fall bei der Syphilis an der Basis des Gehirnes. Eine Affection der Knochen, durch welche die Gehirnnerven ziehen, trifft auch diese. Die gummösen Prozesse greifen auf das Perineu rilem über und bewirken Degeneration der Nervenelemente. Somit sind die Lähmungserscheinungen, die wir an diesen Nerven vorfinden, die wichtigsten Folgen der basalen Erkrankung und sie treffen am häufigsten die Nerven des Sehorganes.

Meningitisch-gummöse Prozesse, welche den pedunculus oder pons afficieren und Lähmungen an der entgegensetzten Seite des Krankheitherdes bervorrufen, sind mit Nervenlähmungen derselben Seite vergesellschaftet, was beim oculomotorius, abducens und facialis häufig zutrifft.

Die oben erwähnten syphilitischen Erkrankungen der Arterien der Gehirnbasis, sowie die Gummosität des Gehirnstammes haben sehr complicierte Erscheinungen zur Folge und charakterisieren sich in Lähmungen der Extremitäten der Gehirnnerven. Dabei sind gerade durch die grösseren Gummen oder Erweichungsherde stets mehrere Nervenmit den Extremitäts-Lähmungen vergesellschaftet. Wir müssen dabei auf die Lähmungserscheinungen achthaben, ob sie den Läsionen der Nerven in der Gehirnsubstanz oder ausserhalb derselben entsprechen.

Die syphilitischen Erkrankungen im Rückenmark, entweder fortgeleitet oder von den Häuten desselben selbst entstanden, charakterisieren sich durch das Auftreten von beschränkten gummösen Prozessen oder durch fibröse Erkrankungen der Meningen. Es gibt da dementsprechend myelomalacische Herde, welche entweder bloss periphere Anteile der weissen Substanz oder auch die graue Substanz treffen können. Demzufolge haben wir auch Krankheitsbilder vor uns, welche denen einer Myelomeningitis und Myelitis entsprechen, deren Variabilität ja je nach dem ergriffenen Segmente und nach der Zahl derselben bekanntlich eine grosse ist, so dass wir nicht näher darauf eingehen können.

Hervorzuheben wären jedoch unter den luetischen Erkrankungen tabiforme Krankheitsbilder, Bilder, bei welchen aber vielfach die reflectorische Pupillenstarre und die Opticusatrophie fehlen. Man wird aber auch in solchen Fällen von Tabes gut thun, sich auf längere Beobachtungen und den Erfolg der antiluetischen Therapie zu stützen, bevor man dem Kranken Heilung verspricht. Was die klassische Tabes anbelangt, welche sich sehr häufig bei Individuen entwickelt, welche Lues überstanden haben, so lässt sich nur diese Thatsache constatieren; die Kenntnis eines intimen Zusammenhanges beider Prozesse fehlt uns noch.

Die Nervenwurzeln und die cauda equina können teils secundär (Meningitis), aber auch primär (N. oculomotorius) von einer Neuritis betroffen werden.

Zum Schlusse möchten wir noch mannigfacher Neurosen an den peripheren Nerven gedenken, die wir im Verlaufe des Syphilisprozesses beobachtet haben.

Diese können im Gebiete des Trigem., des Facial. auftreten, aber auch Extremitätennerven z. B. den Ulnaris und Ischiadic. befallen. Es handelt sich um sensible Störungen, welche sich zu bedeutender Schmerzhaftigkeit steigern können und motorische, ja selbst trophische Störungen zur Folge haben. Doch ist die Prognose eine günstige und wir konnten mehrmals vollständige Heilung durch antiluetische Therapie beobachten. Dennoch ist auch hier bei längerer Dauer Atrophie und Ausfall der Function der Nerven möglich.

Die hereditäre Syphilis.

Hereditäre oder congenitale Syphilis nennen wir jene Erkrankung, welche schon in utero auf den kindlichen Organismus übertragen wird. Diese kann schon bei der Zeugung den Keim treffen, wenn die Zeugungszellen des einen oder beider Eltern krank sind (sogenannte germinale Uebertragungsart), oder der Descendent wird während dei Entwicklung in utero noch vor der Geburt inficiert. Bestimmte Vererbungsgesetze aufzustellen ist nicht möglich, wir möchten blos einige allgemein geltende Ansichten hier anführen:

1. Sind beide Eltern vor der Zeugung syphilitisch, so ist die Uebertragung um so wahrscheinlicher, je frischer deren Syphilis ist. Die Uebertragungsfähigkeit nimmt in den meisten Fällen etwa vom vierten Jahre nach der Infection der Eltern ab, sie kann aber auch noch nach 14—15 jähriger Dauer vorhanden sein. Nicht nur zur Zeit, in der nachweisbare Erscheinungen an den Eltern vorhanden sind, sondern auch während der Intermissionsperioden können die latent-syphilitischen Eltern syphilitische Kinder zeugen.
2. Am häufigsten wird die Syphilis der Mutter auf die Kinder übertragen (ovuläre Infection). Auch hierbei spielt das Alter der mütterlichen Syphilis eine grosse Rolle. Recent-syphilitische Mütter inficieren mit wenigen Ausnahmen immer die Frucht

hingegen gebären mit älterer Syphilis behaftete mitunter zwischen zwei syphilitischen ein relativ gesundes Kind.

3. Wird die Mutter während der Gravidität inficiert, so kann das Kind auf dem Placentarwege auch in utero inficiert werden; für diese sogenannte post conceptionelle Infection der Frucht nimmt man eine Erkrankung der Placenta als Vorbedingung an.

4. Nach vielfachen Beobachtungen kann auch ein syphilitischer Vater bei der Zeugung auf die Frucht die Syphilis übertragen (spermatische Infection).

Wenn die Mutter gleichzeitig von dem syphilitischen Manne inficiert worden ist, so wird sie durch die Gestation der syphilitischen Frucht immun; sie kann ihr krankes Kind säugen und pflegen, ohne Gefahr zu laufen, von ihm inficiert zu werden (Colles'sches Gesetz). Gegen dieses Gesetz sind einige Einwendungen gemacht worden, weil einmal eine Infection der Mutter durch ihr syphilitisches Kind vorgekommen ist und weil ein anderes Mal eine Mutter, welche ein syphilitisches Kind geboren hat, sich am Ende der Schwangerschaft noch inficieren konnte.

Die Syphilis der Zeuger, namentlich aber die Syphilis der Mutter spielt eine so verschiedenartige Rolle in Bezug auf die Syphilis der Descendenten, dass man nach den heutigen Erfahrungen nur wenig Positives darüber aussprechen kann.

Die Frucht stirbt in utero frühzeitig ab und wird als Abortus im 3.—4. Monate ausgestossen, wenn beide Eltern vor der Zeugung an frischer Syphilis erkrankt sind, namentlich aber wenn die Mutter unter der frischen Infection zu leiden hat. Es sind hiebei verschiedene Momente zu berücksichtigen: Die krankhaft veranlagte Frucht ist nicht entwicklungsfähig, die Syphilis der Mutter ist so deletär, dass sie die Frucht nicht genügend ernährt, der uterus kann selbst erkrankt sein, oder die Placenta ist durch die syphilitische Gefässerkrankung derart verändert, dass die Ernährung der Frucht unmöglich wird und diese abstirbt.

An diese ganz schweren, leider nur zu häufigen Ausgänge der Gravidität reihen sich die Fälle an, bei denen sich die Früchte zwar länger entwickeln, aber als lebensschwache Frühgeburten im 7. oder 8. Monate zur Welt kommen, mitunter auch als tote Frucht am Ende der Schwangerschaft geboren werden. Endlich auch solche, bei denen die Kinder zwar lebend, aber mit so schweren Syphiliserscheinungen geboren werden, dass sie denselben in wenigen Stunden oder Tagen unterliegen.

Diese Geburten treffen wir zuerst bei länger bestehender Syphilis der Eltern an und in Fällen, in denen die Syphilis durch einschlägige Behandlungen gemildert worden ist.

Mit gummöser Syphilis behaftete Eltern haben meistens gesunde Kinder. Uns sind viele Fälle von relativ schweren tertiären Formen der Mütter während der Gravidität bekannt, welche günstig geendet haben. Ganz merkwürdig und bisher unaufgeklärt sind jene Fälle, bei denen zwischen kranken lebensschwachen Kindern auch lebensfähige, mit wenigen oder gar keinen Erscheinungen behaftete, geboren werden.

Wie schon oben angedeutet wurde, ist es geradezu unmöglich, in einem bestimmten Falle von Syphilis der Eltern auf die Krankheit oder relative Gesundheit der Descendenten zu schliessen, und immer wieder zeigt die Erfahrung, dass eine zweckmässige Behandlung beider Eltern die beste Garantie für die Entwicklung der Früchte bietet.

Wie schwerwiegend die hereditäre Syphilis mit ihren vernichtenden Gewalten auf die Abnahme der Population gewirkt hat, lehrt die Geschichte mancher Länder, welche grösseren Endemien von Syphilis unterworfen waren. Was man früher nur ahnungsweise angenommen hat, sprechen heute beredtere Zahlen aus,

Von Wiederhofer nimmt die Mortalität der syphilitischen Säuglinge mit 99 % an. Fournier hat für die Sterblichkeit der Nachkommenschaft Syphilitischer folgende Tabelle aufgestellt:

Bei Syphilis beider Eltern 68,5 %,
„ „ der Mutter 60 %,
„ „ des Vaters 28 %.

Die hereditäre Syphilis lässt sich zweckmässig in eine frühzeitige (Syphilis hereditaria praecox) und in eine später auftretende (Syphilis hereditaria tarda) einteilen.

Die frühzeitig abgestorbenen Früchte lassen selten pathologische Veränderungen erkennen. Bei den totgeborenen sind anatomisch in vielen Organen fast constant pathologische Veränderungen nachgewiesen worden; als solche können wir die Osteochondritis an den Epiphysen der langen Knochen, die Leber- und Milzschwellung, den Thymusabscess, die Erkrankungen des Herzens und der Blutgefässe und jene des Darmtractus als die bekanntesten nennen. Diesen schliessen sich in absteigender Reihe die Erkrankungen der Nervensubstanz, der Nieren, der Hoden u. s. w. an. Es liegt ausserhalb unserer Aufgabe, auf diese wichtigen und interessanten Befunde näher einzugehen, wir wollen nur einiger practisch wichtiger klinischer Erscheinungen bei der hereditären Syphilis gedenken.

Eine absolut tötliche Erkrankung bringen mitunter die Früchte mit zur Welt, welche wir als Syphilis haemorrhagica neonatorum kennen. Neben vielfachen bereits erwähnten Organerkrankungen finden sich Veränderungen an den Gefässen vor, welche zu Blutungen in das Parenchym, namentlich aber in das Zellgewebe, in dem diese Gefässe eingebettet sind, Veranlassung geben. Die Kinder sterben frühzeitig in den ersten Stunden bis zu zwei Tagen unter den Erscheinungen der Herzschwäche, sind häufig cyanotisch, mitunter finden sich peripher an den Extremitäten Oedeme, Anasarca, selbt Ascites. Die zahlreichen Haemorrhagien am Körper haben den Typus von kleinen Petechien, es können aber auch ausgedehntere Blutaustritte vorgefunden werden.

Die hauptsächlichsten Zeichen der syphilitischen Neugebornen sind die Ernährungsstörungen, denen sie schon in utero unterworfen sind. Sie haben meist ein subnormales

Gewicht, ihre Haut hängt welk, faltig am Körper herunter. Von den sichtbaren Erkrankungen ist der sogenannte Pemphigus syphiliticus, mit welchem sie entweder schon zur Welt kommen oder der sich in den ersten drei bis vier Tagen entwickelt, die häufigste. Die schlaffen Blasen dieses Exanthems platzen oder vertrocknen, es entstehen entweder Excoriationen oder mit Borken bedeckte Wunden auf der dünnen blassen Haut (Tab. 58). Auf den Handtellern und Fusssohlen sind die Pemphigusblasen zumeist schon bei der Geburt angedeutet und sitzen auf einer diffus infiltrierten bläulich gefärbten Basis (Tab. 59).

Da solche Kinder mit inneren Organerkrankungen behaftet sind, verfallen sie trotz der sorgsamsten Pflege und gehen auch an Abzehrung bald, in 1—2 Wochen zu Grunde Selten gelingt es, sie länger am Leben zu erhalten.

In den ersten Tagen schon spielt die Erkrankung des Nabels eine wichtige Rolle, welche trotz der aufmerksamsten Pflege zu Blutungen und geschwürigen Prozessen oft mit nachfolgender septischer Infection Veranlassung gibt.

Die septische Infection sowie das Eindringen der verschiedensten Bakterien ist nicht nur durch die Nabelerkrankung, sondern auch durch die vielen Wunden nach den Hautexanthemen begünstigt. Dahin gehört u. a. die Furunculosis, welche man lange fälschlich für ein Product der Syphilis auf der Haut gehalten hat. Alle diese Zustände raffen die ohnehin schwachen Kinder bald hinweg.

Eine weitere häufige Erkrankung, die sich bald bemerkbar macht, ist der Schnupfen der Syphilitischen, welcher infolge der Anschwellung der Schleimhaut in der Nase mehr durch die Atembeschwerden als durch eine merkliche Secretion ausgezeichnet ist. Diese Infiltration der Schleimhaut greift auf das Perichondrium und das Periost über und führt zur Entwicklung einer Sattelnase. (Tab. 60 c.)

Nicht lange währt es und es entstehen am Gesäss und um die Genitalien an den Uebergangsstellen der Haut in die Schleimhaut papulöse Efflorescenzen, welche zum Teil macerieren und Geschwüre bilden, zum Teil, wie an den Mundwinkeln und Nasenöffnungen, zu Rhagaden führen. Neben diesen kommt es auf der äusseren Haut mitunter zu vesiculöspustulösen Exanthemen, welche bald zu braunen Borken vertrocknen.

Auch das Nagelbett, die Handteller und Fusssohlen werden von Ausschlägen befallen.

Daneben kommen Erkrankungen der Augen, als Iritis, Keratitis vor, welche von bedeutender Schwellung der Conjunctiva, von eitriger Secretion aus dem Conjunctivalsack, von Erosionen und Rhagaden an den Augenwinkeln begleitet sind.

Diese Symptome sind vergesellschaftet mit Leber- und Milzschwellungen, Darmaffectionen, Lungencatarrhen, welche durch Aspiration der Secrete aus der kranken Mund- und Nasenhöhle sich entwickeln, und führen nicht selten in zwei bis drei Monaten den Tod herbei.

Gelingt es, den Säugling über die schweren Symptome hinwegzubringen, dann machen sich andere Erscheinungen bemerkbar. Die bisher kaum beachteten Epiphysenerkrankungen führen an dem einen oder dem andern Gelenke, zumeist am humerus zur Ablösung der Epiphyse. Zuerst macht sich an dem erkrankten Epiphysenende eine schmerzhafte Anschwellung bemerkbar, und die betreffende Extremität hängt wie gelähmt herab. Manchmal kann man die abnorme Verschiebbarkeit der abgelösten Epiphyse constatieren. Doch bietet mitunter diese Erkrankung das blosse Bild einer Lähmung dar.

Sind die Erscheinungen auf der Haut, den Schleimhäuten und Gelenken zurückgegangen, so bleiben solche Kinder trotzdem anämisch und schwächlich. Es ist leicht einzusehen, das dieselben mehr als andere Kinder an intercurrierenden Erkrankungen zu leiden haben, z. B. Bronchitiden, Pneumonien, Intestinalcatarrhen u. a.

Dieser Frühperiode der hereditären Lues folgen mitunter Spätformen der Syphilis, wie wir sie als tertiäres Stadium bei acquirierter Syphilis kennen gelernt haben. Man nennt dieses Stadium auch Syphilis hereditaria tarda.

Manche Aerzte wollen die tardive Syphilis auch ohne jedwede vorausgegangene Erkrankung selbst im vorgeschritteneren Alter von 16—20 Jahren und darüber beobachtet haben. Wir können dieser Ansicht nicht beipflichten und dies um so weniger, wenn wir erwägen, dass die hereditäre Syphilis nicht immer sehr prononcierte Formen am kindlichen Organismus hervorzubringen braucht. Der Begriff der Gesundheit eines Individuums ist ein relativer und dehnbarer. Eine leichte Nasenaffection, das Zurückbleiben in der Entwicklung sind Erscheinungen, welche leicht übersehen werden. Wir haben bei Spätformen der Syphilis Zeichen von abgeheilten schweren Prozessen an der Haut, den Drüsen und dem Bewegungsapparate constatieren können, welche auch als nicht der Syphilis zugehörig gedeutet wurden. Es ist eben noch vielfach die Ansicht verbreitet, dass die Syphilis beständige und namentlich solche Erscheinungen hervorrufen müsse, die ohne die einschlägige Therapie nicht heilen könnten. Aus diesen und vielen anderen Gründen stammen die oft ganz differenten und irrigen Anschauungen über die tardive Syphilis.

Nur nebenbei wollen wir andeuten, dass man sich hüten muss, die infantile, d. h. im zarten Kindesalter erworbene Syphilis mit der hereditären zu verwechseln. Wir hatten häufig Gelegenheit, 16—18jährige Individuen an Spätformen zu behandeln. Bei solchen Fällen muss der Arzt genau erheben, ob die Eltern an Krankheiten gelitten haben, die man der Syphilis zuschreiben kann, wie sonst in der Familie die Schwangerschaftsverhältnisse waren und ob todtfaule Früchte zur Welt gekommen oder Geschwister da sind, die an Lues leiden. Gewannen wir bei unseren Kranken aus diesen Erhebungen Anhaltspunkte für ererbte Syphilis, so fanden wir immer auch noch Störungen der Entwicklung oder andere Zeichen hereditär-syphilitischer Belastung vor. War das erstere nicht der Fall, so handelte es sich meist um eine tertiäre

Form der Syphilis, die frühzeitig, ohne Vorwissen der Kranken oder ihrer Angehörigen, erworben worden war.

Die tardiven Formen der Syphilis hereditaria beginnen etwa mit dem 5. Lebensjahre, meist aber auch mit der Pubertät vom 12. Jahre an und wir haben sie mit Unterbrechungen bis zum 20. Lebensjahr angetroffen.

Wir können uns hier nicht mit all den proteusartigen Formen näher beschäftigen, welche die hereditäre Syphilis am Organismus früher oder später hervorbringt. Wir wollen nur der markantesten Symptome gedenken, welche dem Arzte die Diagnose erleichtern, ob ein fragliches Krankheitsprodukt auf hereditäre Lues zu beziehen sei oder nicht.

Wir verdanken Hutchinson eine Zusammenstellung von Erscheinungen, welche die hereditär-luetischen Spätformen gegenüber den acquirierten mit grosser Sicherheit kennzeichnen. Diese sind: Die Difformität der mittleren oberen bleibenden Schneidezähne. Diese Veränderung betsteht in einer halbmondförmigen Ausschleifung am vorderen freien Rande der beiden bezeichneten Zähne. Ferner Trübungen der Cornea oder noch bestehende Keratitis interstitialis (Tab. 60a u. 60b; schwarze Tafel) und endlich eine rapid fortschreitende Taubheit.

Das Bild wurde noch vervollständigt, indem man auf Prominenz der Stirnhöcker, einen abgeflachten oder gar eingesunkenen Nasenrücken und auf feine narbige Linien an den Mundwinkeln, der Oberlippe und dem Lippenrot, die von den Nasenlöchern ausstrahlen, aufmerksam machte. Wir müssen Fournier beipflichten, wenn er auf das Zurückbleiben in der Entwicklung hinweist. Solche Patienten machen selbst im 16.—18. Lebensjahre einen puerilen Eindruck, die Genitalien, die crines pubis, die Brüste der weiblichen Individuen sind mangelhaft entwickelt.

Was die Symptome der tardiven Syphilis anlangt, so finden wir Erkrankungen der Knochen und Gelenke, die den Typus der acquirierten Spätformen einhalten und Hauterkrankungen in Form gummöser, serpiginöser Geschwüre. Es hat den Anschein, als würde die Haut der Nase häufiger befallen sein. Dieser Umstand dürfte vielleicht mit dem oft vorhandenen langwierigen Schnupfen zusammenhängen, wobei es dann allmählig zur Geschwürsbildung, zum Uebergreifen des Prozesses auf die Knorpel und Knochen, sowie auch zur Zerstörung der äusseren Haut kommt.

Ferner treffen wir eine eigenartige Hyperplasie einzelner Lymphdrüsengruppen an, die namentlich an den Halsdrüsen zu grossen Tumoren führt, ohne eine Tendenz zur Erweichung oder zum Zerfall zu zeigen. Der Zustand bleibt lange Zeit unverändert und trotzt viel hartnäckiger der Therapie, als die übrigen Symptome. Solche Drüsentumoren erinnern an Sarkome.*)

Die inneren Organe, wie Leber, Milz, Nieren sind zumeist angeschwollen, oft durch gummöse und schwielige Neubildungen unregelmässig eingezogen, verbildet. Am häufigsten aber, namentlich wenn die Individuen herabgekommen sind, findet man amyloide Degeneration dieser Organe.

Was das Nervensystem anbelangt, so bleibt auch dieses nicht von pathologischen Prozessen frei. Wir sehen solche Individuen häufig an epileptiformen Anfällen leiden, sie sind oft auch wenig intelligent, ja mitunter ganz blödsinnig. Es kommen eben wie bei der acquirierten Lues Erkrankungen der Gehirnhäute und -Arterien mit Beteiligung der Gehirnsubstanz vor und man wird sich bei der Diagnose an anderweitige abgelaufene oder vorhandene syphilitische Prozesse einerseits und an den Ausfall der Gehirnfunktionen andererseits halten müssen.

Die Therapie der hereditären Syphilis lässt sich kaum andeutungsweise besprechen. Die Individuen erfordern in allen Fällen eine äusserst sorgfältige Pflege, wenn nur eine Aussicht auf Erfolg vorhanden sein soll. Zeitweilig wird man Medikamente, namentlich Jodmittel und Roborantien verabreichen, bei den Frühformen vielfach modifizierte Einreibungskuren und Sublimatbäder in

---

*) Wie in einem Falle unserer Abteilung im Rudolfsspitale; vide Jahresbericht 1892.

Anwendung ziehen. Mehr als man von der generellen Therapie erwarten kann, leisten sorgsamste Wartung, Aufenthalt in guter Luft oder in jodhaltigen Thermen.

Behandlung der Syphilis.

Die Therapie der Syphilis wollen wir übersichtlich in Unterabteilungen sondern, und zwar:

1. Erstlingsformen mit den nächsten Consecutiverkrankungen;
2. lokale Behandlung der secundären und tertiären Produkte;
3. Allgemeine Behandlung der Syphilis.

ad 1. Die Aufgabe des Praktikers ist es, jedwede der Syphilis-Uebertragung verdächtige Stelle so zu behandeln, wie wenn eine Ansteckung erfolgt wäre. Der oberste Grundsatz muss wohl der sein, sobald als möglich den Keim der Syphilis an der Ansteckungsstelle zu zerstören. Wie aus der Pathologie bekannt, ist die Diagnose in den ersten Tagen selbst nach einer Confrontation nur eine Vermutungsdiagnose. Trotzdem aber ist der Arzt berechtigt, energisch vorzugehen. Es ist unmöglich, den Zeitraum anzugeben, wie lange das Contagium an der Ansteckungsstelle allein verbleibt; jedenfalls ist er nur kurz bemessen, denn die von uns nach 24 und 36 Stunden vorgenommenen Excisionen der einfach verletzten Stellen haben kein Resultat ergeben. Es ist somit anzunehmen, dass auch diese noch vor dem Auftreten reactiver Erscheinungen gemachten Excisionen das Contagium nicht mehr zu entfernen im Stande waren, dass somit dasselbe bereits den Gefässen und dem übrigen, ausserhalb der Infectionsstelle gelegenen Körperstellen mitgeteilt war. Trotz alldem eignen sich der Syphilis-Uebertragung verdächtige Stellen, welche günstig gelegen sind, zur sorgfältigen Ausrottung, so z. B. Einrisse am Praeputialrand, am Rande der Schamlippen etc. Wenn die Excision überhaupt eine Berechtigung haben soll, so muss sie in den ersten Stunden nach der Infection gemacht werden, in Fällen, wo schon die Diagnose einer beginnenden Infiltration oder gar einer fertigen Sklerose gemacht werden konnte, haben wir niemals einen Erfolg gesehen, höchstens den, dass die Behandlung des Initialaffectes dadurch vereinfacht wurde. Dasselbe gilt von der Anwendung des Thermokauters, nur noch mit dem Bedeuten, dass die gesetzte Verätzung länger behandelt werden muss als eine Excissionswunde, welche per primam heilen kann. Die Anwendung des Thermokauters hat nur dann ihre Berechtigung, wenn die Sklerose phagedänisch wird und einem raschen Zerfall entgegengeht.

Für gewöhnlich sind wir bei den Initialformen auf die antiseptische Wundbehandlung mit den gebräuchlichen Mitteln: Sublimat, Carbol, Salicyl etc. angewiesen. Eine Allgemeinbehandlung einzuleiten ist aus vielen Gründen, welche sich aus der prophylaktischen Behandlung der Syphilis ergeben haben, nicht zweckdienlich, jene Fälle ausgenommen, wo die Sklerose im Gesichte z. B. an den Mundlippen sitzt, zum rapiden Zerfall neigt und grosse Drüsentumoren dieselbe begleiten. In diesen Fällen war man seit jeher bemüht, durch eine sofort eingeleitete Allgemeinbehandlung den Stillstand der Erscheinungen herbeizuführen.

An den männlichen Genitalien sitzt die Sklerose sehr häufig am Praeputium selbst oder im Eichelring und ist sehr oft mit einer Phimose vergesellschaftet. Ist die Vorhaut von vorneherein viel zu lang (praeputium perlongum), in beiden Blättern und dem mittleren interlamellären Gewebe und durch die auch ausserhalb der Sklerose weit ausgebreitete Infiltration zu einer derben Masse umgewandelt, dann ist dem unleidlichen Zustande zur Abkürzung der Behandlung operativ ein Ende zu machen. Es ist nicht notwendig und auch nicht empfehlenswert, das ganze Praeputium zu entfernen, es genügt vielmehr die Eröffnung des Praeputialsackes am Dorsum und eine partielle Abtragung desselben.

Jene Fälle, in denen etwa eine brandig gewordene Sklerose die innere Lamelle oder den Sulcus coronarius weit zerstört, bedürfen rascher Abhilfe. Wir brauchen kaum zu erwähnen, dass die Heilung nach der Operation solcher

Phimosen keine besonderen Schwierigkeiten bietet; selbst die vom Rande der Sklerose übrig gebliebenen Stellen vernarben.

Ist durch eine forcierte Retraction des infiltrierten Praeputiums eine Paraphimose entstanden, dann ist ein chirurgischer Eingriff notwendig, bevor durch den Druck, den der einschnürende Praeputialring verursacht, eine grössere Zerstörung am Praeputium und der Penishaut entstanden ist.

Die dorsalen Lymphgefässe werden bei einfachen nicht geschwürig zerfallenden Sklerosen durch eine Infiltration in derbe, mitunter knotig verdickte Stränge umgewandelt und es genügt, solche mit grauen Pflasterstreifen zu belegen, um sie nebst der später einzuleitenden Therapie zur Rückbildung zu bringen.

Die Drüsenschwellungen bei Syphilis führen selten zur Vereiterung, ausser wenn es sich um Complicationen mit venerischen Geschwüren, um scrophulöse, oder sonst herabgekommene Individuen handelt. Eine solche Adenitis ist modo chirurgico zu behandeln, wie wir es im Kapitel über venerisches Geschwür angegeben haben.

Sklerosen an den weiblichen Genitalien sind nur deshalb schwer zu behandeln, weil die Application und das Verbleiben des Verbandmaterials Schwierigkeiten begegnet. Aber auch hier hilft man sich mit pulverförmigen Substanzen, grauem Pflaster und einer T-förmigen Binde, durch welche man die Verbände der äusseren Genitalien gut befestigen kann.

Die Sklerosen am Orificium urethrae und der Apertur des Anus sind Anfangs mit Bougies und Suppositorien aus Jodoform (Jodoformi puri 0,1 Butyri cacao q. s. f. suppositor urethrale), später mit Wickeln von grauem Pflaster zweckmässig zu behandeln. Mitunter eignen sich Verbände aus asept. Krüllgaze, welche in eine 5% weisse oder in 1—3% rote Praecipitatsalbe eingetaucht werden. Die Verbände werden je nach der Secretion des Geschwüres 1—2—3 mal am Tage gewechselt, wobei vor Anlegung des Verbandes eine Reinigung des Geschwüres mit in Carbol- oder Sublimatlösungen getauchten Wattebäuschchen vorgenommen werden muss.

6*

ad 2. Lokale Behandlung der Krankheitsformen in der secundären und tertiären Periode.

Die syphilitischen Mund-, Nasen- und Rachenaffectionen müssen vom Kranken selbst häufig im Tage mit Spülwässern gereinigt werden. Dieses Regime ist namentlich nach den Mahlzeiten sowie vor dem Schlafengehen einzuhalten.

Hierzu werden verschrieben:

Rp. Kali chlor. 10,0
Aqu. dest. 500,0
D. S. Gargarisma

oder

Rp. Kali chlor. 10,0
Alum. crud. 0,1
Aqu. dest. 400,0
Aqu. menth. piper. 100,0
S: Garg.

oder

Acid. borac. 10,0
Solve in Aqu. dest. 500,0
S: W. Ob.

oder

Acid. salicyl. 3,0
Spirit. vin. rectif. 30,0
Aqu. dest. 300,0
Tinct. ratanhae gutt. XXX
Kali hypermang. 5,0
Aqu. dest. 100,0

D. S.: 1 Esslöffel z. 1 Glas Mund- u. Gurgelwasser.

oder

Rp. Tinct. Cascarill.
Tinct. cort. Chin.
Tinct. ratanhae
Spirit. menth. piper. aa 25,0
D. S.: Zusatz zum Mundwasser.
(20 Tropfen auf 1 Glas).

Bei geschwürigen, papulösen Formen der Lippen- und Wangenschleimhaut sowie jener im Isthmus faucium sind Bepinslungen mit Lapis (in Substanz oder 5% Lösungen) täglich vom Arzte vorzunehmen. Verlässlichen Patienten kann man auch Sublimat-Mundwässer anvertrauen, entweder S.-Pastillen mit Cl Na bereitet à 1 g. lösen die Patienten in Wasser und benützen von dieser konzentrierten Lösung jedesmal 1 mit 10 Esslöffel Wasser verdünnt als Gurgelwasser; oder

Rp.	Hydrarg. bichlor. corros.	1,0
	Alkoh. absol.	50,0

S. Gift. D. 1 Kaffeelöffel zu 1 Glase Spülwasser.

Diese Sublimatspülwasser werden 2—3 Mal täglich durch längere Zeit hindurch d. h. das ganze Glas voll auf ein Mal verwendet.

Zungengeschwüre und Rhagaden sind ebenfalls mit Lapis zu touchieren. Harte Infiltrate der Zungenoberfläche sind mit konzentrierterem Sublimatalkohol zu bepinseln oder auch mit Jodtinctur täglich 1—2 Mal zu bestreichen.

Gummatöse Zerstörungen und Geschwüre der Schleimhäute sind energisch mit Lapis in Substanz zu touchieren. Ausserdem muss man häufig mit den angegebenen Mundwässern auszuspülen oder mittelst Irrigateur reinigen. Die Anwendung des letzteren für die Nasenhöhle muss vorsichtig, nicht unter hohem Drucke geschehen, weil das Spülwasser leicht in die Stirnhöhlen oder in die Tuba Eustachii eindringen und Schmerzen verursachen kann. Sind nekrotische Knochen am Grunde der Geschwüre oder zwischen den angewucherten Granulationen vorhanden, müssen dieselben, sobald sie sequestriert sind, baldmöglichst entfernt werden. Die oft bedeutende Blutung bei solchen Eingriffen wird mit styptischer Watte oder mit klebender Jodoformgaze gestillt.

Die lokale Behandlung der Kehlkopfsyphilis erfordert eine grosse Uebung in der Handhabung des Kehlkopfspiegels und der Instrumente und ist nur von einem in dieser Hinsicht praktisch ausgebildeten Arzte mit Erfolg vorzunehmen. **Inhalationen** mit Jodsalzlösungen (2 % Jodkali) sind nur in ganz leichten Fällen nebst der Allgemeinbehandlung zulässig, erweisen sich aber nur zu oft als nicht hinreichend, sobald es sich um stärker wuchernde Papeln oder ausgebreitete Infiltrationen oder gar tiefere gummöse Geschwüre handelt.

Bei **papulösem Syphilid an den Genitalien und am After**, wie sie beim Weibe die häufigste Form der Syphilis darstellen und ausserdem bei beiden Geschlechtern als lokale Frührecidive sich finden, wenden wir den sogenannten **Labarraque'schen Verband** an:

Rp. Chlorin. liquid. 20,00
Aqu. destill. 80,00
M. D. S.: Zum Bepinseln.

und

Rp. Calomelanos
Amyli āā
M. D. S.: Streupulver.

Man befeuchtet die Papeln mit dem Chlorwasser und streut dann Calomel darauf. Es entsteht also Sublimat in statu nascenti, welches eine intensive aber keine sehr schmerzhafte Aetzung bewirkt.

Wenn es sich um **stark angewucherte Formen** an den grossen Labien, dem Perinaeum und den Nates handelt, sind tägliche Bepinselungen mit stärkerer alkoholischer oder ätherischer Sublimatlösung (1 : 20) und Belegen der bepinselten Stellen mit dünnen Wattelagen ein sehr guter Behelf zur raschen Rückbildung der Infiltrate. Aetzmittel, wie Sublimat collodium (1 : 20) Solutio Plenkii u. a. sind als sehr gefährlich und schmerzhaft aufgegeben. Selbst die oben angeführte Bepinselung muss behutsam blos auf die Wucherungen gemacht werden und bei starkem Brennen müssen nachher Umschläge mit essigsaurer Thonerde oder Burowscher Lösung appliciert werden. Mitunter wirken lokale Einreibungen mit stärkerer weisser Praecipitatsalbe sehr gut.

Rp. Mercur. praecip. alb. 5,0
Unguent. emollient. 40,0

entweder allein oder verschärft mit 0,1 Sublimat.

Bei flachen Papeln, die nicht mehr stark nässen, genügt das Belegen mit gutem haftbaren grauen Pflaster.

Rhagaden am After, welche zumeist neben wuchernden Analfalten angetroffen werden, trotzen oft jeder medicamentösen Behandlung und werden am besten operativ behandelt. In der Narkose trägt man mit dem Paquelin die Wucherungen ab und behandelt die Wunden nachträglich mit Jodoformvaselin-Verband oder mit weisser Praecipitatsalbe; Weniger ratsam ist das Abbinden der infiltrierten Falten mit elastischen Ligaturen, obzwar wir auch früher häufig dieses Verfahren ohne Schaden für die Kranken geübt haben.

Psoriasis palmaris et plantaris, Rhagaden und zerfallende Papeln zwischen den Zehen und an den Fingern. Bei all den genannten Formen sind erweichende Hand- und Fussbäder (Seifenabkochung) und der Verband mit gutem weichen grauen Pflaster von Nutzen. Tiefere Rhagaden oder Geschwüre mit begleitenden Entzündungserscheinungen müssen anfangs mit Bädern und Umschlägen mit in Burow'sche Lösung getauchten Compressen behandelt werden.

Mitunter ist es zweckmässig, nach den Handbädern lokale Bäder mit Sublimatlösungen zu machen (1 : 1000). Sehr zu empfehlen ist abends nach dem Bade die Einreibung der oben angegebenen verstärkten weissen Praecipitatsalbe (4 : 40 mit 0,1 — 0,2 Sublimat), worauf schwedische Handschuhe anzuziehen und zu tragen sind.

Onychia und Paronychia syphilitica wird mit warmen Hand- oder Fussbädern, Umschlägen, Sublimatbädern behandelt, worauf die kranken Endphalangen mit gut angelegten Kuppen aus grauem Pflaster verbunden werden müssen. Die Nägel, welche sich bereits eingerollt haben, sind unter lokaler Anästhesie zu spalten und die Ränder abzutragen. Die Pflasterverbände oder schützenden Fingerlinge sind bis zur Erneuerung des Nagels zum Schutze fortzutragen.

Die früher beschriebenen Erkrankungen der Kopfhaut sollen jedesmal auch durch lokal angewendete Mittel der Behandlung unterzogen werden. Vor allem müssen die Haare ganz kurz geschoren werden.

Der Kranke wäscht täglich den Kopf mit Seifenwasser ab und reibt darnach eine Pomade (weisse Praecipitatsalbe 1 : 10) ein. Sind pustulöse Geschwüre, tiefere gummatöse Zerstörungen der Kopfhaut vorhanden, dann müssen Jodoformvaseline, Merkurial-Salben oder graue Pflasterverbände appliciert und mit kunstgerecht angelegter Binde befestigt werden. Cariöse Knochenlamellen exfoliieren sich entweder von selbst oder werden mit der Kornzange herausgehoben. Nie soll man die Kranken ohne lokale Behandlung lassen, weil durch diese grosse Knochennekrosen selbst bei bedeutenderen Knochenentblössungen vermieden werden. Wir haben Zerstörungen der Schädeldecken bis zu Thalergrösse vernarben gesehen. Sind ausgebreitete Knochendefekte durch Narbenbildung geheilt, dann soll durch Einheilen von Celluloidplatten dem Patienten ein neuer fester Schutz für das Gehirn geboten werden.

Die verschiedenartigen Hautprozesse der späteren Periode der Syphilis, die Muskel-, Knochen- und Gelenkserkrankungen können nicht nach einem einheitlichen Schema behandelt werden. Sind die zahlreichen Verbandmittel nicht hinreichend den Prozessen wirksam zu begegnen und sind chirurgische Eingriffe indiciert, so soll man mit diesen nicht zu lange warten, zumal man heutzutage die Scheu abgelegt hat, an den Syphilis-Kranken zu operieren.

ad 3. **Die Allgemeinbehandlung der Syphilis.**

Von vornherein wollen wir betonen, dass eine sogenannte expectative Therapie allein, d. h. die Regelung der Hygiene und Diätetik, die Behandlung der lokalen Formen ohne die Anwendung der Specifica Merkur und Jod unseren Erfahrungen nicht entspricht.

Sobald die Syphilis entfernt von der Ansteckungsstelle entweder anhaltende functionelle Störungen in den Circulationsorganen, Nervenschmerzen, oder pathologische Veränderungen an der Haut und den Schleimhäuten hervorbringt, ist der Arzt genötigt, eine merkurielle Therapie einzuleiten und dieselbe solange fortzuführen, als die vorhandenen Erscheinungen nicht gänzlich behoben sind. Der Grundsatz der erfahrenen Praktiker ist eigentlich die Behandlung noch mindestens um ein Drittel oder selbst die Hälfte Zeit über die Dauer der Erscheinungen hinauszudehnen.

Jedwede weitere Recidive, soferne sie markante Veränderungen an mehreren Körperstellen produziert, ist ebenfalls wieder mit allgemeiner und lokaler Behandlung anzugehen. Wir folgen bei diesem Vorgange dem pathologischen Prozesse der Syphilis, behalten den Kranken in Beobachtung und behandeln ihn merkuriell, eventuell mit Jodmitteln nur dann, wenn an ihm Erscheinungen von Syphilis nachzuweisen sind. Behandlungen, welche in beliebigen Zwischenräumen gemacht werden ohne Rücksicht darauf, ob Erscheinungen bestehen oder nicht (chronisch-intermittierende Behandlungsform-Fournier), können wir nicht befürworten, weil wir gesehen haben, dass das Wiederauftreten von Recidiven nach gewissen Zeitabschnitten dadurch nicht hintanzuhalten ist und die Angewöhnung der Kranken an das betreffende Medikament nur nachteilig wirkt, wenn wir bei dem nächstfolgenden Ausbruch von Erscheinungen energisch vorgehen wollen. Es ist hier nicht der Ort, näher auf dieses Thema einzugehen; wir wollten bloss unseren Standpunkt in dieser Frage andeuten.

Gegen die Kopfschmerzen, Schlaflosigkeit u. a. Beschwerden, welche manchmal in der Proruptionsperiode auftreten, verordnen wir:

Rp. Kali brom.
Natr. brom. āā 4,0
Ammonii brom. 2,0
Mfp. D. dos No X.

S.: Abends 1—2 Pulver.

oder Rp. Kali brom.
Kali jodati āā 0,5
Mfp. dent. tul. dos No X.
S.: Abends 1—2 Pulver.

Vor dem Ausbruche der Exantheme und in den Pausen zwischen den eventuellen Recidiven und den dagegen angewendeten spezifischen Kuren hat man bei den meisten Kranken verschiedene Aufgaben zu erfüllen, als da sind: Vorbereitungskur für verschiedene (merkurielle) Behandlungen (Mund- und Hautpflege, lokale Behandlung der Initialform) und nach der beendeten spezifischen Behandlung eine Nachkur (Badekuren, Verabreichung von Roborantien etc.).

Mundpflege vor und während der Hg-Curen.

Es kann nicht genug betont werden, dass während der ganzen Dauer der Quecksilberbehandlung und noch geraume Zeit über diese hinaus eine exact durchgeführte, streng überwachte Mundpflege ein unbedingtes Erfordernis ist. Der Kranke putzt 3 bis 4 Mal des Tages seine Zähne mit der Zahnbürste und einem Zahnpulver. Als solches verwenden wir in der Spitalspraxis:

Rp. Pulv. dentifr. nigr. 50,00

oder

Rp. Calcar carbon. pulv. 50,00
Magnes. carb. 10,00
Pulv. rad. ir. flor. 20,00
Olei menthae pip. gutt 60
M. D. S.: Zahnpulver.

Hierauf wird das Zahnfleisch mit einer adstringierenden Tinktur bestrichen, und darnach mit Wasser ausgespült.

Rp. Tct. jodin.
Tct. gallar. āā 10,00
S: Bepinslung.

oder Rp. Tinct. ratanhae
Tinct. gallar. $\widehat{aa}$ 20,00
Olei menthae pip. gutt. 40.
D. S. Zahnfleischtinctur

oder

Rp. Ol. cadin.
Spir. vin. $\widehat{aa}$ 10,00
Tct. laudan. simpl. 5,00

Als Gurgelwasser verordnet man Kalium hypermanganicum in der gebräuchlichen rosaroten Lösung, 0,5—2 % Kalium chloricum-Lösungen 1—2 % mit Zusatz von Alaun oder

Rp. Aqu. calcis
Aqu. destill. $\widehat{aa}$

oder

Rp. Acidi salicyl. 5,00
Spir. frument.
Aqu. destill. $\widehat{aa}$ 100,00
Ol. menthae gtt. V
M. D. S.: 1 Löffel auf ein Glas Wasser.

Bei Stomatitis mercurialis verwenden wir ausser den im Vorhergehenden genannten Mitteln zur Mundpflege Bepinselungen des Zahnfleisches mit Argentum nitricum 1 : 30 bis 1 : 15 mit nachfolgender Ausspülung des Mundes mit einer Kochsalzlösung oder Bepinselungen mit 15—25%iger wässeriger Chromsäurelösung. Erosionen oder Geschwüre werden mit dem Lapisstifte geätzt oder es wird die neuerlich vorgeschlagene kombinierte Aetzung mit 25%iger Chromsäure und dem Lapisstifte angewendet, wobei die Geschwürsfläche von dem gebildeten Chromsilber mit einem roten Aetzschorf bedeckt bleibt.

Merkurielle Behandlung der Syphilis.

Unter den merkuriellen Kuren ist die souveränste die Einreibungskur mit grauer Quecksilbersalbe, weil sie nicht nur für alle Formen der Syphilis anwendbar, sondern auch im Kindes- wie im Greisenalter zur Ausführung geeignet ist.

Schon den Säugling kann die Mutter oder Pflegerin nach dem Morgenbade zweckmässig mit verdünnter Quecksilbersalbe (1,0 unguent. ciner. mit 1,0 ung. simpl.) an den Seitenteilen des Thorax und des Bauches einreiben. Erwachsene von ca. 60 kg Körpergewicht werden mit täglich 4—5 g behandelt. Am besten fährt man, wenn der Patient durch eine zweite sachkundige Person die Einreibungen vornehmen lässt. Ist dies nicht möglich, oder sind die Individuen Spitalskranke, so soll der Kranke selbst die Einreibungskur an sich ausführen. Am vorteilhaftesten geschieht die Kur, wenn man kleine Mengen der Salbe abwechselnd rechts und links verreibt, bis die ganze Quantität derart verrieben ist, dass die Haut trocken bleibt. Die gebräuchlichen Stellen, wo gerieben wird, sind mit wenigen Ausnahmen: die Unterschenkel, und zwar die beiden Waden die Innenfläche der Oberschenkel, die regio epigastrica und die Seitenteile des Thorax, die innere Vorderarm- und Oberarmfläche und der Rücken.

Nachdem dieser Cyclus vollendet ist, lässt man den Kranken ein laues Wannenbad als Reinigungsbad nehmen.

Die Anzahl der Einreibungen in einer Serie ist erfahrungsgemäss so festzustellen, dass man bis zum Schwunde der jeweiligen Erscheinungen fortfährt, eventuell eine Anzahl 1/3 bis 1/2 solcher Einreibungstage noch überdies folgen lässt. Zufälliges Unwohlsein oder rasch auftretende stärkere mercurielle Salivation und Stomatitis können veranlassen, dass man die Einreibungskur für einige Tage bis zum Beheben dieser Schwierigkeiten unterbricht, um sie dann wieder weiter fortzusetzen. Eine bei einem allgemeinen Ausbruche der Syphilis gemachte Einreibungskur hindert nicht, dieselbe bei den zahlreich folgenden Recidiven ebenso oft zu wiederholen.

Neben der Einreibungskur können nicht nur die erwähnten Bäder, sondern auch interne Medikamente: Roborantia etc. angewendet werden.

Die Ernährung und Unterkunft während der Einreibungskur soll möglichst gut und sorgfältig ausgewählt werden,

Kranke, welche physischen Strapazen namentlich in einer ungünstigen Jahreszeit, im Freien ausgesetzt sind, eignen sich nicht für diese Kur. Nicht nur dass wir davon geringen oder gar keinen Erfolg gesehen haben und die Kranken dadurch das Vertrauen in die Kur verloren, haben wir häufig beobachtet, dass sie anämisch geworden und, statt sich zu erholen, noch mehr herabgekommen sind.

Wie bei allen merkuriellen Kuren muss der behandelnde Arzt auch bei dieser nicht nur auf die Mundpflege, sondern auch auf die Verdauungsorgane und auf die Ausscheidungen sein Augenmerk richten.

Wir haben zu wiederholten Malen das Auftreten von Eiweiss im Urin beobachtet, sahen uns gezwungen, mit kleineren Dosen und mit Unterbrechungen der Einreibungen vorzugehen, ja in einzelnen Fällen mussten wir mit der Kur ganz aufhören. Etwaige Nachkuren sollen in zweckmässig geregelter Lebensweise, Anwendung von milden Wasserkuren, stärkenden Bädern (Salz- oder Soolenbädern), Aufenthalt im milden Klima etc. bestehen. Ebenso darf die Mundpflege nicht mit dem Tage des Aufhörens der Kur hintangesetzt werden, sondern sie muss noch wochenlang, wenn auch im restringierten Masse geübt werden.

Zur Inunctionskur verschreiben wir für erwachsene Kranke:

Rp. Ung. ciner. 4,0—5,0
Dent. tal. dos. ad chart. cerat. No. V

D. S.: Zum Einreiben (wie oben bereits angegeben).

Die Salbe wird nach der Pharm. Austr. Ed. VII hergestellt:

Hydrarg.
Lanolin $\widehat{aa}$ 200,0

Bis zur völligen Extinction zu verreiben, dann allmähligen Zusatz von

Ung. simpl. 200,0

Bei ausgebreiteten Hautsyphiliden oder vielfachen ulcerösen Prozessen an der Körperoberfläche, sowie bei Hautexanthemen, nässenden Papeln kleiner Kinder, bedient man sich oft der Sublimatbäder. Für Erwachsene setzt man dem Badewasser 10—15 g (Pastillen) Sublimatlösung zu. Die Wanne enthält 3—4 Eimer eines 26—28°R. warmen Wassers, in dem der Kranke 10—15 Minuten zu verbleiben hat. Derselbe wird leicht frottiert und muss nach dem Bade das Bett hüten. Kleine Kinder bekommen bloss Waschungen mit in das Badewasser getauchten Compressen 1—2 mal des Tages. Die kranken Hautstellen werden mit der Compresse abgewaschen und dann mit Stupp (Amylum allein oder mit Zusatz von Calomel) eingestreut.

Hypodermatische Methoden.

a) Lösliche Quecksilberpräparate:

Man injiciert von einer Lösung

Rp.	Hydrarg. bichlor. corros.	0,10
	Natri chlorati depurati	1,00
	Aqu. destill.	10,00

täglich eine Spritze entweder subcutan am Rücken oder intramuskulär in die Nates.

Mit viel Vortheil, namentlich für die ambulatorische Behandlung verwenden wir nachfolgende Lösung:

Rp.	Hydrarg. bichl. corros.	0,5
	Natri chlorati	2,00
	Aqu. destill.	10,00

Von dieser Lösung injiciert man jeden fünften Tag oder jede Woche eine Spritze. Wenn man darauf achtet, dass die Spritze sowohl als auch die Injectionsstelle gründlich desinficirt ist und überdies nach vollendeter Injection die betreffende Körperstelle eine Zeit lang leicht massiert, dann ist man vor üblen Zufällen, vor grosser Schmerzhaftigkeit oder gar vor Abscessbildung so gut wie sicher.

b) Unlösliche Quecksilberpräparate:

Ihre Anwendung ist am besten überhaupt zu vermeiden, denn sie alle haben den Nachteil, dass der Arzt über die

Menge des zur Resorption gelangten Quecksilbers völlig im Unklaren bleibt, dass die Resorptionsbedingungen durchaus schwankend sind und ihre Regulierung nicht weiter beeinflusst werden kann, so dass es manchmal zu sehr schweren Zufällen kommt, wenn von dem geschaffenen Depot plötzlich grössere Mengen zur Resorption gelangen.

Wir setzen übrigens einige der gebräuchlicheren Formeln hieher:

Rp. Hydrarg salicyl. 1,00
Olei oliv. optim. 10,00
M. D. S.: Zur Injection.
Umschütteln!

Rp. Hydrarg. oxyd. flav. 1,00
Ol. oliv. optim. 10,00
M. D. S.: Zur Injection.
Umschütteln!

Rp. Calomelan. via hum. par. 1,00
Ol. oliv. optim. 10,00
M. D. S.: Zur Injection.
Umschütteln!

Innere Darreichung von Quecksilber.

Bekanntlich ist sie in manchen Ländern die herrschende Methode der Syphilisbehandlung. Bei uns ist dieselbe nur bei milderen Recidiven gebräuchlich und empfehlenswert.

Rp. Hydrarg. tannic. oxydul. 1,50
Extr. laudan. 0,1
M. div in dos Nro. 15. D. ad capsul. nebulos.
D. S.: 3 mal tgl. 1 Pille nach dem Essen.

Rp. Hydrarg. bichlorati corros. 0,30
Extr. et pulv. rad. acori ãã q. s. f. l. a. pill. pond. 0,20
No. triginta consperge pulv. liquirit.
S.: 1 Stück Abends, jeden 2. Tag um 1 Pille steigen (bis 3 oder 4 Stück pro die).

Rp. Protojodureti Hydrarg. 1.5
Extr. laudani 0,50
Pulv. et extr. Gent. g. s. f. l. a. pill. pond. 0,20
No. Quinquaginta
S.: Zwei Mal täglich je 1 bis 2 Pillen zu nehmen.

Die Anwendung der Jodmittel bei Syphilis.

Sind die Quecksilberpräparate zur Behandlung der Syphilis ein bewährtes und für fast $^4/_5$ der Fälle erfahrungsgemäss ein unerlässliches Heilmittel, so bilden die Jodverbindungen eine wesentliche Ergänzung bei dieser Behandlung.

Bei allgemeinen Lymphdrüsenschwellungen und ausgesprochen scrophulöser Constitution, nervösen Zufällen, wie Kopfschmerz, Schlaflosigkeit, sowie nach langen, oft unzweckmässigen Quecksilberkuren, treten die Jodmittel in Anwendung. Man darf von den Nebenwirkungen des Jod nicht zurückschrecken, als da sind: Schnupfen, Conjunctivalkatarrh und Katarrhe der Athmungswege, Druckempfindungen in der Stirngegend und oft Verstimmungen des Magens. In solchen Fällen setzt man die Jodpräparate aus. Nachdem man einige Tage pausiert hat und die Nebenwirkungen wieder geschwunden sind, kann man mit kleineren Dosen beginnen und so allmählig den Organismus an den Gebrauch der Jodmittel gewöhnen. Kranke, welche in den ersten Tagen über alle möglichen Beschwerden geklagt haben und gegen die Anwendung von Jodpräparaten protestierten, konnten wir entweder dadurch, dass wir kleinere Dosen allmählig steigerten oder eine andere Form der Verabreichung wählten, bis zu den beträchtlichsten Tagesgaben (von 5, 10, 15 gr) ohne Schaden bringen.

Rp. Kal. jodat. 1,5
Aqu. dest. 100,0
D. S.: Auf 2—3 Portionen vertheilt und mit frischem Wasser verdünnt tagsüber auszutrinken.

Besser als diese Verschreibungsweise bewährt sich das Jodkali in kleinen Eprouvetten gut verschlossen den

Patienten zur Selbstbereitung der Lösung zu übergeben. Es ist damit der Transport wesentlich erleichtert; das Jodkali, welches sehr hygroskopisch ist, ist vor Luftzutritt und Nässe geschützt. Bei steigender Dosis hat der Patient gleich sein Mittel zur Hand. Manche Patienten setzen wegen des Geschmackes gerne Fruchtsäfte den Lösungen hinzu, andere ziehen es vor, sich eine concentrierte wässrige Lösung zu bereiten und das Mittel mit einer grösseren Quantität Milch zu trinken.

So wie das Jodkali ist das an Jodgehalt schwächere Jodnatrium in derselben Weise zu verabreichen; es wird mitunter besser vertragen.

Das Jodoform eignet sich wenig wegen seines widerlichen Geschmackes zur internen Darreichung und kann höchstens in Pillenform genommen werden.

Rp. Jodof. pur. 10,0
Extract. et pulv. acor.
āā q. sat. f. pill. pond. 0,2
No. C, obteg. lamin. argent.
D. S. vor dem Essen Mittags und Abends
je 2—3 Pillen zu nehmen.

In letzter Zeit haben wir das Jodothyrin (Baumann) nicht ohne Wirkung versucht. (Fertige Kapseln à 1,0 mit Sachar. lact. bereitet).

Die Jodtinctur, welche man tropfenweise in schleimigen Decocten da und dort gegeben hat, ist nicht anzuempfehlen, weil danach gerne gastrische Störungen vorkommen.

An die Jodpräparate schliesst sich das Jodeisen an. Man gibt

Rp. Syrup. ferri jodat. 10,0
Syrup. cort. aurant.
Syrup. simpl. āā 20,0
2—3 Theelöffel täglich von Erwachsenen,
Kaffeelöffelweise von Kindern zu nehmen.

Für sich allein genommen oder neben Mercurpräparaten leistet dieses Mittel gute Dienste.

Holztränke,

als Abkochungen von Sarsaparilla, Lignum Guaiac. u. a. sind als einfache Abführ-, Urin und Schweiss treibende Mittel zu betrachten. So ferne sie Quecksilber- oder Jodpräparate enthalten, wie das Decoctum Zittmanni kann man ihnen eine Wirkung nicht absprechen. Letzteres erfreut sich noch immer eines gewissen Rufes. Man verschreibt Decoctum Zittmanni fortius 2—300, früh warm zu trinken. Decoctum Zittmanni mitius, abends vor dem Schlafengehen meist kalt zu trinken.

Bei diesen Mitteln sind diätetische Vorschriften unerlässlich, so z. B. sollen die Patienten den Genuss von Käse, Salat, rohem Obst, Bier und allen blähenden Nahrungsmitteln vermeiden. Die Ernährung soll hauptsächlich in gebratenem Fleisch, Gemüse, Thee, Schinken, weichen Eiern, und Weissbrot bestehen. Hat der Patient mehr als vier Entleerungen im Tage, so wirkt auch dieses Mittel zu drastisch und soll in kleineren Dosen gegeben werden. Decoctum Zittmanni eignet sich bei vielen Patienten als Unterstützungsmittel neben der Einreibungskur.

Zum Schluss der generellen Therapie sei nochmals hervorgehoben, dass die Patienten sich in luftigen warmen Räumen, bei guter Jahreszeit auch in frischer Luft aufhalten sollen. Die Nahrung darf keine karge sein, weshalb wir uns auch gegen jede Emaciationskur oder trockene Semmelkur mit schweisstreibenden Bädern combiniert und sonstige den Organismus stärker erschütternde Kuren aus Erfahrung aussprechen müssen. Wenn auch durch diese Behandlungen mitunter eine scheinbare Heilung durch Rückbildung der jeweiligen Formen erzielt wird, ist diese doch von keinem bleibenden Werte und wir haben oft in der kürzesten Zeit nach diesen Kuren schwere Recidiven auftreten gesehen.

Als Nachkuren eignen sich Badekuren, Sool- oder Seebäder, Jodthermen, Schwefelthermen oder eine systematische Hydrotherapie, welche zur Regelung verschiedener Krankheitszustände, zur Kräftigung und Abhärtung der Kranken dient.

Venerische Geschwürsformen.

Es gilt heutzutage als eine ausgemachte Thatsache, dass von der Initialform der Syphilis eine durch geschlechtliche Uebertragung entstehende Geschwürsform abzutrennen ist. Es ist dies das einfache, venerische, contagiöse, nicht indurierte, weiche Geschwür, der sogenannte weiche Schanker.

Dieses kann, wie schon oben erwähnt, mit der Syphilis zugleich übertragen werden, kommt aber auch für sich allein vor und hat als solches eigene Charaktere sowohl in der Form, als auch in den durch dasselbe entstehenden Consequenzen.

Sitz des venerischen Geschwüres ist die äussere Haut, die Schleimhaut der Genitalregion, unter Umständen auch die Haut des übrigen Körpers. Der eigenartige Ansteckungsstoff, welcher in den letzten Jahren als ein Bazillus sui generis (Ducrey-Krefting, Unna-Krefting) erkannt wurde, der in dem Eiter und dem Gewebe der Geschwüre enthalten ist, bedingt das Entstehen ähnlicher Geschwüre, welche in Serien an demselben Organismus überimpfbar sind und eine rein örtliche Erkrankung darstellen.

Die Entwicklung nach der Uebertragung auf eine verletzte Haut oder Schleimhaut erfolgt sehr rasch, binnen 12—24, ausnahmsweise nur binnen 36—72 Stunden. Es entsteht jedesmal eine abgegrenzte eitrige Erweichung, welche die Tendenz hat, sich zu vertiefen und durch eitrige Schmelzung der Haut sich auszubreiten. Mit den Produkten der Syphilis vermengt erzeugt der venerische Eiter einen Ansteckungsstoff von doppelter Wirkung für syphilisfreie Organismen. Es entsteht in diesem Falle binnen sehr kurzer Zeit das venerische Geschwür, und erst später entwickelt sich auf derselben Stelle das Neugebilde der Syphilis mit den oben erwähnten charakteristischen Merkmalen der Zellgewebsinfiltration, Induration. Auf syphilitische Organismen übertragen behält das venerische Geschwür die ihm zukommenden Eigenschaften, nur wollen einzelne Beobachter eine

7*

grössere reactive Entzündung in Folge der dem syphilitischen Körper innewohnenden Reizbarkeit gesehen haben.

Der erste Anfang ist eine einem Acneknötchen ähnliche Pustel, welche nach 24 Stunden mit Eiter gefüllt ist, am nächsten Tage schon platzt, dickflüssigen Eiter entleert, wobei sich eine wie mit einem Locheisen ausgeschlagene Geschwürsfläche bildet, welche scharf abgemarkte Ränder hat und von einem kleinen Entzündungshof umgeben ist. Bei grösseren Verletzungen (z. B. Risswunden) entsteht, wenn venerischer Eiter übertragen wurde, ein Geschwür mit eiternder Basis und den scharfen, entzündeten, eitrig schmelzenden Rändern. Häufig unterminiert der Eiter den Rand und wir sehen kleinere oder grössere Partien leicht geröteter und geschwellter Haut lose aufliegen. Der dickliche Eiter haftet leicht an der Umgebung und erzeugt in der Nachbarschaft neue Geschwüre, welche bei ihrer Ausbreitung mit den älteren confluieren und so grössere buchtige Geschwürsflächen darstellen. Wird der Eiter in eine Talg- oder Schleimdrüse übertragen, bilden sich hirsekorn- bis erbsengrosse, den Furunkeln ähnliche tiefere Geschwüre. Die Eiterung aus der Mündung des zerstörten Follikels dauert länger an und erst nach dem Zerfalle der Ränder kommt das vertiefte, ausgenagte Geschwür zu Tage. Diese Geschwüre, welche somit von ihrem ersten Anfang an tiefer greifen, sind es, die vor ihrem Zerfall und der Eiterentleerung eine Induration vortäuschen. Eine mässige Zunahme der Dichtigkeit des entzündlich afficierten Gewebes lässt immer eine gesteigerte Resistenz wahrnehmen. Diese bekommt aber nie den Charakter einer typisch-syphilitischen Induration. Das Kriterium der Verhärtung ist ein relatives, wenn man in Betracht zieht, dass auch specifisch-syphilitische Geschwürsformen geringe Infiltrationsgrade aufweisen. Aber unter Berücksichtigung der raschen Entstehung, der profusen Eiterung, der Ueberimpfbarkeit in die Umgebung, der geringen Härte, ist die Charakteristik des venerischen Geschwüres denn doch gegeben.

Ist der Abfluss des Eiters ermöglicht und hilft eine Behandlung dazu, dann gestaltet sich der Verlauf zu einem einfachen. Binnen 1—2 Wochen reinigt sich der Grund, es entstehen haltbare Granulationen, die Ränder werden flach und die Vernarbung des Geschwüres beginnt von einer oder der andern Seite, um sich bei fortgesetzter Pflege zu einer weichen, kaum unter das Niveau der Haut vertieften Narbe zu gestalten.

Der Sitz, die Zahl, die Ausdehnung der venerischen Geschwüre, sowie die häufigen äusseren Einflüsse machen oft den Verlauf und auch den Ausgang zu einem schwierigen. Wir haben Gelegenheit gehabt in der Haut des Praeputium des Penis, des Scrotums, der Schenkelfalte und der gegenüberliegenden Schenkelfläche durch kleinere oder grössere Hautbrücken von einander getrennte venerische Geschwüre zu beobachten, welche die Erkrankung zu einer ernsten gestaltet haben. Unter solchen Umständen sind fast immer die benachbarten Drüsengruppen miterkrankt.

Torpide oder durch andere Erkrankungen sieche Individuen, haben durch diesen Zustand mehr zu leiden, besonders weil sie die nötige Energie nicht aufbringen, die schmerzhaften Hautgeschwüre von Anfang an radical zu behandeln.

Wie schon erwähnt, sind die Genitalien am häufigsten von den venerischen Geschwüren befallen. Beim Manne: Die Vorhaut, das innere Blatt in der Nähe der Eichelfurche, namentlich aber das Bändchen, welches oft an der Basis durchbohrt wird und nur als fadiges Ueberbleibsel vom Praeputium zur Glans zieht. Die Eichel selbst erkrankt seltener, vielleicht weil sie weniger drüsige Ausführungsgänge enthält oder weil die Epidermis glatter ist. Beim Weibe sind die kleinen Schamlippen, namentlich die untere Commissur, der Scheideneingang und die daselbst vorfindlichen Residuen des Hymens (Fimbrien), die Mündung der Harnröhre, das Mittelfleisch, der After, Scheide und Scheidenteile am häufigsten der Sitz der Krankheit.

Bei beiden Geschlechtern pflegen gleich oft die Schenkelfalten, die inneren Schenkelflächen und die Schoossfuge, Sitz venerischer Geschwüre zu sein. Zu erwähnen wären noch Nase, Mund, Zunge, Brustwarze, Nabel, Finger und je nach Umständen auch entlegene und behaarte Körperteile, wohin eben durch Zufall der das Contagium führende Eiter gebracht wurde.

Berücksichtigt man die oben erwähnten Charaktere, als: die kreisähnliche Form, den scharf abgekanteten Rand, die reichliche Eiterbildung, die rasche Entwicklung und das häufige Vorkommen mehrerer Geschwüre neben einander, so ist ein Verwechseln mit anderen an den Genitalien und um den After vorkommenden Krankheitsprozessen, als: Acne, Furunkeln etc. leicht zu vermeiden. Dies umsomehr, wenn für das Bestehen der leztgenannten Affectionen der Verdacht einer geschlechtlichen Berührung wegfällt. Am meisten geben nässende, diphtherisch belegte oder in eitrigem Zerfall begriffene Papeln zu Verwechslungen Anlass. Doch sind es wieder die Charaktere der begleitenden Syphilis-Erscheinungen, als: die Infiltration der benachbarten Lymphdrüsen, sowie andererseits Haut- und Schleimhaut-Affecte, welche dieselbe begleiten, die längere Dauer der syphilitischen Producte, dagegen wieder die häufige Drüsenvereiterung bei längerem Bestehen von venerischen Geschwüren, die vor Irrtümern schützen. (Tab. 61 u. 62.)

Die Complicationen, welche bei venerischen Geschwüren vorkommen, sind vorwiegend Folgen der sich rasch ausbreitenden Entzündung des Gewebszerfalles.

Sitzt das Geschwür am Rande der Vorhaut, entsteht nicht selten eine entzündliche Phimose eventuell Paraphimose. (Tab. 63.) Beide Zustände können sich bis zum Brandigwerden des Praeputiums steigern. Durch das Tiefergreifen des Geschwüres am Frenulum wird dasselbe, wie schon erwähnt, durchbohrt, selbst Perforationen bis in die Harnhöhle sind nicht ausgeschlossen.

Die Entzündungen der Lymphgefässe auf dem Rücken des Gliedes, die mitunter an der einen oder andern Stelle zur Abscedierung führen (Bubonulus Nisbethii) gehören nicht zu den angenehmsten Complicationen, weil die Haut über den Abscessen leicht gangränesciert und bei mehreren Abscessen subcutan führende Vereiterungen, die den venerischen Eiter beherbergen, langwierige und energische Behandlung erfordernde Zwischenfälle ausmachen. (Tab. 64.)

Beim weiblichen Geschlechte entstehen häufig rhagadenartige Geschwüre zwischen den Fimbrien, tiefgreifende Geschwüre an den Ausführungsgängen der Bartholini'schen Drüsen, Zerstörungen um das Orificium urethrae herum, die nicht selten mit Ablösung eines Teiles desselben durch Zerstörung der oberen Wand verbunden sind. Ferner entstehen auch tiefgreifende und ausgebreitete Geschwüre an der hinteren Commissur, welche nicht nur durch ihre lange Dauer, sondern auch durch ihr tiefes Vordringen gegen das Rectum zu gefährlich werden.

Am After sind es die häufigen Verunreinigungen und Zerrungen, welche bei ihrer Schmerzhaftigkeit den Patienten abhalten, energisch dem Weitergreifen zu begegnen, worauf sich dann mitunter die Geschwüre tiefer auf den After und das rectum erstrecken.

Eine der wichtigsten Complicationen des weichen Geschwüres bilden die Entzündungen der regionären Lymphdrüsen, der Bubo, die Adenitis.

Die Entstehung derselben fällt überaus selten in die ersten zwei Wochen nach dem Auftreten des Geschwüres, meist treten sie in der dritten oder vierten Woche oder noch später auf, ja nicht selten beobachtet man Drüsenentzündungen nach schon geheilten Geschwüren. Im letzteren Falle sind die Geschwüre klein gewesen und oft unbemerkt verlaufen, so dass man die Entstehung der Adenitis kaum in allen Fällen auf ein bestehendes venerisches Geschwür zurückzuführen vermag. Jedoch ist die hie und da aufgetauchte Ansicht, dass eine Adenitis ohne bestandenes oder bestehendes venerisches Geschwür sich entwickeln könne, durch Aufnahme von der unverletzten Haut, nicht den Thatsachen entsprechend (boubon d'emblée).

Wo immer die Geschwüre sitzen mögen, die nächst benachbarte Lymphdrüsengruppe ist gefährdet; da jedoch erfahrungsgemäss die häufigsten an den Genitalien oder um dieselben vorkommen, so sind es die Lymphdrüsen der Inguinalgegend, welche wir im Nachfolgenden hauptsächlich in Betrachtung ziehen wollen.

Es ist naheliegend, dass zumeist die Lymphdrüsen der Seite erkranken, wo die Geschwüre liegen. Mitunter aber beobachtet man die Drüsenvereiterungen auf der entgegengesetzten Seite, was durch die Anordnung der ableitenden Lymphgefässe und ihre Communication untereinander zu erklären ist.

Zuerst macht sich eine leichte Schwellung einer oder mehrerer Drüsen bemerkbar, welche unter Zunahme der Schwellung und Schmerzhaftigkeit, namentlich bei Bewegung, eine an ihrer Oberfläche gerötete, flache Geschwulst bilden. Sind mehrere Drüsen betroffen und schwillt das Zellgewebe um dieselben an, so haben wir eine mehr oder weniger grosse unbewegliche Masse vor uns, welche, die ganze Leistengegend ausfüllt. Die Rückbildung ist in diesem Stadium eine Seltenheit; meist entsteht an der mehr oder minder vorragenden Geschwulst die Fluctuation und, wenn nicht chirurgische Hilfe zur Hand ist, erweicht die Haut und zerfällt eitrig; zuweilen unter Hinzutreten von Gangrän, wobei sich aus dem Abscess dünnflüssiger, mit Gewebskrümmeln untermischter Eiter entleert. Dieser schmerzhafte Zustand welcher unter fieberhaften Erscheinungen und bedeutenden Störungen des Allgemeinbefindens einhergehen kann, währt, wenn die Kranken nach Entleerung des Abscesses noch zuwarten, lange Zeit, bevor sich die Abscesshöhle reinigt, die zerstörte Decke abgestossen ist und die Vernarbung eintritt. In seltenen Fällen greift die Gangrän weiter um sich, es kommen mitunter Zerstörungen der Haut, des Unterhautzellgewebes in einem solchen Maasse vor, dass die Musculatur der Inguinalgegend, oft auch jene des unteren Adomens, wie lospräpariert zu Tage tritt. Mitunter entsteht durch Zusammenfliessen von Eiter an einer Stelle und durch Unterminierung des Zellgewebes und Eiterung der benachbarten Drüse eine multiloculäre Adenitis. Kaum, dass man den einen Abscess eröffnet hat, gewahrt man am nächsten Tage in nicht zu grosser Entfernung einen zweiten. In der Zeit der conservativen Chirurgie kamen Leute mit 6 bis 8 solchen

Stichen zur Behandlung, welche durch Fistelgänge mit einander verbunden waren und bei Druck dünnflüssigen, serösen Eiter entleerten. In solchen Geschwülsten, die man auch strumöse Bubonen genannt hat, liegen entweder entzündete, vergrösserte Drüsen oder Drüsenreste in einer bei längerem Bestande angewucherten bindegewebigen Neubildung eingebettet.

Wir sahen einen Fall solcher schwer vernachlässigter Adenitis, in dem es zur aufsteigenden Verjauchung der Iliacaldrüsen und zur Sepsis gekommen ist.

Berücksichtigt man bei solchen entzündlichen Geschwülsten der Inguinalgegend das rasche Entstehen und die häufig noch vorhandenen Geschwüre oder Narben an der Peripherie (der Geschlechtsgegend, inneren Schenkelfläche, dem After), so wird man selten in der Diagnose fehlgehen. Verwechslungen mit scrophulösen Drüsenabscessen haben nur einen theoretischen Wert und auch diese wird man erkennen, wenn man die allgemeine Constitution und anderweitige Zeichen der Scrophulose an der Haut, den übrigen Drüsen des Körpers etc. berücksichtigt. Senkungsabscesse aus der Beckengegend und Eitersenkungen von ostealen und periostealen Erkrankungen werden durch die Art der Eiteransammlung, die Dauer des Processes, bei genauer Untersuchung durch die Beschaffenheit der Knochen, Knorpel sicher unterschieden. Es wäre nur noch die Leisten- und Schenkelhernie zu erwähnen, welche aber nur bei oberflächlicher Untersuchung mit einer Adenitis verwechselt werden könnte. Ebenso wäre daran zu denken, dass eine am äusseren Leistenringe zurückgebliebene Hode sich entzündet, anschwillt und so eine Adenitis vortäuscht (vide Tab. 62 u. 63).

Die den syphilitischen Primäraffect begleitende Adenitis haben wir an der betreffenden Stelle abgehandelt.

Die Behandlung der venerischen Geschwüre.

Der Träger des Ansteckungsstoffes ist der Eiter. Somit ist die Entfernung des letzteren und die Verhütung, dass er im Geschwüre zurückgehalten oder auf benachbarte Hautpartien übertragen werde und daselbst liegen bleibe, der leitende Grundsatz der Behandlung. Deshalb waren seit je die Aetzmittel in Folge ihrer ausgiebigen und raschen Erfolge bei der Heilung der Geschwüre in hohem Ansehen: Kupfersalze, Carbolsäure, Eisenchlorid, Silbernitrat und Aetzkalk, ja sogar das Kauterium actuale war in Verwendung; letzteres, durch den Thermokauter ersetzt, ist heute noch das souveränste Mittel. Unter den übrigen ist das Kupfersulfat und zwar die Lösung im Verhältnisse von 1 Kupfersulfat: 4 aq. das beste, weil man damit das Geschwür und das bereits eitrig infiltrierte Gewebe, ohne die gesunde Umgebung zu verletzen, verätzen kann. Das Kupfersulfat muss 3—4 mal im Tage längere Zeit hindurch appliciert werden. Man verwendet hierzu Wattebäuschchen, welche getränkt auf die Wunde gelegt und während 1/4 Stunde oder darüber mehrmals erneuert werden. Nach dieser Procedur lässt man ein ausgepresstes Bäuschchen auf dem Geschwüre weiter liegen. Die Anwendung von Aetzstiften ist weniger sicher wirksam und verursacht den Patienten noch mehr Schmerzen. Die reactive Schwellung muss durch Umschläge hintangehalten werden. In einem Tage erzeugt man so einen trockenen bläulichen Schorf, der sich nach zwei Tagen allmälig löst. Man sieht nach dessen Abhebung eine anämische trockene Wunde, welche dann weiter mit anderen Mitteln zur Granulation angeregt und der Verheilung zugeführt wird. Aehnlich wirkt die Aetzung mit concentrierter Carbolsäure, welche man jedoch mit einem pinselartigen um einen Holzstiel gewickelten Wattetampon machen muss. Die Anwendung des Silbernitrates in gesättigter Lösung ist wie beim Kupfer dem Aetzstifte vorzuziehen. Die Wiener Aetzpaste und die Chlorzinkpaste sind häufig wegen des Sitzes der Geschwüre kaum anzuwenden und dadurch gefährlich, dass sie die Umgebung angreifen. Besser als alle diese Mittel ist die Verätzung mit den Paquelin. Allen diesen Proceduren ist nach Thunlichkeit eine lokale Anästhesie unter Anwendung der in der Chirurgie gebräuchlichen Mittel, wie: Chloraethyl, Cocain etc. vorauszuschicken. (Bei Anwendung des Paquelins darf Chloraethyl nicht genommen werden!) An den Stellen, wo die Anwendung von Aetzmitteln Schwierigkeiten bereitet, so z. B. am Scheiden- und Aftereingang, werden dieselben ersetzt durch scrupulöse Applicationen von Streupulvern, Salben oder Pasten, als da sind: Jodoform, Dermatol, Airol, Salicylsäure, Xeroform etc. Es gelingt unter sorgfältiger Anwendung dieser Mittel in wenigen Tagen, die Natur der Geschwüre umzustimmen und sie in gewöhnliche granulirende Wunden (Stadium reparationis) zu verwandeln.

Sind Unterminierungen der Haut, fistulöse Gänge oder Perforation des Frenulums, der Schamlippen vorhanden, so ist nach vorheriger genauen Desinfection der Geschwüre die operative Eröffnung vorzunehmen und die Geschwüre in offene, granulierende Wunden zu verwandeln. Brandige Zerstörungen, welche bei venerischen Geschwüren mitunter vorkommen, pflegen baldigst zur Abgrenzung zu kommen, wobei die Natur der Geschwüre selbst zu Grunde geht, so dass man es nach Abstossung des Brandschorfes meist nur mit Wunden ohne specifischen Charakter zu thun hat. Eine seltene Complication, die phagedänische Beschaffenheit des Geschwüres, ist nur eine Abart von Brand mit rascher eitriger Schmelzung. Die Geschwüre nehmen rapid an Umfang zu, der Rand derselben ist wulstig, buchtig zerrissen, leicht blutend. Der Grund ist mit einer schmutzig gelblichen Schichte bedeckt und die Umgebung in einem Zustande von Entzündung, welche keine lebhafte Röte zeigt. Die Ursache der phagedänischen Geschwüre ist schwer zu ermitteln, sie kommen meist bei vernachlässigten Fällen, anämischen und dyskrasischen Individuen vor. In diesen Fällen empfiehlt sich am ehesten die Anwendung des Thermokauters unter Narkose.

Behandlung der Adenitis.

Die venerischen Drüsen-Entzündungen und -Abscesse werden in Beziehung auf ihre Behandlung in jedem Falle eine kleine Modification des Verfahrens erheischen und lassen sich demgemäss nur allgemeine Grundsätze aussprechen.

Da nicht alle Drüsenanschwellungen durch Aufnahme des venerischen Eiters und des virulenten Contagiums bedingt sind, sondern die grössere Mehrzahl derselben symptomatische Bubonen sind, so ist neben Ruhe die Anwendung von mässig kalten Umschlägen mit essigsaurer Thonerde und darüber die Application eines Eisbeutels versuchsweise angezeigt. Mitunter ist die althergebrachte energische Bepinselung mit Jod- und Galläpfeltinctur von Nutzen. Es muss aber hier von einer versuchsweisen Application abgeraten werden, weil dadurch nur blasenförmige Abhebungen der Epidermis und noch grössere Schmerzen verursacht werden. Geschieht das Bepinseln aber energisch, so dass in einem Tag ein Schorf erzeugt wird, so kann mitunter das weitere Fortschreiten der Entzündung hintangehalten werden. Kommt es trotzdem zur Abscedierung, dann warte man mit dem Eingriffe nicht länger. Die schonendste Behandlung einfacher Adenitiden ist wohl die Punction, Entleerung des Abscesses und das Ausfüllen der Höhle durch Einspritzen von 1 % Argentum nitricum-Lösung, darauf Compressionsverband mit Jodoform- oder sterilisierter Gaze und Spica. Verbandwechsel am zweiten Tage. Ist die Secretion noch eitrig, neuerliche Injection. Nach zwei Tagen wiederum Verbandwechsel unter den gleichen Indikationen, u. s. f.

Kommen grössere schwappende Abscesse mit dünner Hautdecke oder bereits spontan eröffnete mit gangränös zerstörter Hautdecke vor, dann ist nach Reinigung der Gegend, Abseifen, Rasieren, Waschen mit Alcohol und Aether, Irrigation mit lauwarmer Sublimatlösung, eine Eröffnung und Abtragung der dünnen Decke, Auslöffeln der verjauchten Drüsen- und Kapselreste, sowie des entzündeten und vereiternden Zellgewebes zwischen den Drüsen das am schnellsten zum Ziele führende Mittel.

Die heutige Chirurgie bietet hierzu genug Behelfe. Die Verbände können durch mehrere Tage liegen bleiben, so dass die Kranken sich bald von ihrem Leiden und dem Eingriff erholen.

Die Heilung der Adenitis nach dem erstgenannten Verfahren dauert von 10 Tagen bis zu 3 Wochen, nach dem zweiten, zumal es sich hier um schwerere Formen handelt, von 5 — 8 Wochen.

Abspül- und Reinigungswässer.

Rp. Mercur. sublim. corros. 0,5
Spirit. vin.
Aqu. dest. $\overline{aa}$ 100,0
D. S.: Mit 5 f. Menge Wasser verdünnt, zum Abspülen oder Abtupfen.

Rp. Acid. carbol. 4,0
Spirit. vin. 40,0
Aqu. dest. 160,0
D. S.: Aeusserlich.

Rp. Borat. Natr. 10,0 : 200,0
D. S.: Zum Abspülen.

Rp. Acid. salicyl. 2—4 : 200,0
D. S.: Wie oben.

Rp. Sulf. Cupr. 1 : 5
D. S.: Aetzmittel.

Rp. Sulf. Cupr. 2—5 : 100
D. S.: Zu lokalen Bädern bei Geschwüren am Penis, Praep. etc. von 5—10 Minuten Dauer und zum Verband.

Pulverförmige Medicamente zum Einstreuen der Geschwüre nach der mit obigen Mitteln vorgenommenen Reinigung.

Rp. Jodoform. pulv. 10,0
S: Zum Einstreuen.

Rp, Jodof. 1 : 5
mit Aether sulf. als Spray.

Rp. Jodof. 1 : 5
Vaselin.
D. S.: Salbe mit Kruillgaze auf die Wunde zu legen.

Rp. Jodoformgaze 20 %
D. S.: Verbandstoff.

Rp. Xeroform. pur. 10,0
D. S.: Streupulver.

Rp. Dermatol. pulver. 10,0
wie oben.

Rp. Aristol.
do.

Rp. Airol
do.

Rp. Mercur. praecip. albi 0,5
Vaselin 15,0
D. S.: Salbe zum Verband.

Rp. Mercur. praec. rubri. 0,1
Vaselin 10,0
D. S.: Salbe zum Verband bei torpiden Geschwürsformen.

Rp. Nitr. argent. fus.
D. S.: Zum Betupfen wuchernder Geschwürsformen nach Jodoform und andern Mitteln.

Rp. Nitrat. argent. 1 : 15
D. S.: Lösung zum Betupfen mit Wattebäuschchen statt des Stiftes.

Rp. Bitum phag. 5,0
Gyps. 30,0
M.D.S.: Gypsmehl; bei gangraenösen, ausgebreiteten Wunden und vernachlässigten Geschwürsbildungen.

Blennorrhoea.

Die Blennorrhoe, Gonorrhoe, der Tripper ist eine vorwiegend an der Schleimhaut der Genitalien sich lokalisierende Erkrankung, welche in der Mehrzahl der Fälle durch direkten Contact, aber auch mittelbar durch verunreinigte Instrumente, Spiegel, Wäsche, Verbandstoffe, Waschutensilien etc. übertragen wird.

Der Erreger dieses venerischen Catarrhes ist der Gonococcus Neisser, den man in den Secreten, den afficierten Schleimhäuten, den beteiligten Geweben, Drüsen und submucösen Geweben nachgewiesen hat.

Durch vielfache Untersuchungen ist es festgestellt, dass die Schleimhaut der Genitalien neben diesem Mikroorganismus viele andere, zum Teil noch nicht näher charakterisierte Organismen in ihren normalen und pathologischen Secreten beherbergt. Es gibt neben der specifischen durch den Gonococcus Neisser bedingten Blennorrhoe catarrhalische Erkrankungen der Genitalschleimhäute, bei denen man diese erwähnten, zum grössten Teile ungenügend charakterisierten Mikroorganismen vorfindet.

Der Rahmen unserer Darstellung gestattet es nicht, näher auf diese Verhältnisse einzugehen, ja wir müssen uns auch, was die Blennorrhoe anbelangt, Zwang anthun und uns auf eine kurze übersichtliche Darstellung der blennorrhagischen Prozesse beschränken.

Es ist klinisch eine längst festgestellte Thatsache, dass die Berührung der gesunden mit der gonorrhoisch kranken Schleimhaut in wenigen Stunden bis zu 3 Tagen Veränderungen hervorbringt, welche die Wahrscheinlichkeit, ja nicht selten schon die Sicherheit einer Uebertragung der Blennorrhoe bieten.

Es sind dies die entzündlichen Erscheinungen, die mit Hyperaemie der befallenen Schleimhaut und einer anfangs schleimigen, baldigst aber eitrigen Secretion einhergehen. Die Schwellung und die subjektive Empfindung des Brennens machen sich bald auch dem Patienten bemerkbar. Vor allen anderen Catarrhen der Genitalschleimhaut zeichnet sich die Blennorrhoe durch ihre rasche Ausbreitung und die Vehemenz der entzündlichen Erscheinungen aus, mit welcher sie in den ersten 8 Tagen nach ihrem Auftreten einhergeht.

Der akute Harnröhrentripper beim Manne (Urethritis blennorrhagica) beginnt mit den Erscheinungen eines, namentlich beim Urinieren empfundenen Brennens, das Glied ist im Zustande der Semierection, die Harnröhre selbst in ihrem Volumen mehr oder weniger verdickt und aus dem Orificium fliesst anfangs dünnflüssiger, später dicker, rahmiger, je nach der Vehemenz selbst mit Blut untermischter Eiter hervor.

Begeht der Patient die Unvorsichtigkeit, diesen Zustand nicht zu behandeln, so gehen zwar die vehementen entzündlichen Erscheinungen und ein Teil der subjectiven Symptome scheinbar zurück, es breitet sich aber die Blennorrhoe sicher nach rückwärts aus, es wird die pars membranacea, prostatica bis an den Blasenhals allmählig in den entzündlichen Prozess mit einbezogen.

Je nach dem Sitz und der Heftigkeit der sich ausbreitenden Blennorrhoe nehmen auch gradatim die subjectiven Erscheinungen zu, die Kranken empfinden Druck im Mittelfleisch und bekommen ständigen Harndrang (Tenesmus), welcher bei grösserer Ausbreitung am Blasenhals beständigen Harnzwang verursacht, so dass die Patienten den Urin oft in kleinen $^1/_2$- bis 1-stündlichen Intervallen lassen müssen. Der entzündliche Prozess an und für sich und die durch denselben namentlich Nachts exacerbierenden Schmerzen quälen die Patienten mitunter so, dass die torpidesten Individuen sich schwer krank fühlen.

Es unterliegt gar keiner Schwierigkeit, in allen diesen Stadien der Erkrankung in dem Secrete der Harnröhre intracellulär die charakteristischen Gonococcen nachzuweisen. (Nachweis: das Secret in geringer Menge auf ein Deckgläschen streichen, an der Luft trocknen lassen, zwei bis dreimal rasch durch die Spiritusflamme ziehen, Anfärben mit Carbolfuchsin, Gentianaviolett, Methylenblau etc., im Wasser abwaschen, mit Fliesspapier abtrocknen und in Canadabalsam auf den Objectträger bringen.) Bei der Färbung nach Gram entfärben sich die Gonococcen. Auf den culturellen Nachweis des Gonococcus kann hier nicht näher eingegangen werden.

Bei starker Secretion ist der Urin durch Eiter und desquamierende Epithelien getrübt, welche Trübung sich auf dem Boden des Gefässes als staubförmiges Sediment absetzt. Zur Diagnose einer bestehenden Urethritis posterior empfiehlt es sich, den Patienten anzuweisen, den Frühurin in zwei getrennten Portionen aufzufangen. Bei Beteiligung der Pars posterior findet man beide Urinportionen getrübt.

Bei längerem Bestande der Blennorrhoe hört die profuse Secretion und die Desquamation der Schleimhaut auf. Sei es, dass der Process in einzelnen Harnröhrenabschnitten nachgelassen hat oder hat die Secretion im Allgemeinen abgenommen, wir finden nur eine geringe Ausscheidung eines rahmigen, weisslichen Secretes aus der Harnröhre. Bekanntlich ist in diesem Krankheitsstadium nach der Nachtruhe die Secretion am reichlichsten, der Kranke findet in der Frühe das Orificium urethrae durch Secret verklebt und kann mehr oder weniger reichlich Eiter aus der Harnröhre ausdrücken (Goutte militaire). Im Urin finden sich die bekannten Tripperflocken, welche aus Schleim, Leukocyten und Harnröhrenepithelien bestehen. Um diese Zeit sind auch die subjectiven Beschwerden in Abnahme begriffen. Die Patienten fühlen sich wohler und von ihrem Leiden weniger belästigt. Nach Excessen in baccho oder in venere kann sich aus diesem chronischen Stadium der Gonorrhoe das Bild eines acuten Trippers sehr leicht wieder einstellen, so dass eine Neuinfection häufig vorgetäuscht erscheint.

Der blennorrhoische Process pflanzt sich durch die Schleimhaut hindurch bis auf die Submucosa fort, häufiger aber noch längs der Ausführungsgänge der in die Harnröhre mündenden Drüsen auf diese selbst.

Wir finden hiebei unregelmässig angeordnete, knopfartige Verdickungen längs der Harnröhre, welche häufig lange bestehen, mitunter aber auch Eiterungen eingehen und so periurethrale Abscesse verursachen können. Breitet sich eine solche submucöse Entzündung weiter auf das Corpus cavernosum aus, so finden wir grosse Anschwellungen von Nussgrösse und darüber, die, wenn die Entzündung nicht zurückgeht, in grössere Abscedierungen übergehen. Die begleitenden Erscheinungen von Schmerz, Fieber, Anschwellung und Knickung des Penis, endlich Fluctuation liefern deutliche Zeichen einer solchen acuten Periurethritis blennorrhagica. (Tab. 66).

Die Cowper'schen Drüsen sind trotz ihrer langen Ausführungsgänge durch den blennorrhoischen Prozess ebenso gefährdet.

Seitwärts und hinter dem Bulbus der Urethra beginnt eine Anschwellung mit mässigem Schmerz im Mittelfleisch, welche beim zweckmässigen Verhalten sich wieder rückbilden kann. Da aber meistens die Schädlichkeiten, welche die Entzündung der Cowper'schen Drüsen veranlasst haben, wie forcierte Ausspritzungen, Bougie, Tanzen, Reiten und Fahren, nicht sofort aufhören, schreitet die Entzündung vorwärts. Es bildet sich bald am Perinaeum eine grössere schmerzhafte Geschwulst, welche fluctuiert. Der Kranke hat hohes Fieber, oft Schüttelfröste und es erfolgt der Durchbruch spontan. Man soll jedoch mit der Eröffnung des Abscesses nicht solange warten, zumal die Quantitäten der Gase und des Eiters, die sich dabei in der Abcesshöhle ansammeln, gewöhnlich sehr massenhaft sind und oft das ganze Perinaeum bis zum Anus unterminieren. Die Heilung erfolgt nach frühzeitiger Eröffnung bald, grössere Abcesse brauchen 2—3 Monate bis zur Heilung und enden meist mit Verziehungen der urethra.

Häufiger als die genannten drüsigen Elemente erkrankt die Prostata in Folge von Blennorrhoe der Harnröhre. Die Prostatitis acuta blennorrhagica bildet eine schwere Complication, die Kranken fiebern, klagen über Harn- und Stuhlbeschwerden und beständigen brennenden Schmerz im After. Bei der Palpation per rectum findet man einen oder beide Prostatalappen geschwollen, von derber Consistenz und sehr druckempfindlich. Geht dieser Process nicht zurück und bildet sich eine Vereiterung in der Prostata, kann man mitunter den Eiter in dem geschwollenen Parenchym als eine erweichte Stelle entdecken. Meist aber entleert er sich spontan durch die Harnröhre und man kann nunmehr die Abflachung der entleerten Parthien der Prostata constatieren.

Mitunter geht diese Schwellung nicht in eitrige Entzündung über und es resultiert aus der acuten Schwellung eine bleibende Zunahme der Prostata, welche eine sehr häufige Begleitung chronischer blennorrhagischer Processe bildet und vielfach von den Kranken ohne ihr Mitwissen durch das ganze Leben getragen wird.

Eine von den Kranken selbst häufig übersehene Erkrankung der Samenblasen möchten wir hier erwähnen, die entweder allein vorkommt und unberücksichtigt verläuft, häufig aber gleichzeitig mit Entzündungen der Prostata und des Nebenhodens angetroffen wird.

Die häufigste von allen Complicationen ist wohl die Erkrankung der Nebenhoden, Epididymitis blennorrhagica. Diese tritt schon in der dritten Woche des Bestandes der Blennorrhoe auf, beschränkt sich meist auf eine Seite, kommt aber auch beiderseitig, entweder zugleich oder nacheinander vor, und stellt eine schmerzhafte Anschwellung der die Hode partiell umgreifenden Epididymis dar. Bei der Palpation des Samenstranges sind die Gefässe mit dem Vas deferens in einen fingerdicken Strang verwandelt, welchen man bis in den Leistencanal verfolgen kann.

Der Prozess kann mit hohem Fieber und bedeutender Schmerzhaftigkeit einhergehen und zwingt dann die indolentesten Kranken, der Ruhe zu pflegen. Bei raschem Eingreifen, antiphlogistischer Behandlung, Ruhe etc. schwindet der Schmerz und das Fieber in 5—8 Tagen und es bleibt eine mässige Schwellung zurück, die sich durch eine stärkere oder schwächere Verhärtung der Nebenhode kundgibt und sich binnen 4—5 Wochen zurückbildet. In jedem Falle der Epididymitis sind die Scrotal-Decken entzündlich mitafficirt. Man kann die Anlöthung derselben an die geschwellte Epididymis zumeist blos am untersten Pole der betreffenden Scrotalhälfte constatieren. Mitunter kommt es bei der Epididymitis zu einer bedeutenden Exsudation in die Tunica vagin. propr., (acute Hydrocele), wobei die Schmerzhaftigkeit durch den gesetzten Druck nur noch erhöht wird.

8*

Bei grösserer Flüssigkeitsansammlung kann man dieselbe wie bei chronischer Hydrocele durch das Durchleuchten am oberen Pole der geschwollenen Hodensackhälfte erkennen.

In seltenen Fällen greift die Entzündung auch auf die Hüllen der Hoden über, wobei jedoch das Parenchym der Drüse selbst nur im entzündlichen Stadium in Mitleidenschaft gezogen wird.

Bei den zahllosen Fällen die wir beobachtet haben, kam es nur in wenigen zur Bindegewebsschrumpfung und Atrophie der Drüsen-Substanz selbst.

Die Ausbreitung der Blennorhoe über den ganzen Urogenitaltractus des Weibes geschieht öfter und leichter wie beim Mann. Die Unwissenheit und Verwechslung mit anderen Zuständen hilft wesentlich dazu bei, da solche Frauen ihre Krankheit entweder nicht als gefährlich auffassen oder sich scheuen, ärztlichen Rat einzuholen. Der erste Sitz ist die Schleimhaut der vulva, vagina und urethra. Diese sind entzündlich afficiert und secernieren einen dickflüssigen Eiter. Die Kranke empfindet Brennen und Schmerzen beim Urinieren. Die Entzündung ergreift auch bald die Schamlippen, es entstehen Intertrigo und Eczema auf der Haut, wobei das Brennen und Jucken nur noch heftiger wird, ja selbst schmerzhafte Empfindungen sich hinzugesellen können. Geschieht in diesem Stadium gegen die Ausbreitung des Processes noch immer nichts, dann ist bald eine acute Endometritis, Salpingitis, Perimetritis, Oophoritis und selbst Peritonitis die weitere Folge der Ausbreitung des bl. Processes. Aus diesem Zustande gehen häufig chronische Blennorrhoen hervor, deren Hauptsitz dann die Uterushöhle ist, von wo aus auf verschiedene Veranlassungen hin sich der Process mit neuer Exarcerbation nach oben oder unten ausbreitet. Je nach dem Sitze dieser jeweiligen Entzündung werden die Frauen von Schmerzen und fieberhaften Zuständen geplagt, z. B. Schmerzen im Unterbauch, ziehende Schmerzen im Kreuze, Schmerzen vor der Periode etc.

Die Cystitis blennorrhagica und auch die Pyelitis ist trotz der häufig vorkommenden und persistierenden Urethritis selbst bei lange bestehenden Blennorrhoen recht selten, jedenfalls viel seltener wie beim Manne, bei welchem diese Complicationen die hartnäckigsten und oft die folgenschwersten Zufälle veranlassen.

Die bisher angeführten Complicationen kann man als ein direktes Fortschreiten der Blennorrhoe auffassen. In den letzten Jahren sind aber mehrfache klinische Beobachtungen und auch bacterielle Befunde veröffentlicht worden, welche eine Metastase von Gonococen, also eine Uebertragung durch die Blutbahn von der erkrankten Stelle aus auf entfernte Organe bewiesen haben. Als die häufigsten führen wir in erster Linie die Gelenkserkrankungen bei Blennorrhoe, (Rheumatismus blennorrhagicus) an. Sie sind häufig bloss auf ein Gelenk (Knie) beschränkt, mitunter auch über mehrere Gelenke zu gleicher Zeit ausgebreitet. Die befallenen Gelenke sind durch eine Anhäufung seröser Flüssigkeit in der Gelenkshöhle und die dadurch gesetzte Schwellung, sowie durch eine mässige Temperaturerhöhung, aber bedeutende Schmerzhaftigkeit ausgezeichnet. Der Patient hält das betroffene Gelenk ängstlich fixiert und ist durch diesen Zustand meist wochenlang ans Lager gefesselt.

Mitunter wird neben den Gelenksaffectionen, aber auch für sich allein eine Tendovaginitis, Entzündung der Sehnenscheiden vorgefunden, welche sich durch Schwellung, Rötung, bedeutende Schmerzhaftigkeit der befallenen Sehnen, sowie auch durch die Unbrauchbarkeit der befallenen Extremitäten auszeichnet.

Die beiden letzteren Prozesse verlaufen zwar unter grossen Schmerzen und längerer Gebrauchsunfähigkeit der Extremitäten, heilen aber meist aus, ohne bleibende Veränderungen zu hinterlassen.

Das Vorkommen innerer Organerkrankungen, z. B. Endocarditis, Pleuritis in Folge von Blennorrhoe gehören zu den grössten Seltenheiten und bilden in Folge dessen und auch durch die Aehnlichkeit mit Erkrankungen aus anderen ätiologischen Gründen die grösste Schwierigkeit in der Diagnose, so zwar, dass man nur nach Ausschluss aller andern Möglichkeiten bei bestehender Blennorrhoe eine Vermuthungsdiagnose aufzustellen vermag.

Die Rectalschleimhaut erkrankt häufig in Folge von Blennorrhoea entweder dadurch, dass, namentlich bei weiblichen Patienten, gonorrhoischer Eiter über den Damm abfliesst, oder dass bei geschlechtlichen Verirrungen das Rectum direct inficiert wird. Bildet die Blennorrhoea der Genitalien bei ihrem acuten Entstehen eine recht lästige, schmerzhafte Erkrankung, so ist dies bei der Rectum-Blennorrhoe noch mehr der Fall. Die Defäcation ist erschwert, der brennende Schmerz plagt die Kranken beständig, so dass sie sich wie bei einer schweren Krankheit unruhig und erregt zeigen. Aus dem Anus fliesst Eiter mit Blut und Gewebskrümmeln der zerfallenen Schleimhaut hervor. Der Zustand erfordert eine eingehende Behandlung, dauert oft viele Wochen und endet nicht selten mit einer bedeutenden narbigen Schrumpfung des Rectums.

Condylomata acuminata.

Unter den Folgekrankheiten der Blennorrhoea müssen auch die Tripperwarzen, venerische Papillome, genannt werden. Wenn es auch nicht feststeht, dass das blennorrhoische Contagium allein dieselben hervorzurufen vermag, so berechtigt doch das häufige Auftreten derselben, oft schon bei acuter, häufiger aber bei länger bestehender Blennorrhoe zu der Annahme, dass diese es ist, welche durch den beständigen Reiz ihres Secretes auf die Schleim- oder äussere Haut zu diesen papillomatösen Wucherungen Anlass gibt. Das Wesen dieser Anfangs unscheinbaren Rasen oder Rollsammt ähnlichen Unebenheiten auf der Schleimhautoberfläche besteht in Verlängerung und Schwellung der Papillen. In weiterer Ausbildung der Condylome finden wir die Gefässschlingen der Papillen verlängert, hyperämisch, um dieselben mässige Zellenvermehrung; was aber am deutlichsten in die Augen fällt, ist die Wucherung des Rete Malpighii, das mehrfach angewuchert über die Papillen zieht und in breiten Lagen sich zwischen dieselben einschiebt. Die Epidermiszellen erlangen höchst selten die Verhornung, sie werden vielmehr durch die beständige

Maceration abgestossen und wir finden fast das Rete Malpighii blossliegen. Bei diesem Zustande sind die Condylomata feucht und beim Betasten wie mit einer schmierigen Masse bedeckt. Selten bleibt es bei dieser Wucherung, die Gruppen der geschwellten Papillen erheben sich aus der Basis der Haut und bilden erbsen- bis haselnussgrosse Geschwülste. Durch das Aneinanderwuchern dieser Papillome und bei grosser Ausbreitung sehen sie blumenkohlartigen Gewächsen gleich, haben eine zerrissene, tief durchfurchte Oberfläche. Das zerfallende Epithel, die nässende und oft eiternde Masse belästigt die Kranken durch ihren Geruch und die bedeutende Secretion. Bei energischeren Berührungen der gruppenweise nebeneinander stehenden Papillome sickert das Blut aus den verletzten Papillarschlingen leicht hervor.

Beim männlichen Geschlechte kommen dieselben am häufigsten an der inneren Lamelle der Vorhaut, im Eichelring, an der glans p. nicht selten im Orificium ur. bis in die Fossa navicul. vor. Erlangen die Wucherungen im Praeputialsack eine beträchtlichere Grösse, so können sie durch Druck eine Entzündung, ja selbst Nekrose des Praeputiums veranlassen. Die Mächtigkeit der Wucherungen macht oft die Differentialdiagnose zwischen einem Carcinom recht schwierig und es ist notwendig sowohl auf die Dauer des Processes, namentlich ob noch isoliert stehende Papillome an der Peripherie der grösseren Geschwülste aufzufinden sind, und auf die Intaktheit der Inguinaldrüsen Rücksicht zu nehmen.

Häufiger noch treffen wir die spitzen Warzen beim weiblichen Geschlechte an. Das Vestibulum vaginae, das Orificium ur., die Vagina und selbst die Vaginalportion sind oft von zahlreichen Wucherungen überdeckt, welche durch ihr rasches Nachwuchern eine Plage für die Kranken und den behandelnden Arzt bilden. Aber auch die äussere Haut der weiblichen Genitalien bis in die Schenkelbeuge, das Perinaeum und die Aftergegend sind von solchen venerischen Papillomen besetzt, ja wir haben oft faustgrosse Tumoren, welche diese ganze Gegend überdeckten, angetroffen.

Behandlung der Blennorrhoea acuta.

Im Stadium der profusen eitrigen Secretion verabreicht man a) intern:

Rp. Balsam. Copaiv. gtt. X
Dent. tal. dos. ad caps. gelatin. No. L
S.: täglich 4—6 Kapseln.

Rp. Ol. lign. Santali gtt. X
Dent. tal, dos. ad caps. gelatin. No. L
S.: täglich 5—8 Kapseln.

Rp. Pulv. Cubeb. rec. tuss.
Extr. Cubeb. alcohol. aa 5,00
Mfpil. No. L.
Consperge pulv. liquir.
D. S.: 3mal täglich je 3 Pillen.

Rp. Pulv. Cubeb. rec. tuss. 30,00
Extr. acori
Extr. gentian. — aa 1,00
M. D. S.: 3mal täglich 1 Messerspitze nach dem Essen.

b) zur Injection: In dieser Periode wendet man Mittel an, von welchen eine desinficierende und Gonococcen vernichtende Wirkung angenommen wird oder bewiesen ist, ohne dass dieselben gleichzeitig eine adstringierende Nebenwirkung zeigen:

Rp. Ammon. sulfoichthyol. 1,5 (— 2,00
Aqu. destill. 100,00
M. D. S.: 4 mal täglich einzuspritzen.

Rp. Argonin. 1,00 — (2,00
Aqu. destill. 100,00
M. D. S.: 4 mal täglich einzuspritzen.

Rp. Protargoli 2 . 100
S.: 2—3 Mal täglich einzuspritzen,
dabei die Flüssigkeit 10 Minuten zurückhalten.

Rp. Kali hypermang. 0,01
Aqu. destill. 100,00
M. D. S.: 4 mal täglich einzuspritzen.

Rp. Acidi borici 2,00 (— 4,00
Aqu. destill. 100,00
M. D. S.: 4 mal täglich einzuspritzen.

Ende der zweiten oder Anfang der dritten Woche geht man zu adstringierenden Mitteln über. Als solche sind zu empfehlen:

Rp. Zinci sulfur. 0,1 (— 0,3
Aqu. destill. 100,00
M. D. S.: 4 mal täglich einzuspritzen.

Rp. Zinci sulfocarbol. 1,00 (— 3,0
Aqu. destill. 200,00
M. D. S.: 4 mal täglich einzuspritzen.

Rp. Zinci sozojodol. 1,00 (— 5,00
Aqu. destill. 200,00
M. D. S.: 4 mal täglich einzuspritzen.

Rp. Argenti nitr. 0,10 (— 0,50
Aqu. destill. 200,00
M. D. S.: 4 mal täglich einzuspritzen.

Rp. Zinci sulfur. 0,5
Plumb. acetic. 1,00
Aqu. destill. 200,00
M. D. S.: 4 mal täglich einzuspritzen.
Vor dem Gebrauche umzuschütteln.

Rp. Bismuthi subnitr. 5,00
Aqu. destill. 200,00
M. D. S.: 4 mal täglich einzuspritzen.
Vor dem Gebrauche umzuschütteln.

Blennorrhoea chronica.

Injectionen $1/2$—2%iger Lösungen von Argentum nitricum mittels Guyon'schen oder Ultzmann'schen Instillationskatheters. Als provocatorische Instillationen werden bis 5%ige Argentum nitricum-Lösungen in Anwendung genommen.

Ausserdem wendet man in diesem Stadium beim Manne Ausspülungen der Pars posterior mit den bei der acuten Blennorrhoe aufgezählten Lösungen mittels Nelatonkatheters oder mittels Ultzmann'schen Irrigationskatheters an.

Cystitis colli vesicae.

Neben Bettruhe, Sorge für tägliche ausgiebige Stuhlentleerung, entsprechenden Diätvorschriften — innerlich:

Rp. Folior. uvae ursi
Herb. herniar ãã 25,00
M. D. S.: Als Theeabkochung.

Rp. Decoct. sem. lini e 10,00 a : a 200,00
Extracti laudani 0,10
M. D. S.: Esslöffelweise.

Rp. Saloli 10,00
Div. in dos. aequal. No. X.
D. S.: Täglich 4 Pulver.

Rp. Terebinthinae liq.
Extr. chinae
Magnes. carb. ãã 5,0
Extr. et pulv. acori ãã q. s.
f. l. a pill pond 0,20
No. 100. Consprg. p. cynam.
S.: 6—8 Pillen täglich.

Prostatitis.

Bei der acuten Form lauwarme Sitzbäder und Application des Arzberg'schen Apparates, entweder ausschliesslich oder abwechselnd mit Suppositorien:

Rp. Morph. mur. 0,10
Butyr. Cacao qu. s. ut f. suppos. No. X

Rp. Extr. opii aquosi 0,03
Butyr. Cacao 3,0
f. suppos. D. tl. dos. VI
S.: Zäpfchen.

Rp. Extract. bellad. 0,10
Butyr. Cacao qu. s. ut f. suppos. No. X

Bei nachweisbarer Fluctuation Eröffnung des Abscesses vom Mastdarm aus unter chirurgischen Cautelen.

Bei chronischer Prostatitis Suppositorien von

Rp. Kali jodati 1,00
Jodi puri 0,10
Extr. laudan. 0,15
Butyr. Cacao qu. s. ut f. suppos. No. X

oder

Rp. Kali jodati 1—1,50
Solve in pauxill. aq. destl. adde
Mucilag. semin cydon. 150,0

D. S.: Nach 1 Stuhlentleerung als Klysma zu applicieren.

Ausserdem lauwarme Sitzbäder, Sorge für tägliche ausgiebige Stuhlentleerung. Von guter Wirkung ist auch Massage der Prostata.

Epididymitis.

Bei acuter Nebenhodenentzündung Eiswasserüberschläge oder Eisbeutel. Sorge für guten Stuhl. Bei bedeutender Schmerzhaftigkeit erweist sich häufig die Darreichung von Opiaten als unerlässlich oder eine subcut. Morph. Inject.

Rp. Bismuthi subnitr. 10,00
Extr. laudan. 0,10
Mfp. Div. in dos. aequal. No. X
D. S.: 3—4 Pulver täglich.

Ist das Stadium der starken Schmerzhaftigkeit vorüber, so empfiehlt sich gegen die zurückbleibende Verdickung des Nebenhodens und eventuell des Samenstranges Einreibung mit

Rp. Extr. bellad. 1,00
Ung. ciner.
Ung. simpl. aa 10,00
Mfung.

oder Einpinselung mit:

Rp. Tinct. jodin.
Tinct. gallar. aa

oder mit:

Rp. Jodi puri 0,02
Kali jodati 2,50
Ung. emollient. 25,00
Mfung.

Ausserdem Verordnung eines gut passenden Suspensoriums. Von manchen wird der Fricke'sche Heftpflasterverband mit Vorliebe in Anwendung gezogen.

Cystitis chronica.

Ausspülung der Blase mit

Rp. Acidi borici 50,00
Aqu. destill. 1000,00

Rp. Kali hypermangan. 1,0 (— 3,0
Aqu. destill. 1000,00

Rp. Formalini 1,00
Aqu. destill. 1000,00

Rp. Argenti nitrici 1,00. (— 2,50
Aqu. destill. 2000,00—1000,00

Eine häufige Complication der Harnröhrenblennorrhoe beim Manne bildet die Balanitis und Balanoposthitis. Doch kommen diese Affectionen auch ohne gleichzeitig bestehende Harnröhrenerkrankungen dem Arzte zu Gesichte. Zu ihrer Beseitigung empfehlen sich Waschungen und Bäder des Penis mit antiseptischen Lösungen, bei bestehender Phimosis Ausspritzungen des Vorhautsackes mit 1—3% Lösungen von Cupr. sulfur. oder mit Liquor Burow; ausserdem die Application von austrocknenden Pulvern, wie:

Rp. Dermatoli
Amyli $\widehat{aa}$

M. D. S.: Streupulver.

Rp. Acidi salicyl. 1,00
Zinci oxydati
Amyli $\widehat{aa}$ 10,00

Mfp. D. S.: Streupulver.

Beim weiblichen Geschlecht localisiert sich die Blennorrhoe am häufigsten in der Urethra vagina, im Cervix uteri und in den Bartholinischen Drüsen. Die Urethralaffection wird nach den bei der Urethritis des Mannes angegebenen Grundsätzen behandelt. Zur mechanischen Entfernung des aus dem Cervix uteri ausfliessenden und in der Vagina sich stauenden blennorrhoischen Secretes empfehlen sich Irrigationen mit lauwarmen 2%igen Sodalösungen. Anschliessend an diese Ausspülungen mit

Rp.	Cupri sulfur.	1,0
	Aqu. destill.	1000,00
Rp.	Alumin. crud.	5,00
	Aqu. destill.	1000,00
Rp.	Hydrarg. bichlor. corr.	1,00
	Aqu. destill.	5000,00
Rp.	Ammon. sulfoichthyol.	10,00 (— 20,00)
	Aqu. destill.	1000,00

Gegen die Cervixaffection werden 1%ige Argentum nitricum-Lösungen, Jodtinctur und Jodoformstäbchen angewendet, und zwar erfolgt die Einbringung der gelösten ätzenden Substanzen mittels der Cervixsonde. In der Zwischenzeit werden häufig zu wechselnde Tampons, welche mit den oben angegebenen Lösungen getränkt sind, in die Vagina eingelegt.

Erosionen der Muttermundslippen werden mit Jodoformpulver bestreut oder es wird ein Jodoformgazetampon bis an die Portio hinaufgeschoben.

Bei Abscedierung im Ausführungsgange der Bartholinischen Drüse, oder des Drüsenkörpers selbst wird Spaltung des Abscesses vorgenommen oder es wird an die Totalexstirpation der erkrankten Drüse geschritten. — Bei bestehender catarrhalischer Entzündung des Ausführungsganges sind Injectionen von 1%iger Argentum nitricum-Lösung mittels Anel'scher Spritze zu empfehlen.

Die sonstigen Complicationen der Blennorrhoe sind nach denselben Principien wie beim Manne zu behandeln.

Haematurie.

Bettruhe, geregelte Diät und

Rp.	Extr. haemostatic.	2,0 (— 3,0)
	Aqu. destill.	130,00
	Syr. rub. Id.	20,00

M. D. S.: 2 stündlich 1 Esslöffel.

Rheumatismus blennorrhoicus.

Hier sind Salicylpräparate in der Regel unwirksam und diese Eigenschaft der blennorrhoischen Gelenksaffectionen ist eventuell auch diagnostisch verwendbar. Wir empfehlen Jodkalium in Dosen von 2—6 g pro die oder

Rp. Natri citrici 5,00
D. tal. dos. No. X

D. S.: 4 Pulver täglich.

Ruhige Lagerung der befallenen Gelenke, Application von Burowumschlägen, ja selbst Eisbeutel sind zur Linderung des Schmerzes notwendig. Erreichen die Schmerzen eine grosse Intensität und leiden die Patienten namentlich Nachts, so ist eine Linderung nur durch subcutane Morphiuminjection zu erwarten. Bei Nachlass dieser entzündlichen Affection ist das Anlegen eines Blauenbinden- oder Wasserglasverbandes oft sehr nützlich. Die Patienten fühlen sich in dem Verband erleichtert, können ihre Lage eher verändern. Ist nach dem Abnehmen des Verbandes noch eine Schwellung vorhanden, so empfehlen sich warme Bäder, Massage, Bepinselungen mit Jodtinctur. Um einer länger bestehenden Steifheit zu begegnen, soll man in der Narkose noch relativ frühzeitig nach Ablauf der entzündlichen Erscheinungen die Adhäsionen lösen.

Condylomata acuminata.

Abspülungen mit desinficierenden Wässern (Lysol 1 %, Carbol 2 %, Cupr. sulfur. 1—3 %). Umschläge mit essigsaurer Thonerde oder Burow'scher Lösung, Einstreuungen mit austrocknenden Pulvern:

Rp.	Plumb. acet. basic. crystallis. pulver.		
	Alum. crud. pulveris.	aa	10,0
	Dermatol.		30,0
	Talci Venet. subtil. pulver.		50,0

Sind zahlreiche Tripperwarzen vorhanden, so empfiehlt sich nach vorhergehender Reinigung das Befeuchten derselben mit Wasser und Einstreuen mit

Rp.	Resorcin.		
	Amyl. trit.	aa	10,0

worauf die Isolierung mit Krüllgaze bis zum nächsten Verband nach 5—6 Stunden vorzunehmen ist. Grössere Gruppen werden am besten mit scharfem Löffel energisch ausgekratzt, die Basis entweder mit Chromsäure (25—50%) oder Ferr. sesquichlor. geätzt. Ganz grosse Wucherungen sind mit der Basis keilförmig auszuschneiden und die Wunde nach Blutstillung zu vernähen. Häufig ist die Entfernung mit dem Thermokauter der einfachste und radicalste operative Eingriff. Die Nachbehandlung besteht in den für jede Wunde vorgeschriebenen Principien der Desinfection, Auflegen eines austrocknenden Verbandes.

Tab. 1. Sklerosis in sulco coronario penis.

St. pr.: Im dorsalen Eichelring eine etwa 1 cm im Durchmesser messende Sklerose, oberflächlich nekrotisierend mit mässig infiltrierter Basis und Umgebung; inguinale Lymphdrüsen deutlich geschwollen; Exanthem am Stamme spärlich hervortretend, blass.

Sch. J., aufgenommen am 24. November 1895 gibt an, den letzten Coitus am 4. Oktober ausgeübt zu haben, nach welchem in 4 Wochen die Wunde am Penis entstanden sei. Er ist früher stets gesund gewesen.

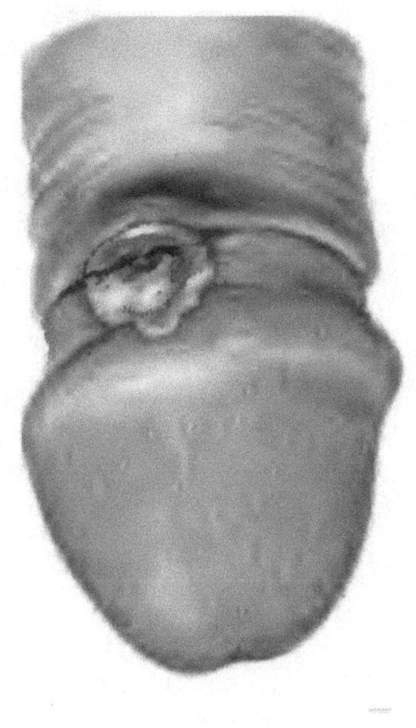

Lith.Anst. v. F. Reichhold, München

Tab. 2. Sklerosis in regione pubis.

St. pr.: In der Schamgegend ist eine etwa haselnussgrosse Sklerose mit vertieftem, zum Teil speckigem, zum Teil von blassen Granulationen bedektem Grunde, scharfen, derb infiltrierten Rändern und einer entzündlich geröteten Umgebung; Inguinale Lymphdrüsen stärker, axillare und cervicale mässig vergrössert.

M. T., 34jähriger Gasarbeiter, wurde am 7. Juni 1896 aufgenommen. Anfangs Mai fiel dem Patienten ein glühendes Kokesstück gegen die entblösste Brust; er wollte dasselbe aus der Kleidung herausschütteln und zog sich hiebei eine Verbrennung in der Schamgegend zu. 14 Tage darnach hat er einen Beischlaf ausgeübt. Von der Natur seines Leidens hatte er keine Ahnung. Am 20. Juni entstand am Körper ein dunkelrotes papulöses Syphilid; lokale Behandlung und 25 Inunktionen bewirkten die Heilung.

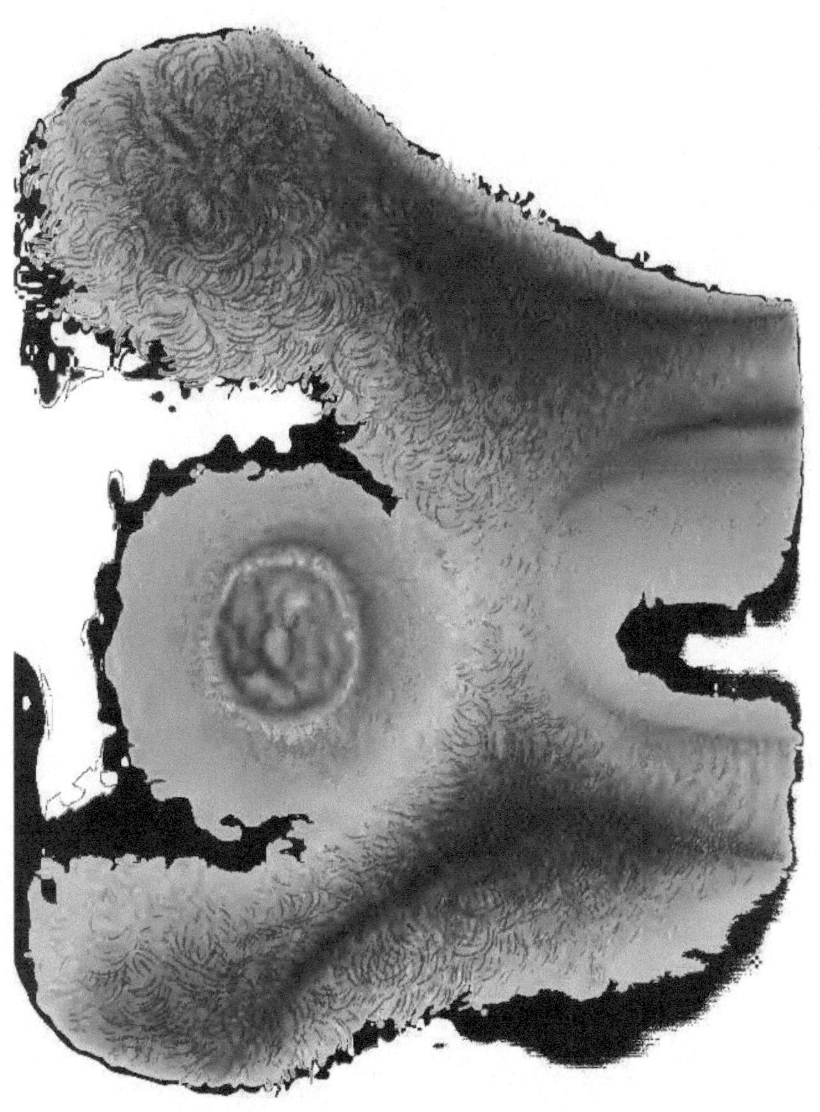

Tab. 3. Sklerosis scroti anterioris.

St. pr.: Am Scrotum, unterhalb des Penoscrotalwinkels befindet sich eine oberflächlich exulcerierte, an der Basis sowohl als auch an den Rändern infiltrierte übermandelgrosse Sklerose. Die übrigen Genitalien, sowie auch die Haut des Stammes und der Extremitäten ist mit frischen über linsengrossen Papeln besäet, von denen die älteren bereits an der Oberfläche abschuppen. Nachdem der Kranke mit grauem Pflaster lokal behandelt wurde und 25 Einreibungen gemacht hatte, ist die Sklerose vollständig vernarbt, das Infiltrat an der Basis erweicht und das Exanthem geschwunden. Derselbe wurde nach 32 tägiger Behandlung am 2. Dezember entlassen.

W. A., 28 Jahre, Postkutscher, aufgenommen am 1. November 1895. Patient gibt an, das Geschwür am Scrotum früher nicht beachtet zu haben; erst seit 4 Wochen sei dasselbe deutlicher geworden; sein Hautausschlag sei erst seit 6 Tagen aufgetreten.

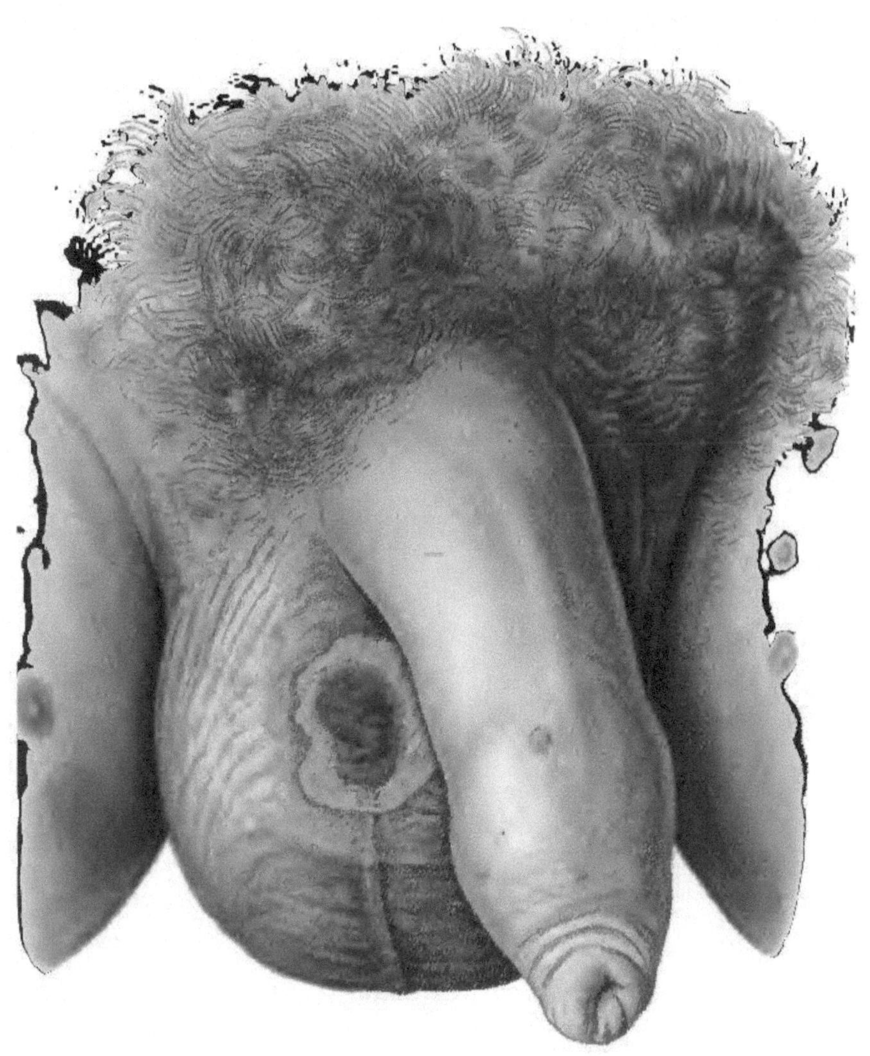

Tab. 4. Sklerosis labii maioris dextri.

Die rechte grosse Schamlippe mässig ödematös. An der Aussenseite ihres untersten Abschnittes erhebt sich ein stärker geröteter Zweipfennigstückgrosser Knoten von derber Konsistenz, dessen Mitte exulceriert ist, ziemlich stark secerniert und eitrigen Belag zeigt.

K. C., 20 Jahre alt.

Aufgenommen am 16. August 1896.

Erste venerische Erkrankung, angeblich seit 3 Wochen (?) bestehend.

Ausser der oben beschriebenen Sklerose bietet Patientin am Stamme ein makulöses, an den Oberschenkeln und ad nates ein lenticulär-papulöses Syphilid dar. Die inguinalen Lymphdrüsen ebenso die Lymphdrüsen des Halses und der Achselhöhle beiderseits mit erkrankt.

Nach 15 Einreibungen ist die Sklerose vernarbt, das Ödem schwindet, das Exanthem blasst ab, die Infiltration an Stelle der Sklerose wird ebenso wie die Schwellung der Drüsen geringer.

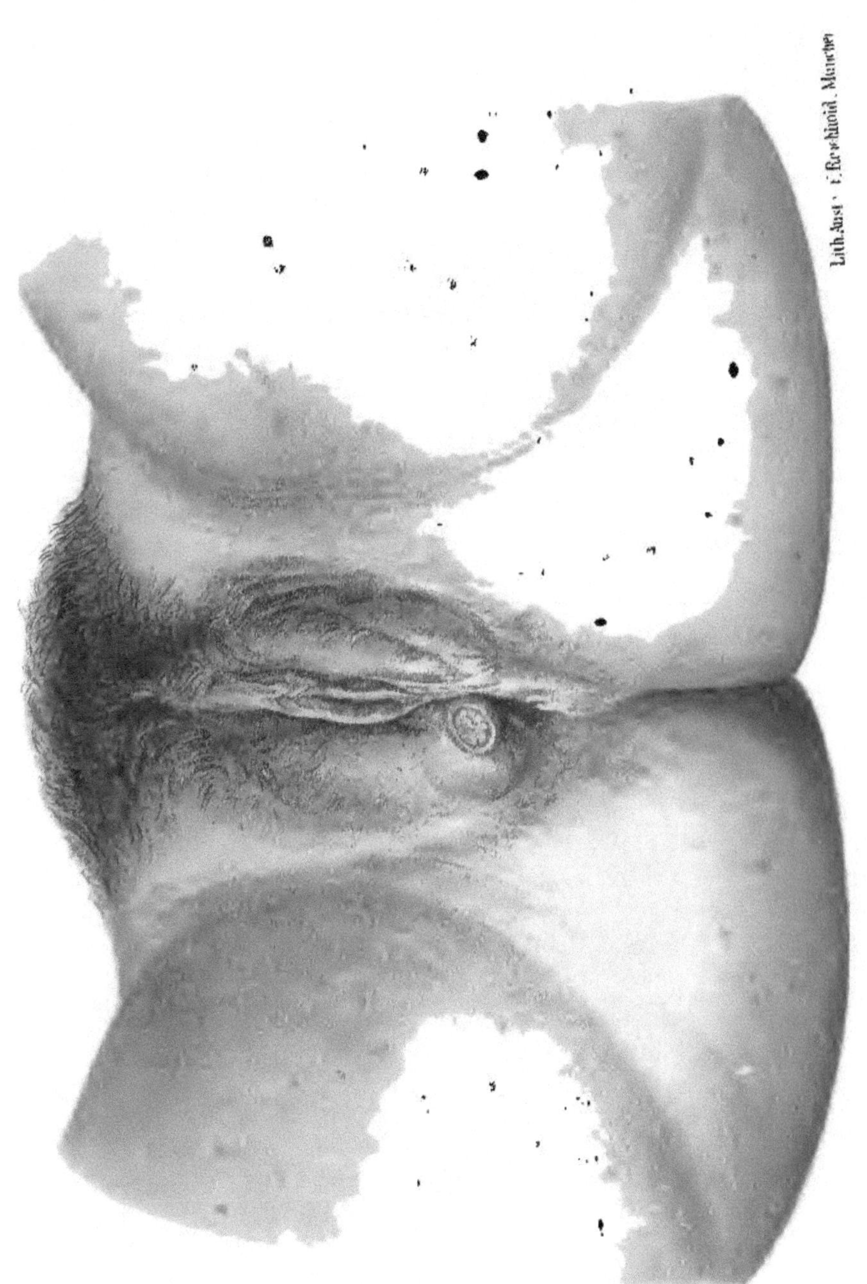

Tab. 5. Sklerosis ambustiformis et Oedema indurativum labii maioris sinistri.

St. pr.: Die linke grosse Schamlippe ist in ihrem ganzen Umfang livid verfärbt, beträchtlich geschwellt, derb anzufühlen. In ihrer Mitte befindet sich ein Geschwür mit hämorrhagischem Grunde und leicht erodierten Rändern, so dass es wie eine mit einem glühenden Instrumente erzeugte Wunde aussieht (Sklerosis ambustiformis). Die Leistendrüsen sind beiderseits, namentlich aber links geschwellt, die axillaren und cervicalen Drüsen leicht vergrössert. Die Kranke leidet seit 8 Tagen an Schlaflosigkeit. — Im weiteren Verlaufe tritt eine Roseola am Stamme auf.

H. M., 21 Jahre alt, Kassierin.

Aufgenommen am 13. Oktober 1896.

Patientin will das Auftreten ihrer Erkrankung erst vor 8 Tagen bemerkt haben. Letzter Coitus vor 7 Wochen.

Unter dem Gebrauche einer Schmierkur schwindet das Exanthem, die Drüsenschwellung nimmt ab, die Sklerose vernarbt und das Oedema indurativum geht bis auf eine elastische Verdichtung der Schamlippe zurück.

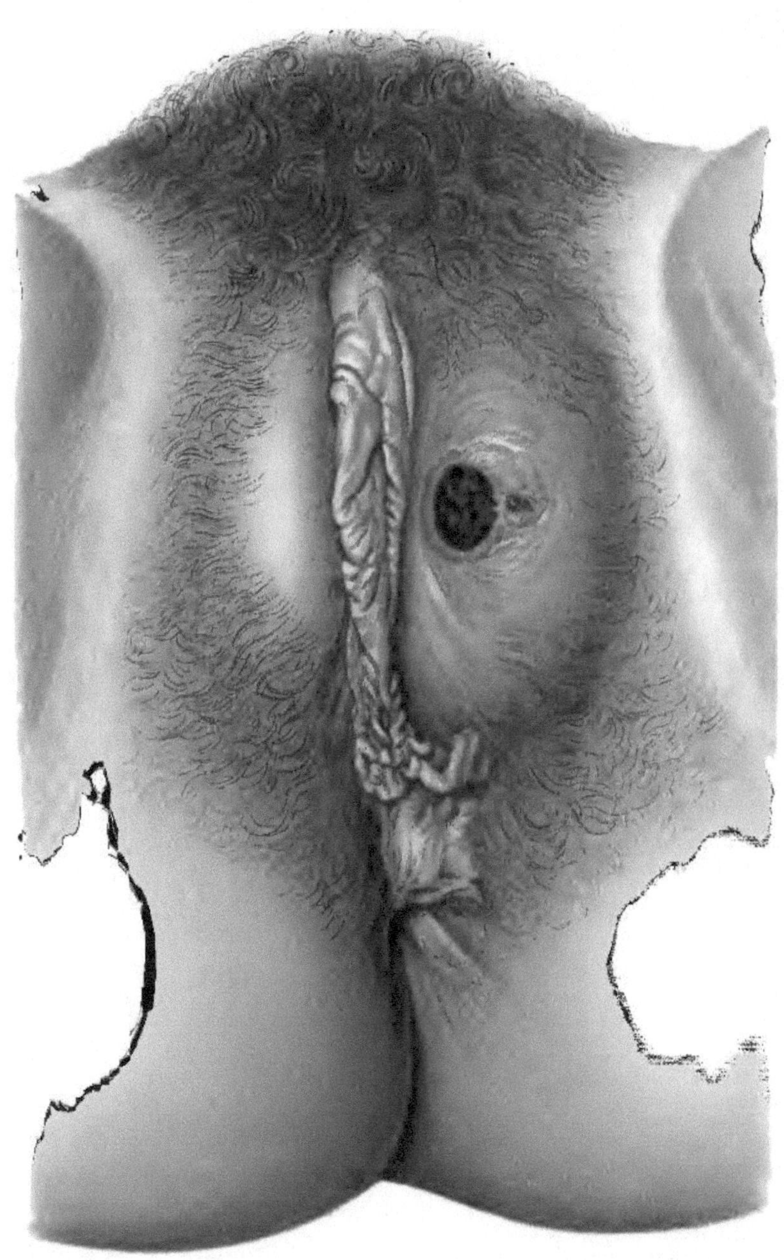

Lith.Anst v. F Reichhold, München

Tab. 6a. Sklerosis exulcerata portionis vaginalis.

Die Portio vaginalis im ganzen vergrössert; das Orificium zum Teil narbig eingezogen. An der Vorderlippe, hart am Orificium, befindet sich eine leicht elevierte Sklerose mit diphtheritischem, stellenweise kleine Hämorrhagien zeigendem Grunde. Beim Touchieren lässt sich in der Portio vaginalis deutlich ein knorpelharter Knoten abgrenzen. Die Hinterlippe zeigt eine seichte Erosion.

B. A., 22 Jahre alt.

Patientin hat einmal geboren. Von ihrer Erkrankung hat sie erst seit 3 Wochen Kenntnis, zu welcher Zeit nämlich an der Schamlippe eine der beschriebenen ähnliche Sklerose auftrat. Von der Sklerose an der Portio vaginalis weiss sie nichts. — Letzter Beischlaf vor 7 Wochen, vorletzter vor 1½ Jahren.

Im weiteren Verlaufe tritt ein maculo-papulöses Syphilid auf. Lymphdrüsen in inguine, am Halse, in der Achselhöhle vergrössert. Inunktionskur.

Die Sklerose wurde excidiert und mikroskopisch untersucht. (Siehe Vierteljahrschrift für Dermatologie 1861 pag. 57 ff).

Tab. 6b. Sklerosis portionis vaginalis.

St. pr.: Scheide blass, weit, Secretion spärlich. Portio vaginalis gross, cylindrisch. An der vorderen Muttermundslippe ein etwa Pfennigstückgrosses, kreisrundes, scharf umgrenztes Geschwür. Grund eitrig belegt. Umgebung lebhaft gerötet. Drüsen überall tastbar.

P. C., 43 Jahre, Prostituierte.

Aufgenommen 15. April 1896.

Angeblich seit sechs Tagen krank.

Therapie: Weisse Präcipitatsalbe. Vernarbung bis 4. Mai 1896.

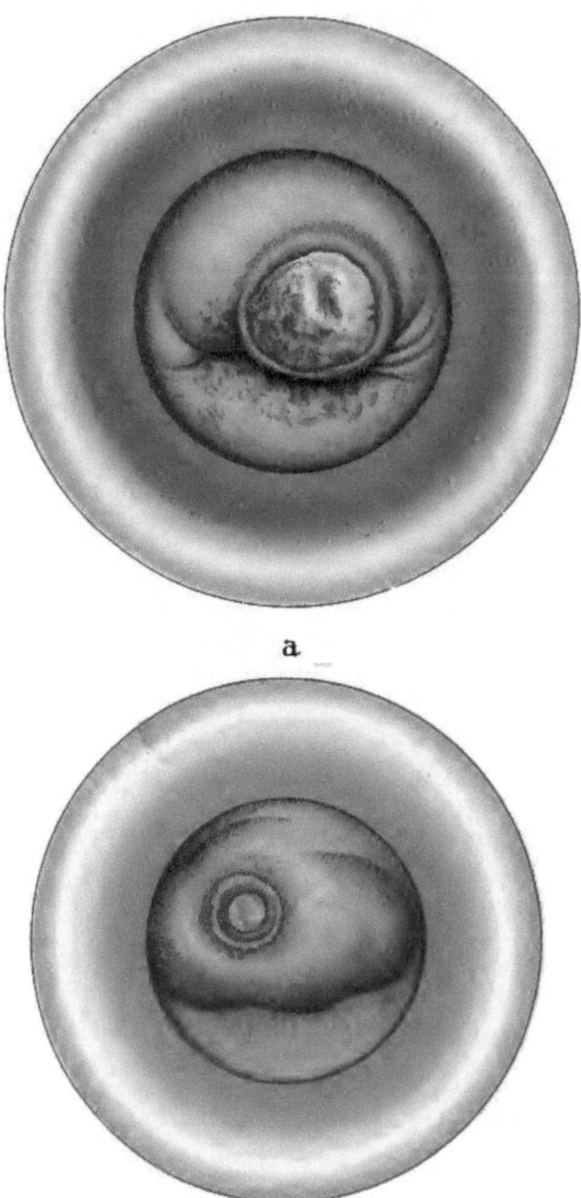

Lith. Anst. v. F. Reichhold, München

Tab. 7. Skleroses exulcer. No. duo portionis vaginalis.

Die Portio vaginalis im ganzen ödematös geschwellt mit mehrfachen narbigen Einziehungen nach früher stattgehabten Entbindungen. Die Vorderlippe, und an korrespondierender Stelle die Hinterlippe, sind Sitz je einer scharf umschriebenen, wallartig umrandeten Sklerose, deren Grund eitrig belegt ist. Die Umgebung beider Sklerosen fühlt sich beim Touchieren sehr hart an. Das Secret ist serös, nicht besonders reichlich.

G. M., 24 Jahre alt.

Patientin hatte von dieser ihrer Affektion keine Kenntnis und begab sich nur wegen der ausserdem vorhandenen Papeln im Vestibulum in Behandlung.

Ausser den bisher erwähnten Erscheinungen fanden sich bei der Kranken noch ein leichtes maculöses Exanthem und Drüsenschwellungen. Sie unterzog sich einer Inunktionskur.

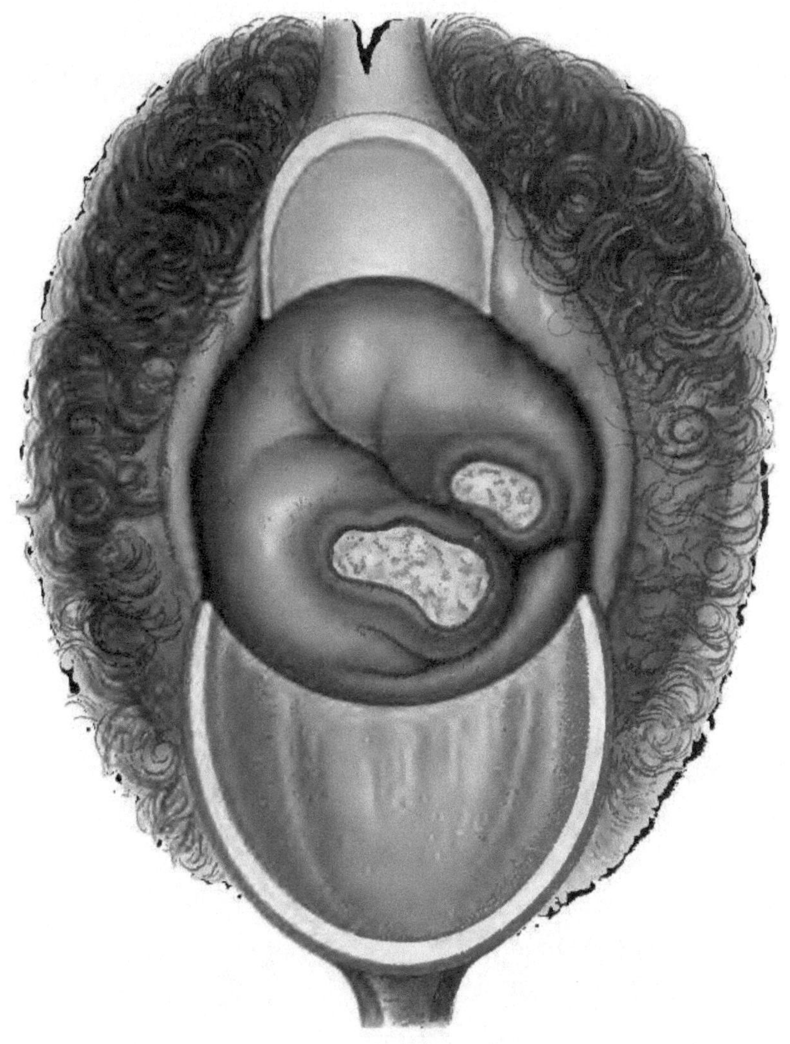

Tab. 8. Sklerosis labii inferioris oris.

St. pr.: An der Unterlippe, rechts von der Mittellinie ist ein etwa 1,5 cm im Durchmesser haltender Substanzverlust, in der Mitte vertieft, eitrig zerfallen, seine Ränder leicht aufgeworfen, infiltriert.

Patientin K. M., 21 Jahre, aufgenommen am 1. März 1896, kennt die Ursache dieses, innerhalb 4 Monaten sich stets vergrössernden Geschwüres nicht. Bei derselben zeigt sich nur noch Schwellung der submaxillaren Drüsen; auch die cervicalen, axillaren und inguinalen Lymphdrüsen sind vergrössert; die Genitalien sind intakt.

Heilung nach Anwendung eines grauen Pflasters und 30 Einreibungen.

Tab. 9. Sklerosis anguli oris dextri.

N. P., 29 Jahre, Schmied.

Aufgenommen 30. Oktober 1895.

Patient bemerkt seit 8 Wochen am rechten Mundwinkel ein Geschwür, das sich seither langsam aber konstant vergrössert hat. Seit 5 Wochen Schwellung der rechten Wange und der gleichseitigen Submaxillargegend. Ursache der Erkrankung ist dem Patienten unbekannt, doch soll bei Beginn seiner Erkrankung in der Schmiede, in der er arbeitete, ein Gehilfe an Chancre gelitten haben. Seit 14 Tagen heftige Kopfschmerzen von nächtlichem Typus.

St. pr.: An der Schleimhaut des rechten Mundwinkels ein ovales, über $^1/_2$ cm langes, central vertieftes, speckig belegtes Geschwür. Schwellung der rechten Gesichtshälfte. Die submentalen und submaxillaren Lymphdrüsen enorm vergrössert. Die übrigen Lymphdrüsen sämtlich, jedoch in geringerem Masse beteiligt. Maculo-papulöses Syphilid am Stamme und an den Extremitäten.

Heilung nach 25 Einreibungen.

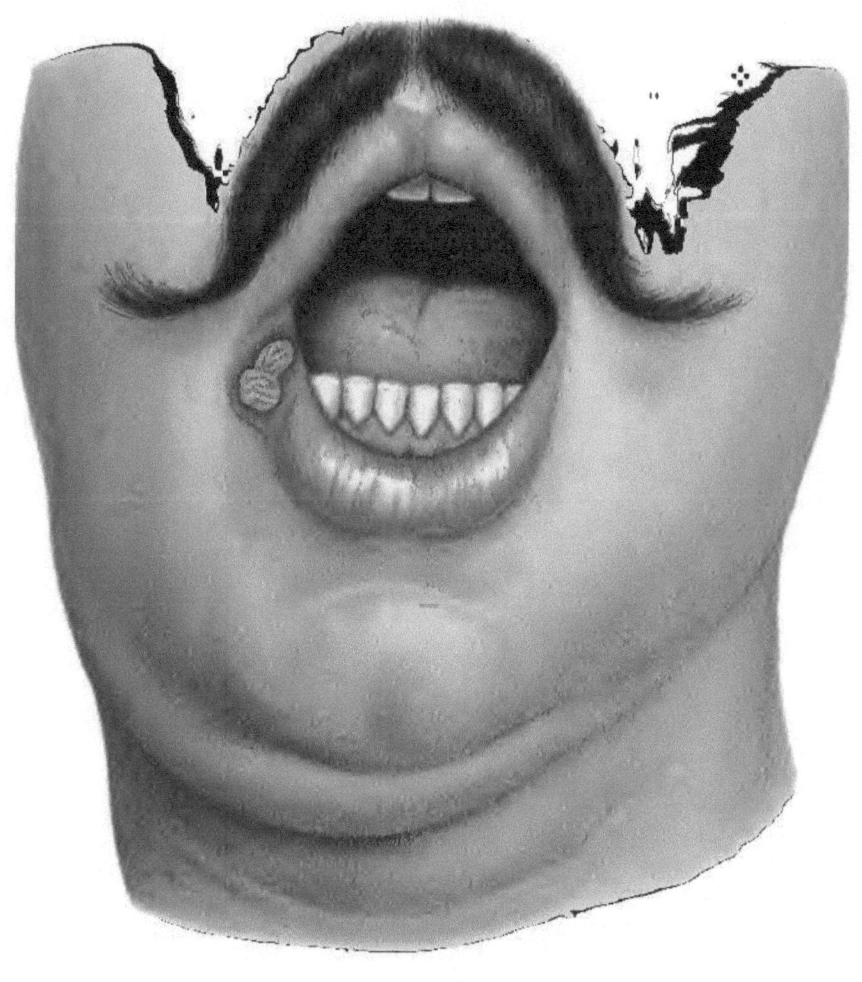

Lith.Anst.v. F. Reichhold, München

Tab. 10. Sklerosis linguae.

Fr. Th., 25 Jahre, Hilfsarbeiterin.

Aufgenommen 22. Oktober 1896.

Seit einem Monate besteht an der Zunge ein Geschwür unbekannter Provenienz.

St. pr.: Am rechten Zungenrande ein in die Zungensubstanz eingesprengter, etwas prominierender, etwa bohnengrosser, derber Knoten, der in der Mitte einen flachen, längsovalen Substanzverlust aufweist, welcher mit einem grauweissen Belage bedeckt ist. Die submaxillaren Drüsen rechterseits zu einem taubeneigrossen, etwas druckempfindlichen Tumor vergrössert. Cervicale und axillare Drüsen deutlich tastbar. Genitale normal.

Vereinzelte Maculae am Stamme.

2. November. Zwischen den bestandenen Maculae sind nunmehr auch Papeln hervorgetreten. Kopfschmerzen.

Decursus. Nach 20 Inunktionen hat sich der Zungenknoten vollständig involviert, die sonstigen spec. Erscheinungen sind gleichfalls geschwunden.

28. November geheilt entlassen.

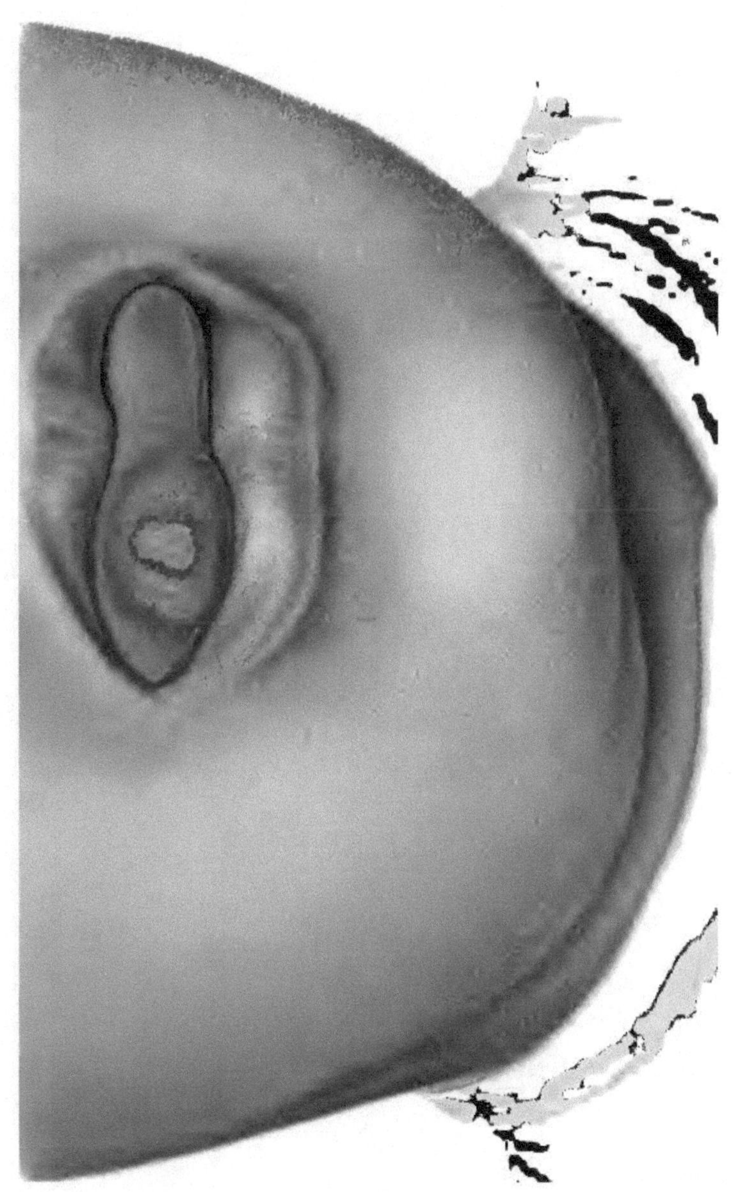

Tab. 11. Sklerosis tonsillae dextrae.

W. W., 26 Jahre alt, Dachdeckergehilfe.

Aufgenommen am 29. Juni 1896.

Patient, der bisher stets gesund gewesen sein will, bemerkt seit 13. Mai eine Anschwellung der rechten Mandel, Schlingbewegungen verursachten dem Patienten Schmerzen.

St. pr.: Die rechte Tonsille ist über taubeneigross, erreicht fast die Medianlinie und drängt die Arcus palatoglossus und palatopharyngeus weit auseinander. Sie ist beträchtlich infiltriert und mit speckigen, zum Teile nekrotischen Geschwüren besetzt. Die Schleimhaut der angrenzenden Partien ist gerötet, leicht geschwellt. Die Rötung reicht über die Uvula auf die linke Seite hinüber und nach vorne bis an die vordere Grenze des weichen Gaumens. Unterhalb des rechten Kieferwinkels ein kleinhühnereigrosser, mässig beweglicher, der Glandula submaxillaris entsprechender Tumor. Die mittleren cervicalen und die supraclavicularen Drüsen rechts von Bohnen- bis Haselnussgrösse, leicht beweglich, nicht empfindlich. Auch die linken mittleren cervicalen, ebenso die axillaren und inguinalen Drüsen sind palpabel, jedoch nicht geschwollen.

1. Juli. Am ganzen Stamm ein Roseolaexanthem. Der nekrotische Belag der Sklerose hat sich bereits abgestossen.

5. Juli. Das Syphilid und die Drüsenschwellungen nehmen zu, die Sklerose granuliert rein.

Therapie: Gargarisma. Bepinseln der Sklerose mit Jodtinktur. 20 Einreibungen.

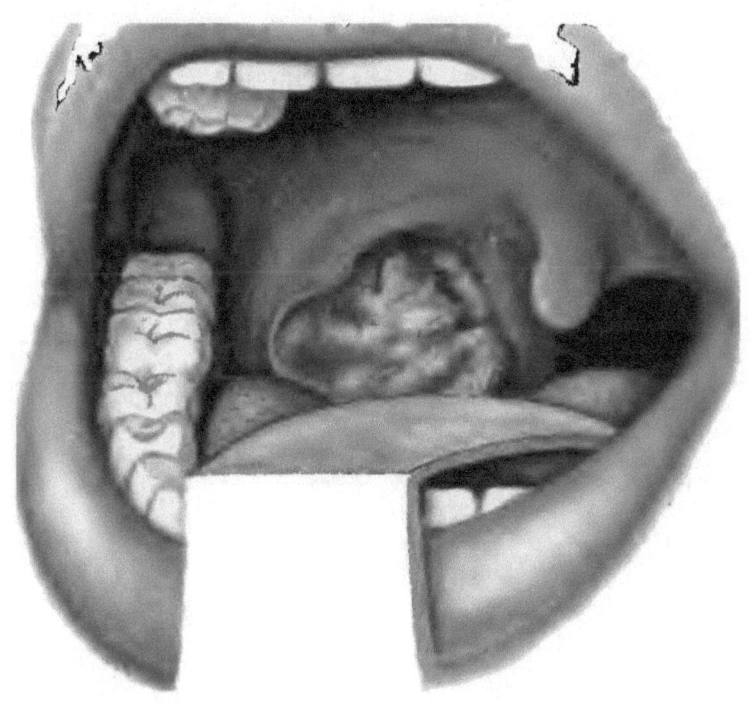

Tab. 12. Oedema indurativum syphiliticum.

J. S., 20 Jahre alt, Fleischergehilfe.

Behandlungsdauer: 24. Oktober bis 9. Dezember 1890.

Vor zwei Monaten acquirierte Patient eine Wunde am unteren Rande des Präputiums. Binnen 8 Tagen Rötung und Schwellung des ganzen Penis. Seit 3 Wochen Anschwellung des Scrotums. Das Präputium, dessen Anschwellung also 7 Wochen besteht, konnte Patient nicht reponieren und kann daher über den weiteren Verlauf der Wunde nichts angeben.

St. pr.: Phimosis praeputii oedematosi. Lymphangoitis et oedema cutis penis totius. Oedema indurativum scroti cum erosionibus superficialibus. Lymphadenitis inguinalis bilateralis. Universelle Adenopathie. Beide Tonsillen vergrössert, mit diphtheritischen Papeln besetzt. Psoriasis plantaris. Ein im Rückgang begriffenes papulöses Syphilid am Stamm. Länge des Penis 13 cm, Umfang desselben ungefähr in der Mitte gemessen 11,5 cm, Umfang des Scrotums von der Wurzel des Penis bis zum Perineum in sagittaler Richtung 26 cm, Umfang des Scrotums in frontaler Richtung von einer Genitocruralfalte zur anderen 30 cm. Die Haut desselben düsterrot gefärbt, heiss, infiltriert. Sowohl am Scrotum als auch am Penis die Haut in einzelnen kleinen Lamellen abschilfernd; am Scrotum einzelne Erosionen. Durch die infiltrierte und verdickte Scrotalhaut lassen sich die Hoden nicht genau abtasten.

Therapie: Ausspülungen des Vorhautsackes. Burowumschläge. Am 30. Oktober Beginn der Inunktionskur. Während derselben Rückgang der Schwellung und Infiltration der Scrotalhaut und der Haut des Penis. Nach Reposition des Präputiums erscheint an der Innenseite desselben und zwar an der Unterseite der Glans eine seichte erbsengrosse Narbe. Circumcision. Vollständige Rückbildung der Erscheinungen nach 30 Einreibungen.

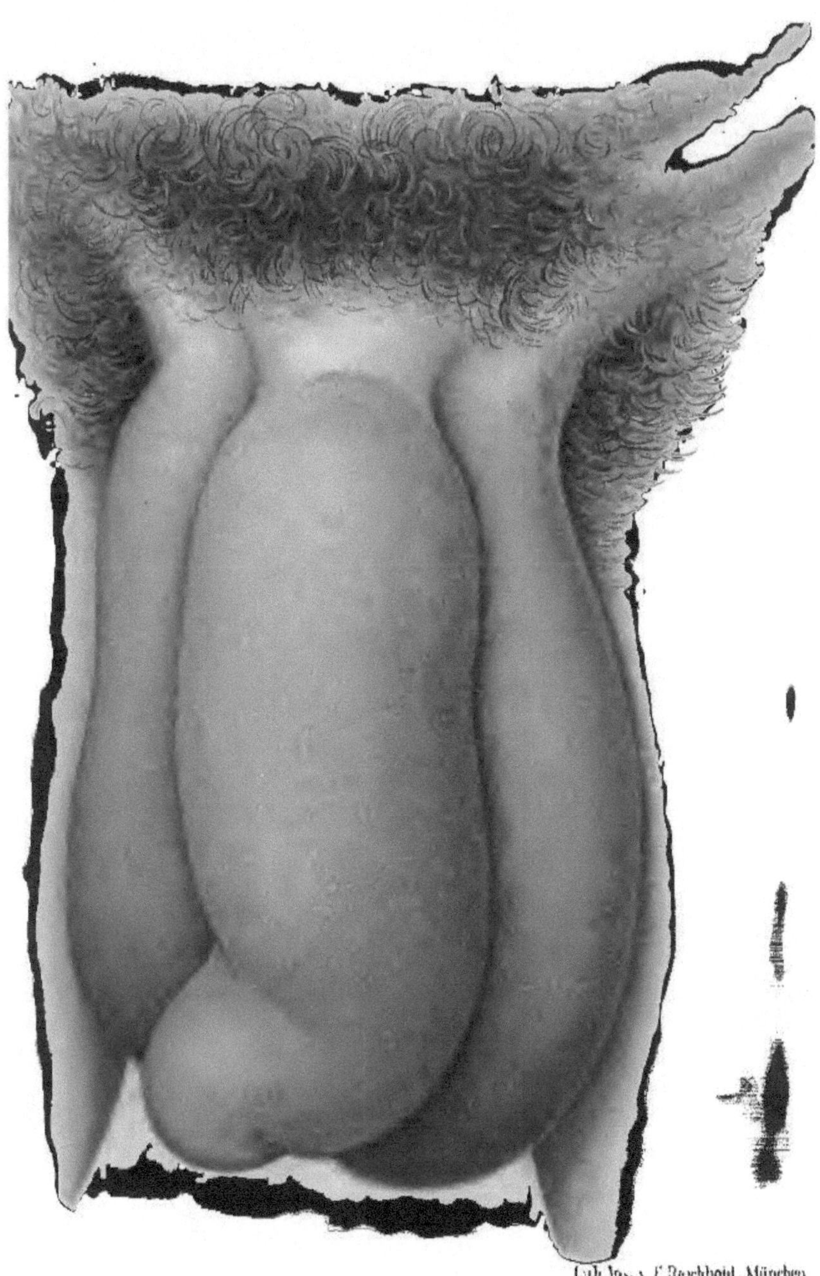

Lith. Anst. v. F. Reichhold, München

Tab. 13. Maculae recentes (Roseola) per totum corpus dispersae.

Die Haut des ganzen Körpers ist dicht besät mit Flecken, welche an den abhängigen Partien dunkler, an den oberen Teilen etwas heller rot erscheinen und weder Glanz noch Abschuppung aufweisen. Auf den Fusssohlen und den Handtellern entstehen bräunliche papulöse Efflorescenzen (Psoriasis plantaris et palmaris).

An dem verhärteten Präputium eine vernarbte Sklerose. Die inguinalen, cervicalen und axillaren Lymphdrüsen sind vergrössert.

B. L., 23 Jahre alt, Taglöhner.

Aufgenommen am 4. August 1897.

Patient gibt an, erst vor einem Monate nach der Heilung seines Genitalgeschwüres, ohne einer Allgemeinbehandlung unterzogen worden zu sein, ein Krankenhaus verlassen zu haben. Den Zeitpunkt seiner Ansteckung weiss er nicht genau anzugeben (etwas über 2 Monate).

Nach 30tägiger Behandlung mit Einreibungen wurde Patient geheilt entlassen.

Tab. 13.

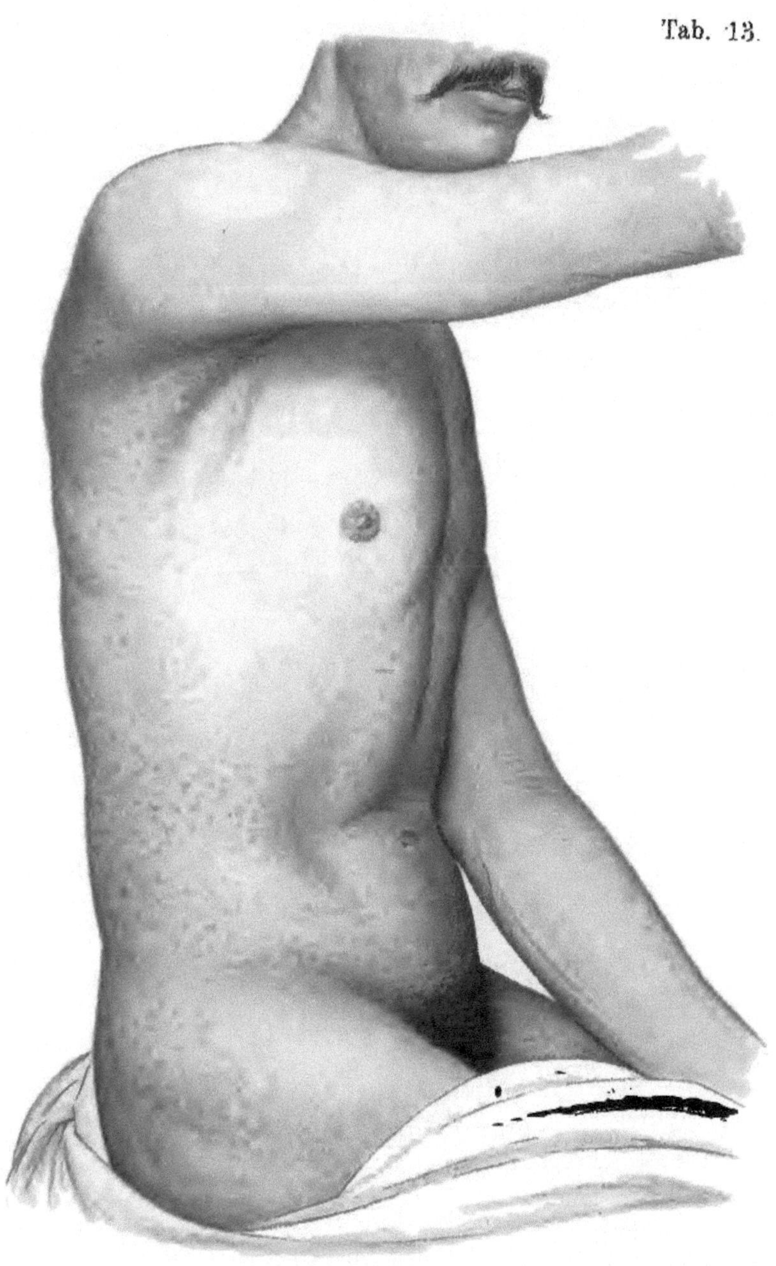

Lith Anst v. F Reichhold, Munchen

Tab. 14 u. 14a. Maculae maiores papulis intermixtae per totum corpus dispersae.

H. S., 19 Jahre alt.

Aufgenommen am 27. Jänner 1896.

Die Angaben des Patienten sind höchst ungenau und gipfeln darin, dass er etwa 3 Monate krank ist und bisher gegen sein Leiden nichts angewendet hat.

St. pr.: Eine livide, noch infiltrierte Narbe nach dem primären Geschwür an der äusseren Lamelle des Präputiums. Im Sulcus coron. glandis und um den After nässende Papeln. Über den Stamm und die Extremitäten ein sehr zahlreiches maculöses Syphilid zerstreut, zwischen welchem hier und dort grosse glänzende Papeln aufschiessen, die nicht die lividrote Farbe der Flecke, sondern eine ins Braunrote spielende Farbe zeigen. — An den Fusssohlen schmutziggelbe Papeln (Psoriasis plantaris). — Haarausfall mit geringer Desquamation der behaarten Kopfhaut. — An der Stirne ein maculo-papulöses Syphilid. — Beide Mandeln vergrössert, mit konfluierenden, speckig belegten Geschwüren (Papeln) besetzt.

Therapie: Labarraque. Inunktionskur.

Schwarze Tafel: (Tab. 14a) Rückansicht mit dem zahlreichen grossmakulösen Syphilid. — Farbige Tafel: Rechter Vorderarm mit demselben makulopapulösen Syphilid.

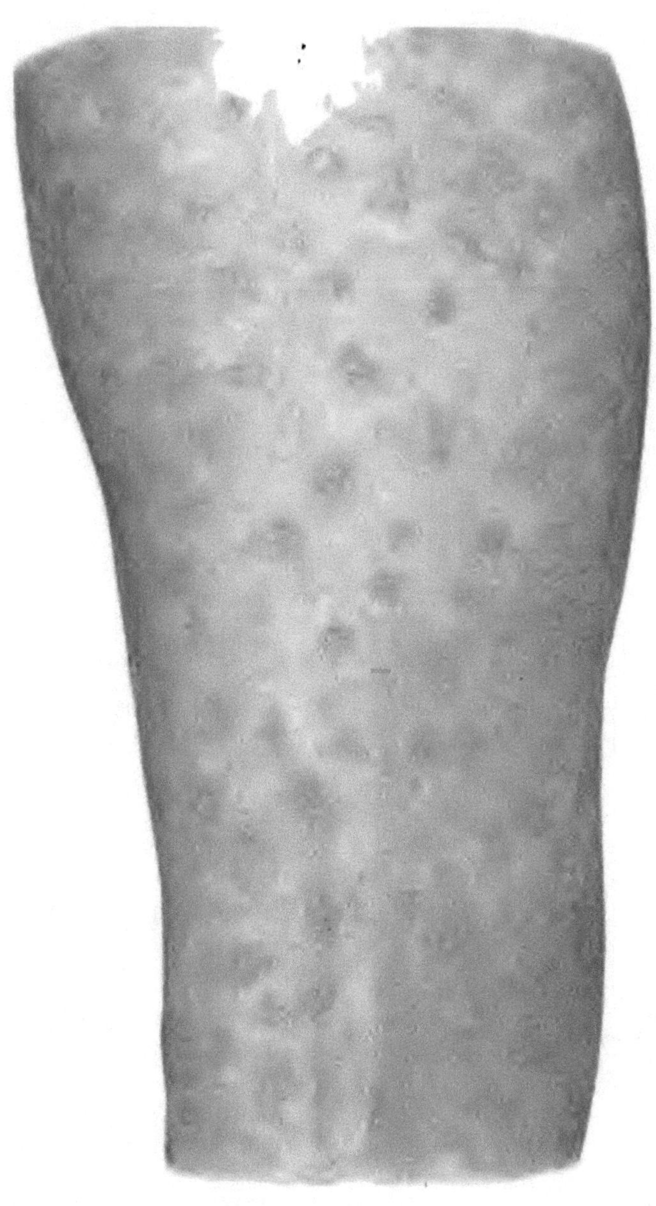

Lith.Anst.v. F Reichhold, München

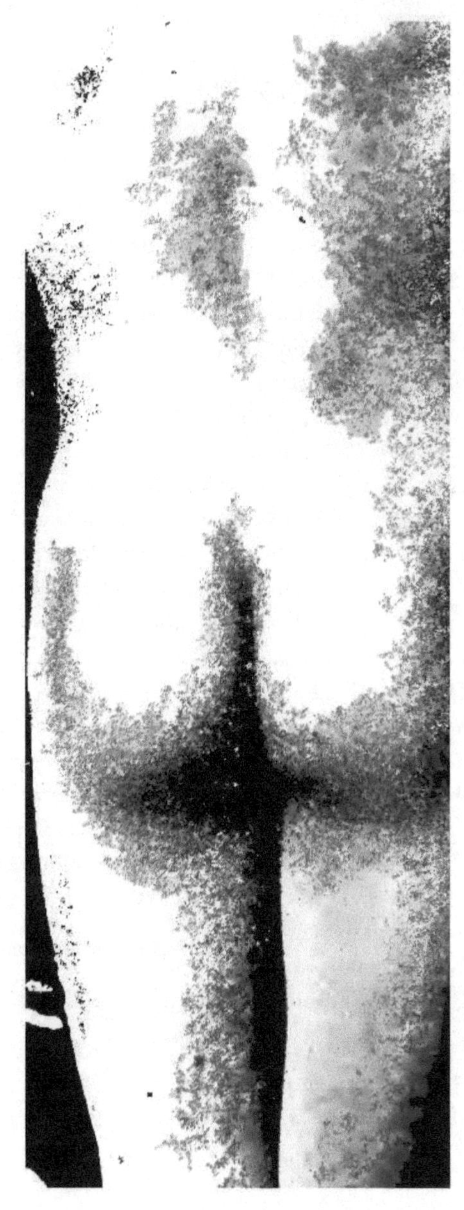

Tab. 15. Erythema figuratum.

H. J., 42 Jahre alt, Wirt.

Aufgenommen 12. Juli 1896.

Infektion vor $1^1/_2$ Jahren. Damals Inunktionskur auf der hiesigen Abteilung. Seither wiederholte Recidiven, namentlich Schleimhautpapeln, die mit milderen Methoden (interne Darreichung von Quecksilberpräparaten, Jodkalium, Touchierungen mit Chromsäure) angegangen wurden. Angeblich seit 8 Tagen Exanthem. Mässiger Potator. Raucher.

St. pr.: Am Dorsum penis eine infiltrierte Narbe von Pfennigstückgrösse. Die zugänglichen Lymphdrüsen spindelförmig. Am rechten Zungenrande, etwa in der Mitte desselben eine erbsengrosse, oberflächlich zerfallende papulöse Efflorescenz. Schleimhäute sonst frei. — An der Haut des Stammes, am ausgeprägtesten an den Seitenteilen desselben, weniger deutlich am Rücken und über den Gesässbacken, ferner an den oberen Extremitäten und an deren Streckseiten befindet sich ein durch Konfluenz ringförmiger Efflorescenzen entstandenes, mit gyrierten Rändern versehenes blassrotes Hautexanthem. Die zierlichen Figuren treten namentlich dann deutlich zutage, wenn Patient längere Zeit mit unbekleidetem Oberkörper verbleibt.

Nächtlich exacerbierende Kopfschmerzen. Psychisches Verhalten intact. Pupillenreaktion, Sehnenreflexe normal.

Therapie: Kali jodati
Kali bromati $\overline{aa}$ 1,00 } Abends zu nehmen.
Prodpoduretpillen à 0,025, 3 Pillen täglich.

Heilung.

Tab. 15.

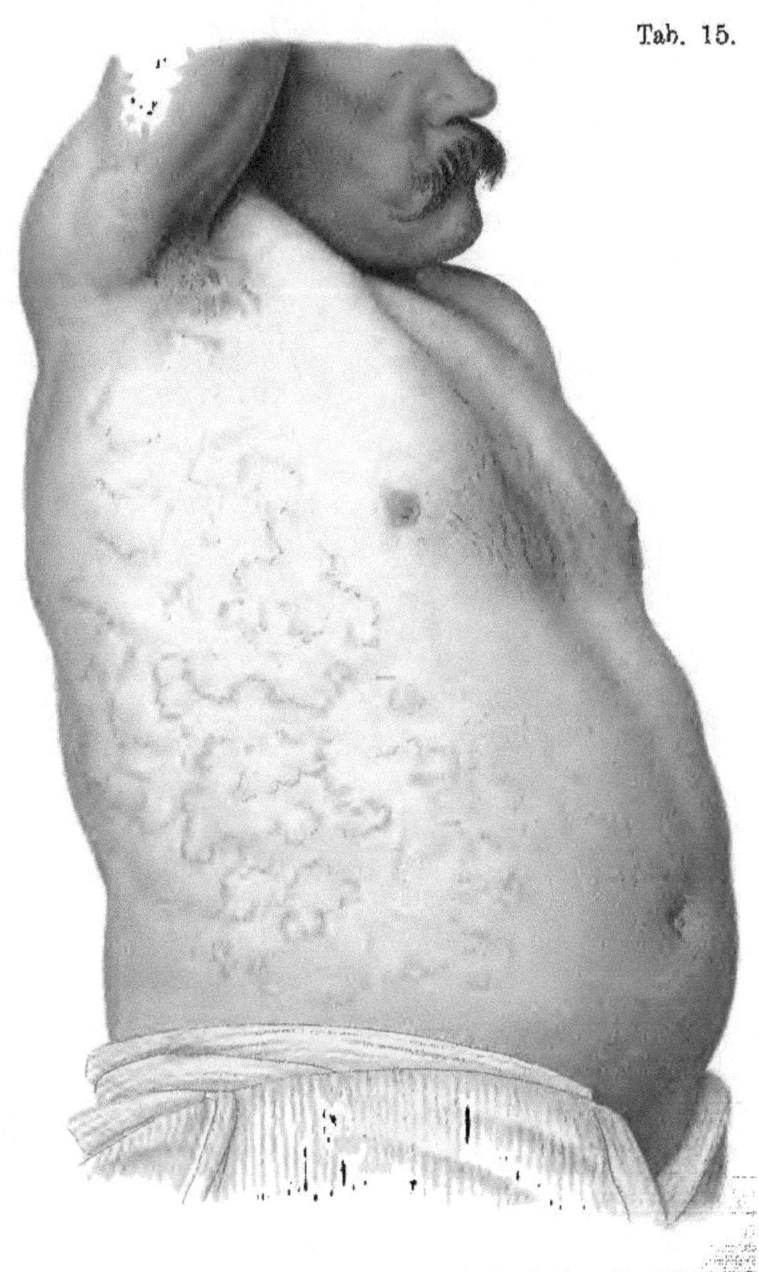

Lith.Anst.v. F. Reichhold, München

Tab. 16. Erythema figuratum.

(Erythème circinée - Fournier).

E. B., 26 Jahre alt, Handlungsgehilfe.

Aufgenommen am 21. Dezember 1896.

Die specifische Infektion erfolgte im Februar dieses Jahres. Patient unterzog sich damals einer Injectionskur. Beschwerden beim Schlucken sollen seit 14 Tagen bestehen. Von einem Ausschlage weiss Patient nichts.

St. pr.: Erodirte Papeln an beiden Tonsillen. Rötung und Schwellung der Tonsillen, der Gaumenbögen und hinteren Rachenwand. Universelle Adenopathie. Die Haut des Stammes und der Extremitäten fast gleichmässig besetzt von einem blassroten Exanthem, dessen einzelne Efflorescenzen von Zweipfennigstückgrösse bis Thalergrösse wechseln, ringförmig gestaltet sind und durch Konfluenz benachbarter Ringe zu guirlandenförmig begrenzten Zeichnungen werden. Die Anordung dieser Figuren entspricht am Rücken, an den seitlichen Thoraxpartien und an der Brust dem Verlaufe der Rippen. Gesicht, Palma manus, Planta pedis frei.

Heilung unter 25 Einreibungen.

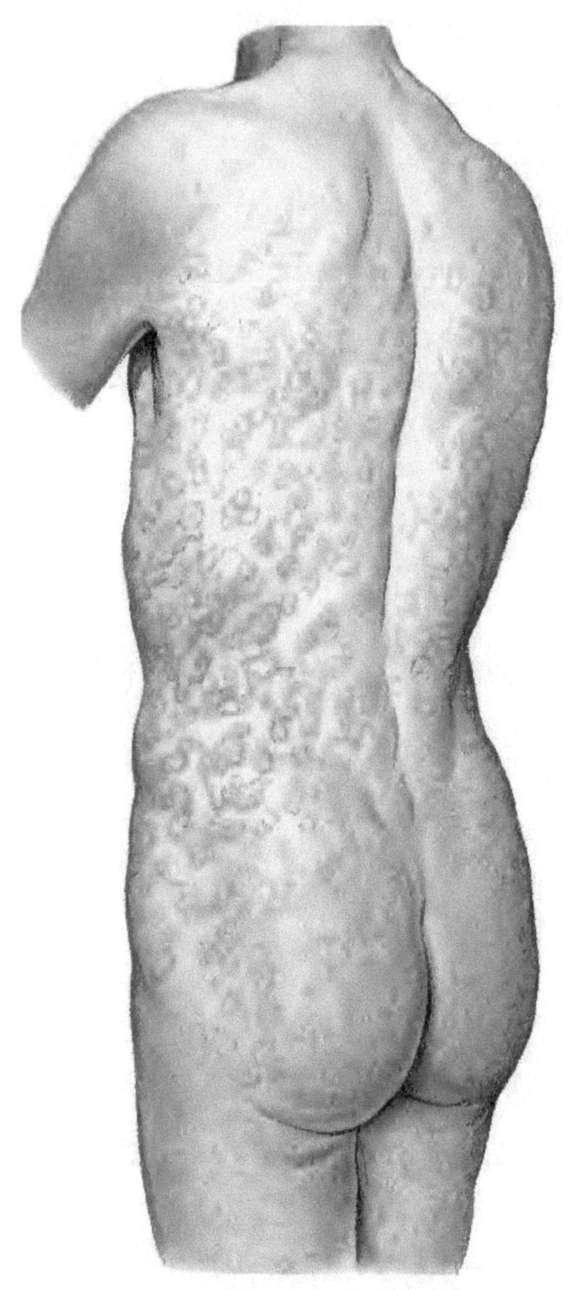

Tab 17. Papulae syphiliticae per totum corpus dispersae.

L. M., 30 Jahre alt, Arbeiter.

Aufgenommen am 4. Juli 1897.

Patient gibt an, vor etwa 2 Monaten den letzten Coitus ausgeübt zu haben. Darnach bemerkte er eine Wunde an der Vorhaut. Das Auftreten seines Ausschlages nahm er vor 8—10 Tagen wahr. Bisher keine Behandlung.

St. pr.: Die bräunliche Haut des ganzen Körpers ist besät mit linsengrossen kupferfarbigen Knötchen, welche an den Seitenteilen des Thorax, am Abdomen und an den Beugeflächen der Extremitäten dichter angehäuft sind. Die Kuppel der meisten dieser Papeln zeigt bereits eine weissliche Verfärbung der Epidermis, welche sich von einzelnen Efflorescenzen durch leises Abkratzen entfernen lässt. Die Lymphdrüsen insgesamt mässig vergrössert. Im dorsalen Anteil des Sulcus coronarius eine livide, frisch vernarbte, noch derb infiltrierte Sklerose. Die Schleimhäute, Handteller und Fusssohlen frei. Im Gesichte, und zwar an der Haargrenze wenige Efflorescenzen. Die behaarte Kopfhaut leicht seborrhoisch ohne deutliche papulöse Efflorescenzen,

Therapie: Mundpflege, Bäder, 25 Einreibungen. — Heilung.

Tab. 17.

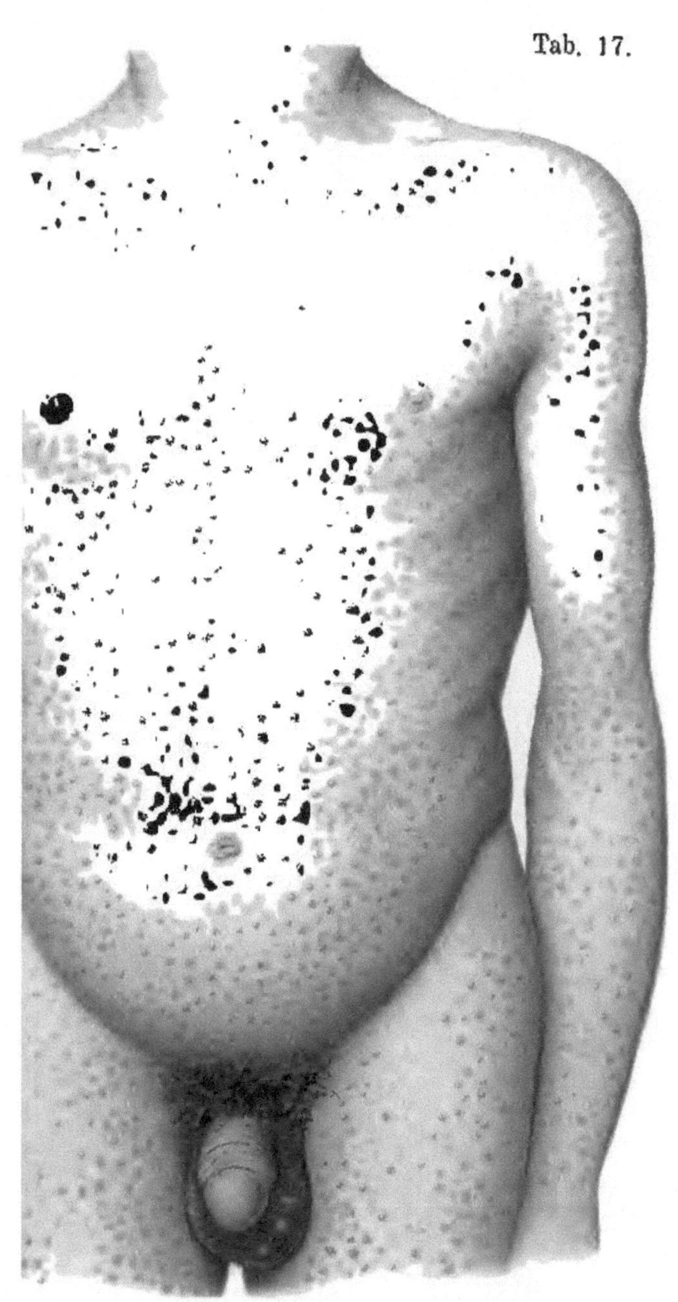

Tab. 18. Papulo-pustulöses Syphilid. — Icterus.

M. S., 24 Jahre alt, Wärterin.

Behandlungsdauer: 11. Februar bis 20. März 1897.

Die Kranke giebt an, seit 5 Wochen vor dem Spitalseintritte ikterisch zu sein; der Ausschlag soll erst in den letzten 8 Tagen aufgetreten sein. In der letzten Zeit starke Stirnkopfschmerzen, namentlich in der Nacht; auch Halsschmerzen. Letzter Coitus vor 3 Monaten.

St. pr.: Am Labium maius dextrum eine haselnussgrosse Sklerose, oberflächlich geschwürig zerfallen. Universelle Lymphdrüsenschwellung. Haut und sichtbare Schleimhäute intensiv gelb verfärbt, besät mit zahllosen milliaren bis linsengrossen Efflorescenzen; zwischen denselben stehen überall, namentlich am Rücken und in der Intermamillargegend, zahlreiche mit hämorrhagischen Borken besetzte Pusteln. Psoriasis plantaris recens. Mundschleimhaut intact. Gesichtsausdruck leidend. Heftige Kopfschmerzen.

Therapie: Lokal Labarraque. Mundpflege.

15. Februar: Hochgradige Hinfälligkeit; heftige Kopfschmerzen, namentlich nachts; Temperatur nicht erhöht; weder Leber noch Milz percutorisch oder palpatorisch vergrössert. Inunktionskur.

Nach 15 Einreibungen der Icterus vollständig geschwunden, das subjektive Befinden gut, die specifischen Erscheinungen im Rückgang, an Stelle der Papeln und Pusteln Pigmentationen. Nach 30 Einreibungen wird Patientin am 20. März geheilt entlassen.

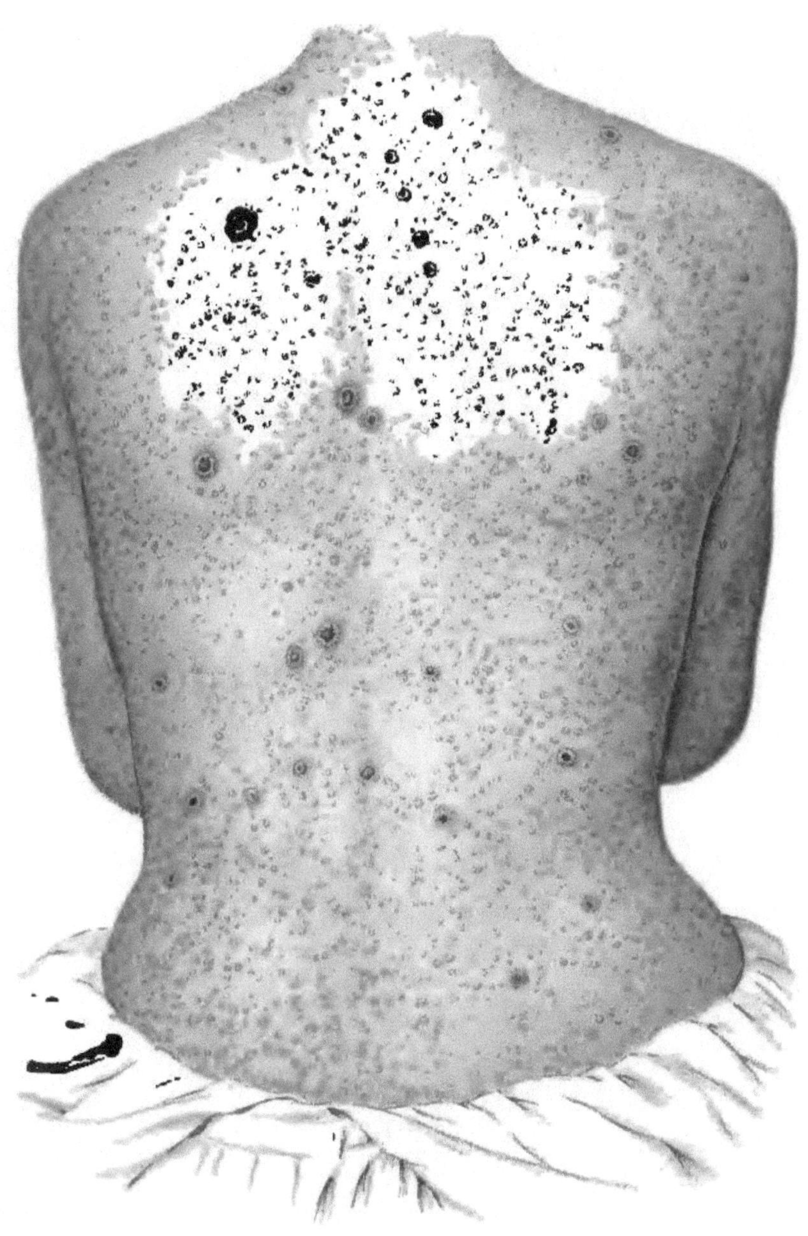

Lith.Anst.v. F Reichhold, München.

Tab. 19. Aggregiertes kleinpapulöses (lichenoides) Syphilid (Recidivform).

S. A., 19 Jahre alt, Näherin.

Aufgenommen 24. Januar 1896.

Die Kranke stand im September und Oktober 1895 wegen Syphilis in Behandlung. Die jetzige Affektion hat sich seit einem Monat entwickelt.

St. pr.: An den beiden grossen Schamlippen und in der Genitocruralfalte beiderseits erbsengrosse elevierte Papeln. Über dem Kreuzbein und an den Nates ein aggregiertes kleinpapulöses Syphilid. Die einzelnen Efflorescenzen teils in Schuppung, teils braunrot pigmentiert. Ähnliche Plaques über dem Kniegelenk, der Unterbauchgegend und am Nacken. Mässiges Jucken an den affizierten Partien.

Heilung nach 20 Einreibungen à 5 g.

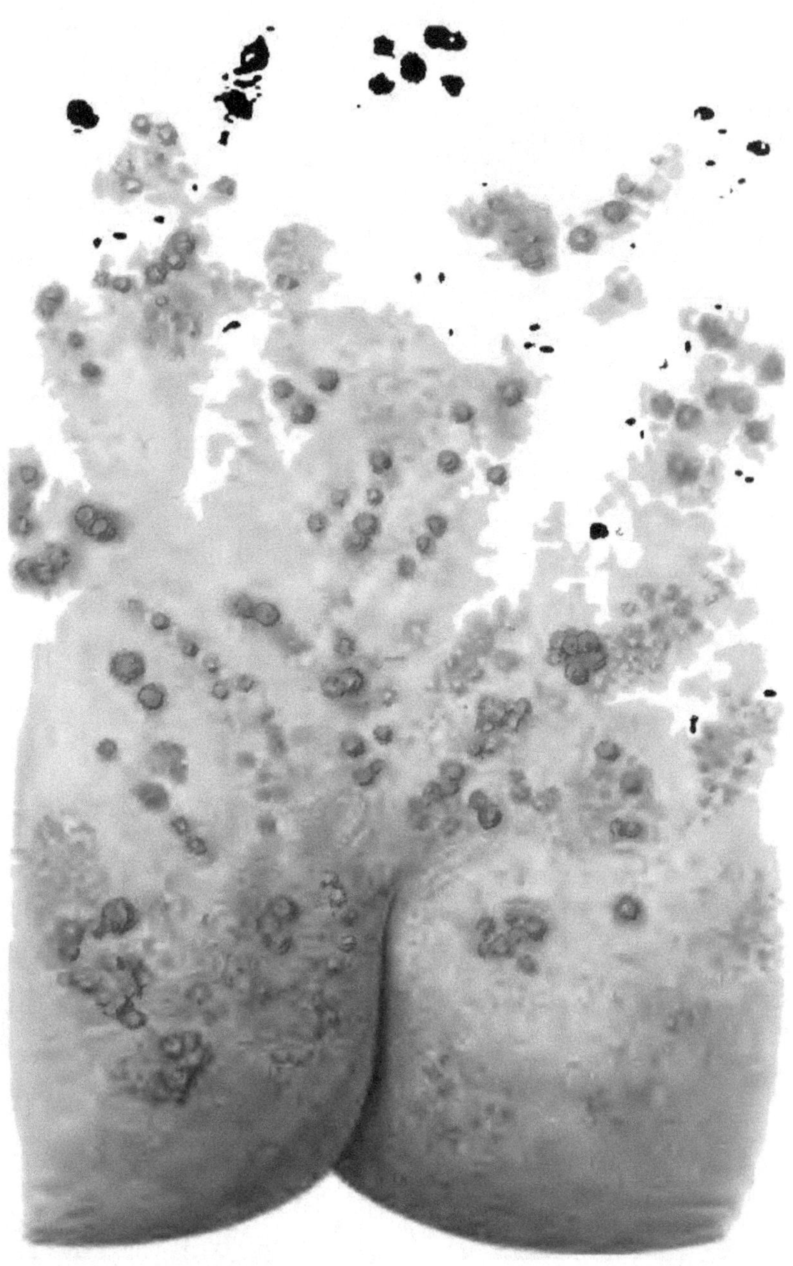

Tab. 20. Papulo-squamöses Syphilid.

T. J., 34 Jahre alt, Pferdewärter.

Aufgenommen am 27. März 1896.

Ende Juni 1895, angeblich 4 Wochen nach einem Coitus, erkrankte Patient an einem Ulcus penis. Er stand damals in Privatbehandlung und wurde mit gelber Präcipitatsalbe und Sublimatbädern des Gliedes behandelt. Nach Heilung des Geschwüres übte Patient wieder den Coitus aus; 3 Wochen darauf bekam er am ganzen Körper einen Ausschlag (nach seinen Schilderungen ein maculöses und papulöses Syphilid). Am 20. August 1895 liess er sich im allgemeinen Krankenhause aufnehmen, wo er bis zum 31. Oktober 1895 in Behandlung stand. Er machte damals zuerst 23 Calomel-Einreibungen, hierauf 47 Einreibungen mit grauer Salbe. Am 24. November 1895 liess sich Patient ins Rudolfspital aufnehmen. Er klagte über Schmerzen im Kopfe, im Epigastrium und im Thorax. Der Kranke war blass, die Haut des Stammes besäet mit erbsengrossen, lividen und bräunlichen Residuen eines involvierten Syphilides; die Epidermis erscheint in feinen Falten über den meisten Efflorescenzen vertieft. Leistendrüsen, Axillardrüsen, Halsdrüsen geschwellt. Beginnende Leucodermia colli. Pharyngitis. Der innere Befund war normal. — Am 11. Dezember zeigte sich an der Stirne eine quaddelförmige Efflorescenz. Am 18. Dezember ist die Quaddel unter Zurücklassung eines lividen Fleckes verschwunden und erscheint an einer anderen Stelle. Zugleich zeigen sich um den linken Nasenflügel herum mehrere in Kreisform stehende Efflorescenzen, ferner eine Efflorescenz papulöser Form am Hals. Das Zahnfleisch erodiert. Gingivitis. Seborrhoea capitis. Defluvium capillitii. Neurasthenia universalis. Am 24. Dezember vereinzelte Pustula capitis. Am 2. Januar 1896 fühlte Patient sich vollkommen geheilt und wurde auf seinen Wunsch aus dem Spitale entlassen. — Am 27. März 1896 liess er sich wieder ins Spital aufnehmen, wo sich bei der Untersuchung folgender status ergab: Neben den Resten des einst bestandenen Syphilids, welche Patient bei seinem seinerzeitigen Aufenthalte dargeboten, sind nun über den ganzen Körper Efflorescenzen

Tab. 20.

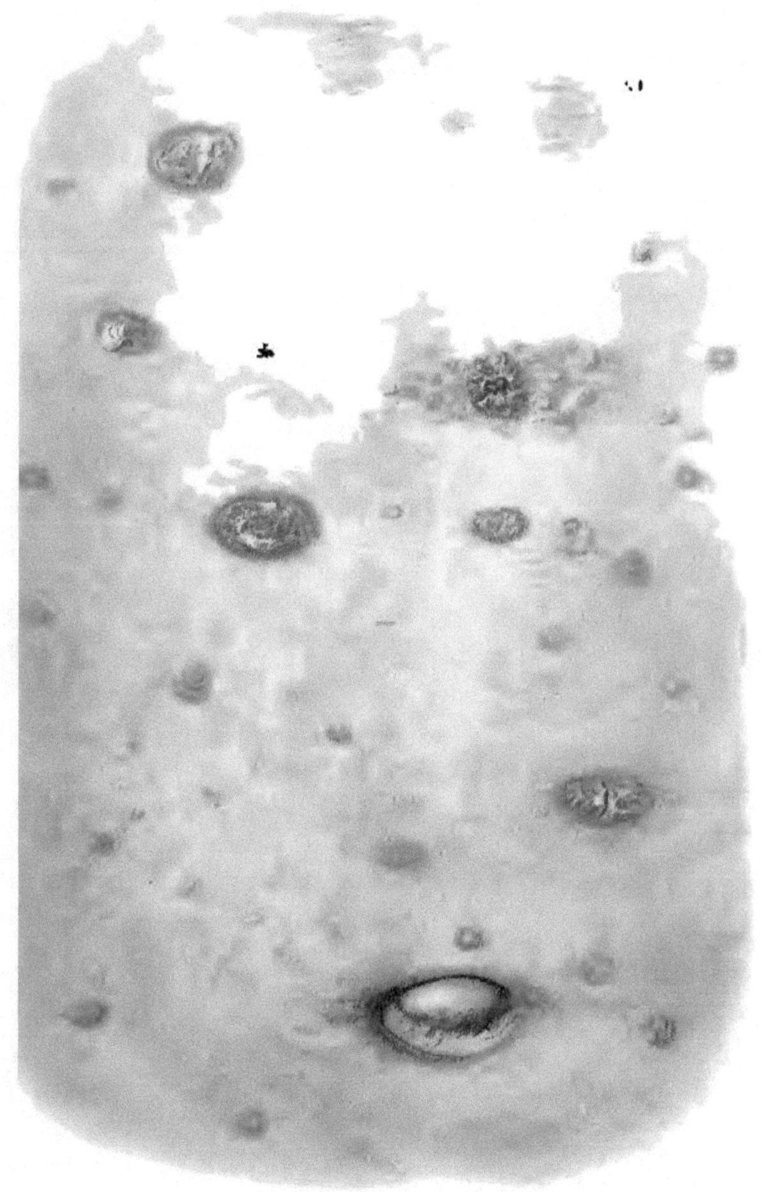

Lith.Anst.v. F Reichhold, München

neu aufgetreten, welche von Linsen- bis über Erbsengrösse central weissliche, erhabene Schüppchen zeigen, während der Rand hellrot sich darbietet. An einzelnen Stellen ist die centrale Schuppenauflagerung abgefallen und es besteht nur ein etwas über das Hautniveau erhabener, lividroter Plaque. Um eine solche bereits durch stärkeren Zerfall in der Mitte eine am Grunde hämorrhagische Wunde zeigende Efflorescenz sind kleine miliare Papeln zu einem Haufen angeordnet. Die einzeln stehenden kleinen Knötchen sind nur an der Spitze weisslich verfärbt, ohne Desquamation. Überdies hie und da (z. B. zu oberst im Bilde) Reste nach vorausgegangenem Syphilid in Form von in zarteste Fältchen gelegte Epidermis von leicht gelblichroter Farbe. In der Nabelgrube nach unten eine erodierte nässende Papel. Die Haut im ganzen schmutziggelblich mit unregelmässigen lichter angeordneten Stellen als Residuen der vorausgegangenen Efflorescenzen. Papulae exulcerantes ad scrotum; Papula in mucosa et in labii infer. oris; tonsilla utr.

Therapie: Gemischte Behandlung, Heilung.

Tab. 21. Syphilis papulosa orbicularis.

M. E., Magd, 26 Jahre.

Aufgenommen 1. Oktober 1895.

Die Kranke ist durch Zufall zur Kenntnis ihres syphilitischen Leidens gekommen, indem sie als Inhaftierte vom Polizeiarzte auf ihr Leiden aufmerksam gemacht wurde. Sie selbst hat zwar gewusst, dass sich seit einem Jahre in ihrer Genitalregion, seit circa 5 Monaten auch an den unteren Extremitäten und am Halse verschiedene Efflorescenzen entwickeln, sie legte aber denselben keine Bedeutung bei und hat auch gegen das Leiden nichts angewendet. Sie hat nie geboren, ist regelmässig menstruierend und will den letzten Coitus vor mehr als einem Jahre ausgeübt haben.

St. pr.: In den beiden Genitocruralfurchen und am Rande beider grosser Schamlippen befinden sich wuchernde, zum Teil konfluierende Papeln, ebenso um den After herum. Am Stamme sind zum Teil pigmentierte Reste eines papulo-serpiginösen Syphilides, zum Theil ein gross-maculösen figurierten Syphilid verbreitet. An den Unterschenkeln ist ein lichenoides, in Gruppen auftretendes Syphilid von bräunlich-gelber Farbe sichtbar. An der Innenfläche beider Oberschenkel befindet sich je ein elliptisches, orbiculäres Syphilid. Die kleinen lichenoiden Papeln mit kupferrotem Halo bilden den Rand, das Centrum ist braun mit einem Stiche ins Graue, die Epidermis daselbst zum Teile im Abschuppen. Nach oben zu sind die kleinen Papeln nicht mehr regelmässig aneinander gereiht, so dass der Rand der ganzen elliptoiden Form wie durchbrochen erscheint. Ausserdem waren alle Drüsengruppen geschwellt; Schleimhäute frei.

Auf lokale Behandlung mit Sublimat und grauem Pflaster und 40 Einreibungen ist das Syphilid bis auf Pigmentreste geschwunden und wird die Kranke nach 65 tägiger Behandlung g e h e i l t e n t l a s s e n.

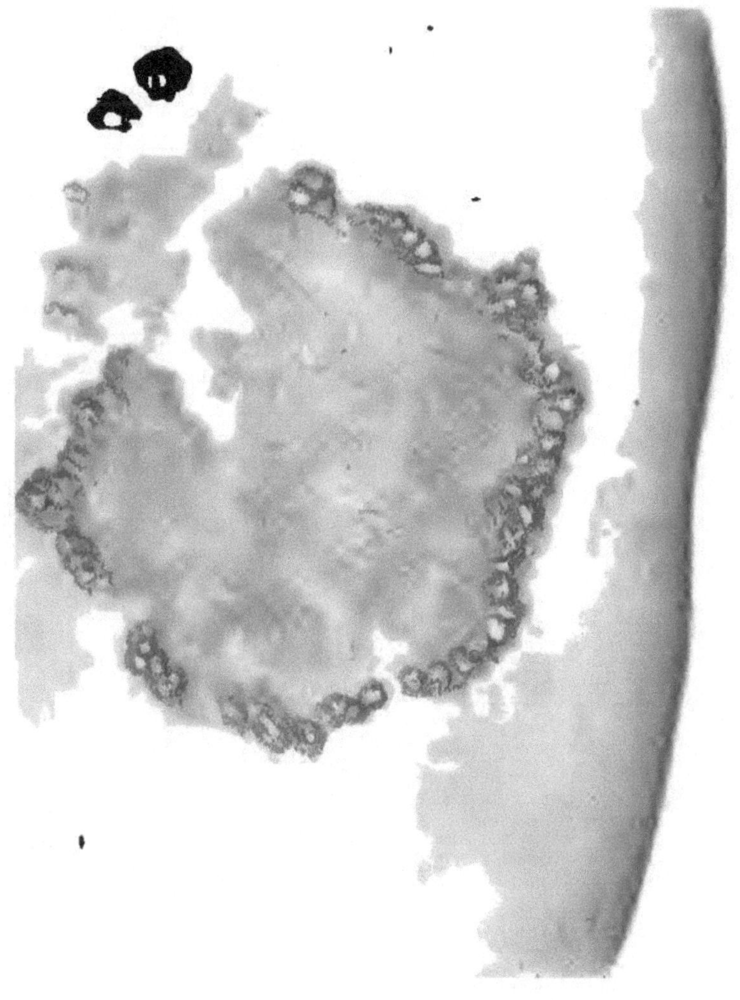

Tab. 22/23. Gruppiertes papulöses Syphilid.

Aufgenommen am 23. Juni 1896.

A. M., 36 Jahre alt, will vor 4 Monaten zuerst einen Ausbruch von Knötchen an den Armen beobachtet haben, diese zerfielen und bildeten seichte Geschwüre, welche vor 6 Wochen abgetrocknet sind. An der Haargrenze im linken Nacken soll die Gruppe erst 6 Wochen bestehen, ebensolange bestehen die Efflorescenzen im linken Augenbrauenbogen.

St. pr.: In dem inneren Anteil des rechten Augenbrauenbogens (Tab. 22) befindet sich eine Gruppe von derben, glänzenden, erbsengrossen und mehreren kleineren, linsengrossen Papeln; in der Mitte zwischen den grösseren eine derbe, randständig infiltrierte Narbe.

Im Nacken (Tab. 23) und zwischen der Haargrenze links ist eine Gruppe von ins Kupferrote spielenden, zum grössten Teile konfluierenden Knötchen, welche auf infiltrierter Basis stehen. Central schuppende Narben, anreihend an die mit Schuppen zum Teil bedeckten, wie in Falten gelegte Infiltrate und peripher am Rande deutlich isoliert stehende überlinsengrosse Knötchen. Unterhalb dieser Gruppe befindet sich eine zweite mit einer centralen Delle aus einem vereiterten Infiltrate, peripher die Delle umgeben von einem infiltrierten schuppenden Rande, in dessen Umgebung blasse, frische Knötchen auftreten. Ein drittes mit keloider Beschaffenheit, aber in der Mitte deprimiertes, an den Rändern aufgeworfenes Infiltrat, jenem im Centrum der Papeln gleich. Ähnliche solche befinden sich noch an den Extremitäten.

An den Genitalien, und zwar in der Glutealfalte, in der Fortsetzung der rechten grossen Schamlippe, eine Gruppe von stecknadelkopfgrossen, zum Teil nicht erodierten Knötchen. So wie die abgebildeten Gruppen finden sich über den ganzen Körper zerstreut mehr oder weniger

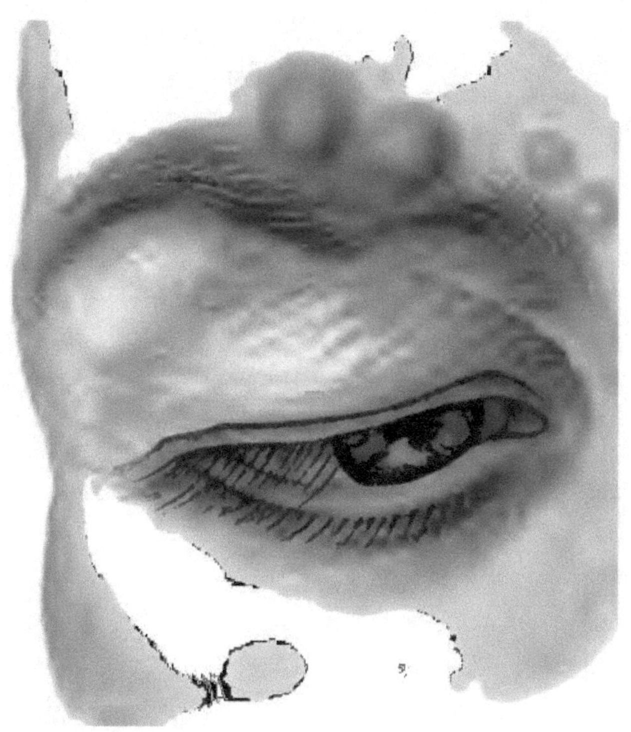

zahlreiche papulöse Efflorescenzen, zum Teil mit der dellenförmigen centralen Narbe, zum Theil bloss blasse, stecknadelkopfgrosse, linsen- bis erbsengrosse Knoten, welche in der Haut sitzen. Dort, wo die Infiltrate konfluieren, ist die ganze Haut in eine infiltrierte Platte umgewandelt. Die dellenförmigen Narben sind derbe, mit aufgeworfenen, glänzenden, an ein Keloid mahnenden Rändern. Die Drüsengruppen zwar klein, aber hart zu tasten. Patientin mager, nicht anämisch. Selbe war 7 mal gravid; I. reifes Kind, die übrigen VI waren Frühgeburten im 3. oder 4. Monat; seit ca. 4 Jahren regelmässig menstruierend. Patientin war immer gesund, stammt aus einer gesunden Familie und hat keine Kenntnis von ihrem Leiden.

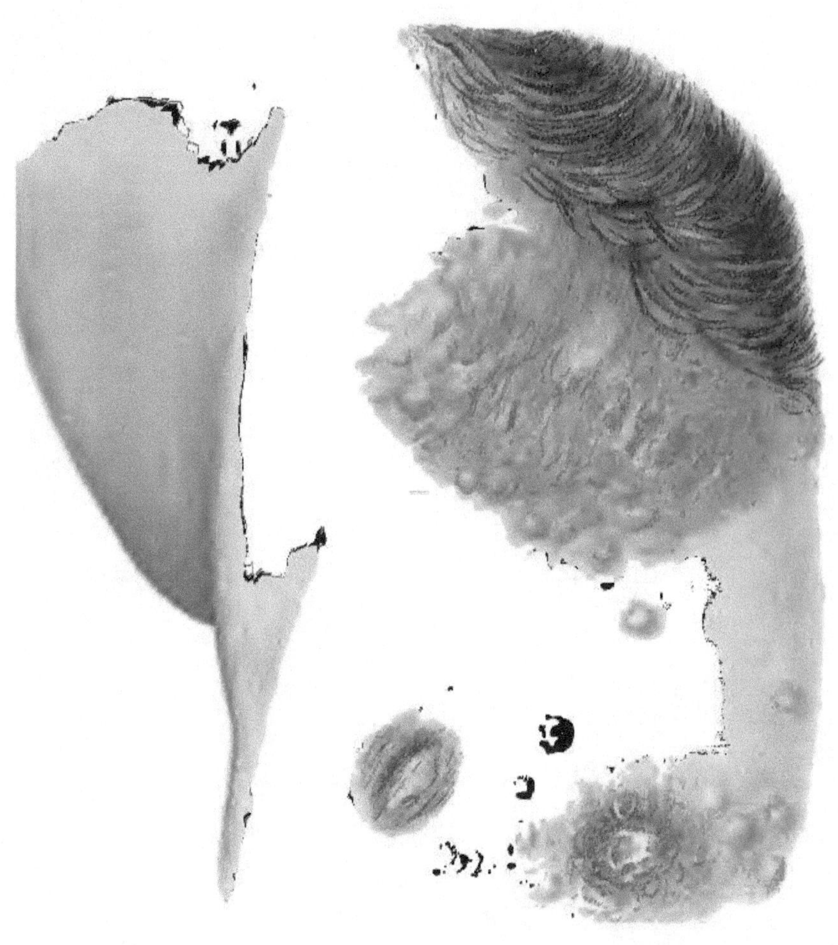

Tab. 24 u. 24a. Leukopathia colli. (Papulae ad genit.)

A. B., 18 Jahre alt, Magd, war früher nie venerisch krank. — Anfang Dezember 1895 erkrankte sie mit Brennen beim Urinieren und Bildung mehrerer „Pusteln" an der Aussenfläche der grossen Labien, welche nach mehreren Tagen aufbrachen und wieder zuheilten. Zu gleicher Zeit schmerzhafte Schwellung der rechten Inguinaldrüsen durch mehrere Wochen, die auf Bettruhe und Überschläge zurückging. — Februar 1896 Schmerzen im Halse mit Unmöglichkeit, feste Speisen zu schlucken durch mehr als 14 Tage. Auf Alaungurgelungen Besserung. Wenige Tage darauf entstand ein rotfleckiges Exanthem am Halse, beiden Ellbogenbeugen und beiden Unterschenkeln. — Seit Ende März sind die Flecken braun. — Am 23. Mai 1896 begab sie sich in Spitalspflege; bis dahin war nie ein Arzt consultiert worden. — Letzter Coitus vor 6 Monaten, letzte Menses 29. April. Kein Partus, kein Abortus.

St. pr.: Papulae erosae, Oedem derselben an den grossen und kleinen Schamlippen, besonders des rechten grossen und kleinen; inguinale Lymphdrüsen beiderseits stark vergrössert, ad anum eine verheilte Papel. An den unteren Extremitäten ein im Rückgang begriffenes specifisches Exanthem, sehr exquisite Leukopathia colli, beide Tonsillen vergrössert, geschwürig zerfallen.

Heilung nach 20 Einreibungen.

Schwarze Tafel (Tab. 24a): Vorderansicht; derselbe Fall.

Tab. 24.

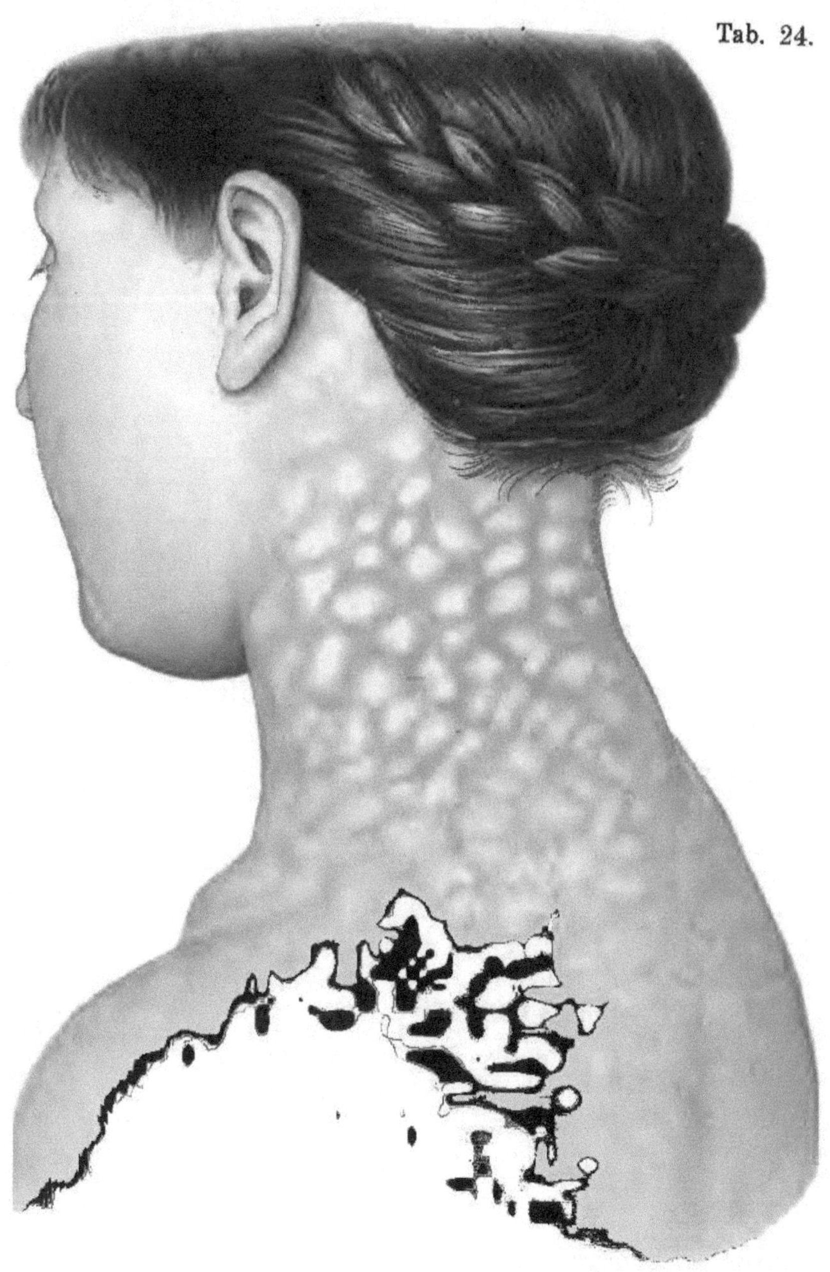

Lith.Anst. v. F. Reichhold, München.

Tab. 24 a.

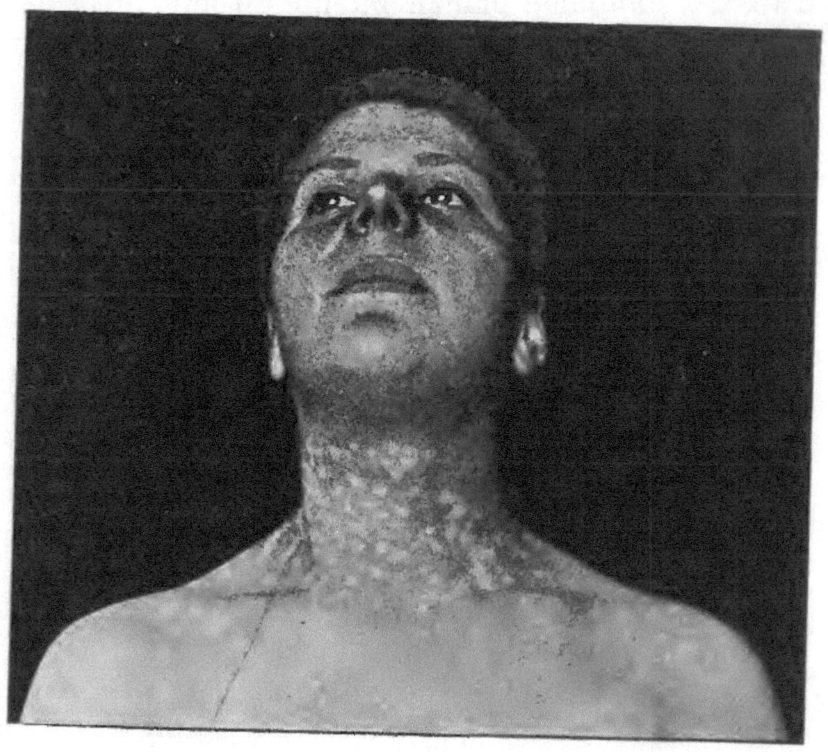

Tab. 25. Papulae planae nitentes frontis et faciei.

N. M., 26 Jahre alt, Lokomotivführer.

Aufgenommen am 5. Oktober 1896.

Die leicht unregelmässig gerötete Stirnhaut trägt einige papulöse Efflorescenzen, welche kaum über das Niveau der Haut hervorragen. Die schmale Randpartie derselben saturiert gerötet. Von da ab gegen die Mitte der Papeln ist die Epidermis mattglänzend, gespannt, im Centrum bräunlich verfärbt. Ähnliche Efflorescenzen, jedoch weniger regelmässig, an den Nasenflügeln und am Kinn.

Sonstige Erscheinungen: maculo-papulöses Syphilid am Stamme, nässende Papeln am Scrotum und an der Haut des Penis; am Präputium eine vernarbte Sklerose.

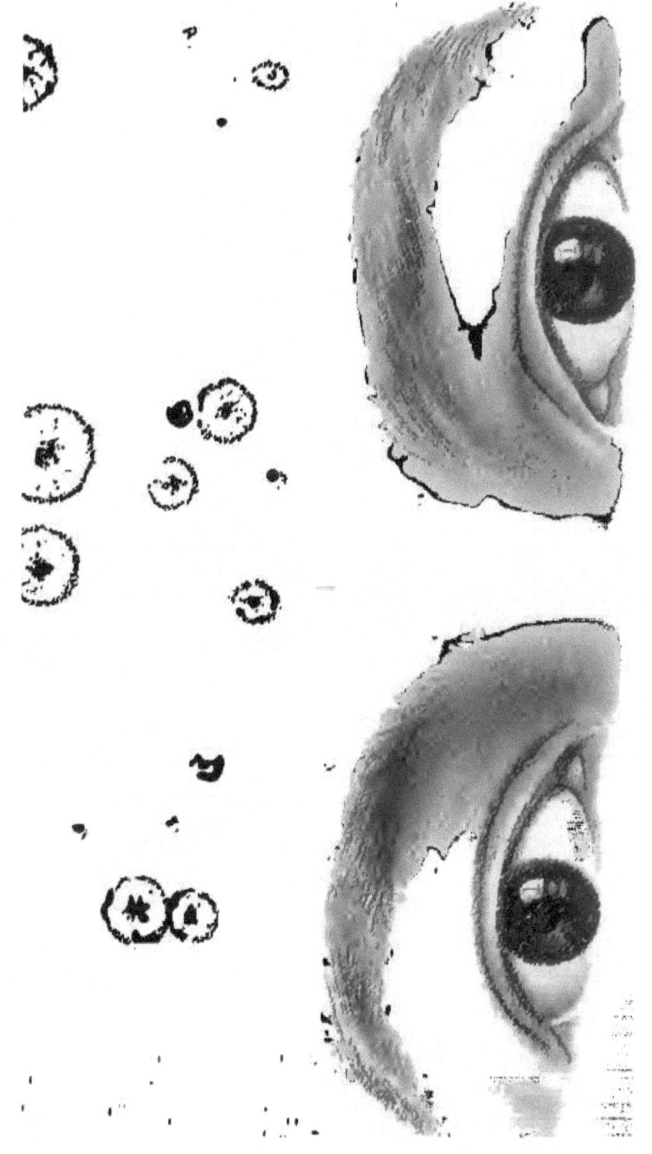

Tab. 26. Alopecia areolaris syphilitica.

S. H., 25 Jahre, Bindergehilfe.

Aufgenommen 13. April 1896.

Im November 1895 erkrankte Patient an einem Geschwür, im Dezember 1895 war er mit einem Ausschlage in Spitalsbehandlung. Die jetzigen Erscheinungen sollen sich seit 3 Wochen entwickelt haben.

St. pr.: An der Stirne und den behaarten Kopfteilen sind zahlreiche Pusteln zum Teile noch mit Borken bedeckt, zum Teile aber schon abgetrocknet und abgeschuppt. An letzteren Stellen fehlen die Haare vollständig, die Basis ist glänzend, narbig, die Haarfolikel nicht sichtbar. Der sonst gut behaarte Kopf zeigt ausser den erwähnten haarlosen Stellen auch noch ziemlich schütteres Haar, namentlich am Haarwirbel. Am übrigen Körper sind überdies ein gross-maculöses Syphilid am Stamme, erodierte Papeln um den After und an den Genitalien und allgemeine Drüsenschwellungen vorhanden. Es traten noch Nachschübe von papulo-pustul. Efflorescenzen am behaarten Kopfe auf, so dass dieser Körperteil als am meisten von syphilitischen Efflorescenzen betroffen, angesehen werden muss.

Unter Anwendung von weisser Präcipitatsalbe für den Kopf und 20 Einreibungen à 5 gr Heilung.

Tab. 26a. Papulae part. capill. capt.

T. A., 33 Jahre alt, Markthelfer.

Behandlungsdauer: 26. Mai bis 25. Juni 1897.

Patient litt bisher an keiner Geschlechtskrankheit. Sein gegenwärtiges Leiden bemerkt er seit 14 Tagen. Letzter Coitus vor 4 Wochen.

St. pr.: Exulcerierte Papeln an der Unterseite des Penis und am Scrotum. Inguinale Lymphdrüsen multipel geschwellt. Papulae elevatae ad anum. Maculo-papulöses Syphilid am Stamme und an den Extremitäten. Exanthema papulatum pustulis intermixtum cum defectu areolari capillorum. Cervicale und axillare Drüsen geschwellt. Psoriasis palmaris et plantaris. Mund- und Rachenschleimhaut frei.

Therapie: Weisse Präcipitatsalbe. Labarraque. Mundpflege. Inunktionskur. Heilung nach 25 Einreibungen.

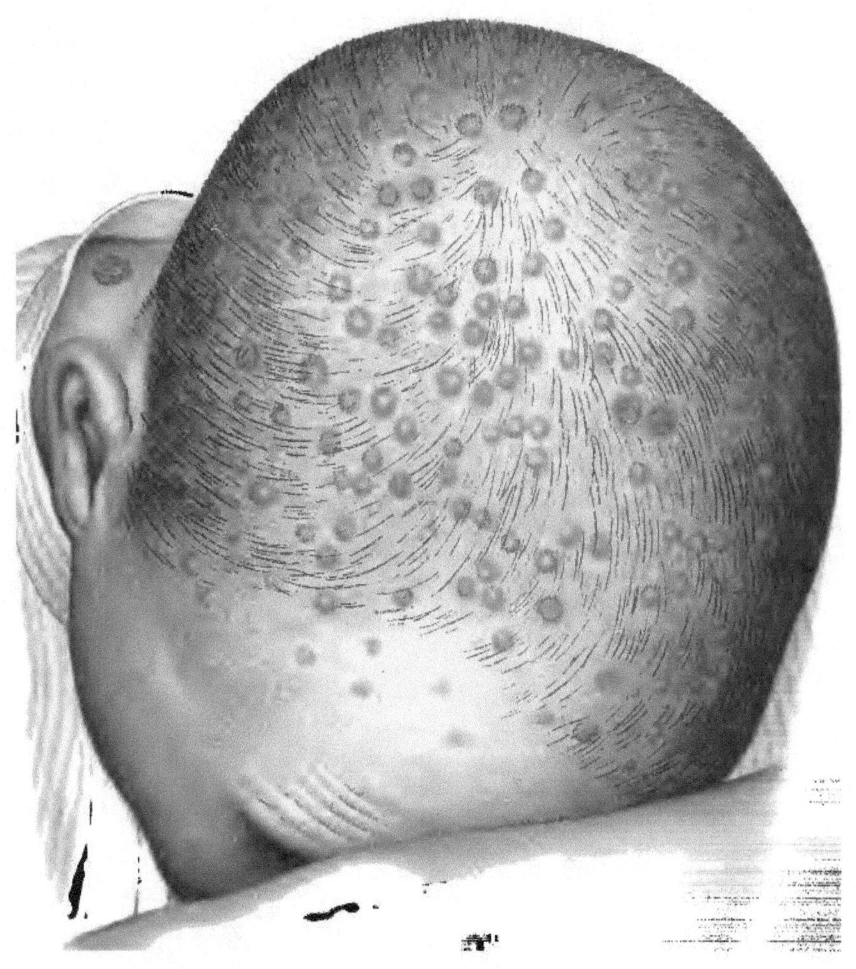

Tab. 26a.

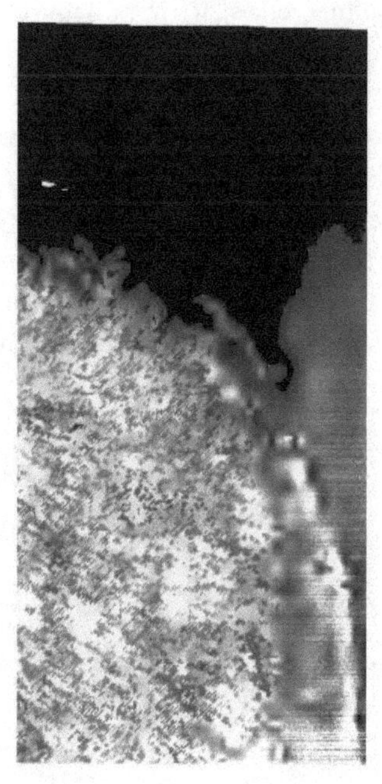

Tab. 27. Pustulae min. faciei.

E. H., 28 Jahre, Stallbursche.

Aufgenommen am 15. Februar 1896.

Seit 5 Wochen ein Geschwür am Frenulum. In der letzten Woche Anschwellung und Vereiterung der rechtsseitigen Inguinaldrüsen. Inzwischen entwickelte sich an der Basis des Geschwüres eine typische Induration und am Stamme ein spärliches papulöses Syphilid. Während der nunmehr eingeleiteten Inunktionskur wurde das Exanthem deutlicher und breitete sich über Rücken, Hals und Gesicht aus. Letztere Efflorescenzen, stecknadelkopf- bis über erbsengross, stellen derbe Knötchen, mit bräunlich-rotem bis kupferrotem Halo dar. In der Mitte derselben sitzt ein Hornkegel, der nur lose haftet. Hebt man denselben ab, so kommt darunter das mit neugebildeter glänzender Epidermis bedeckte Knötchen zum Vorschein. Einzelne der beschriebenen Knötchen stehen bereits in Gruppen beisammen.

Heilung nach 25 Einreibungen.

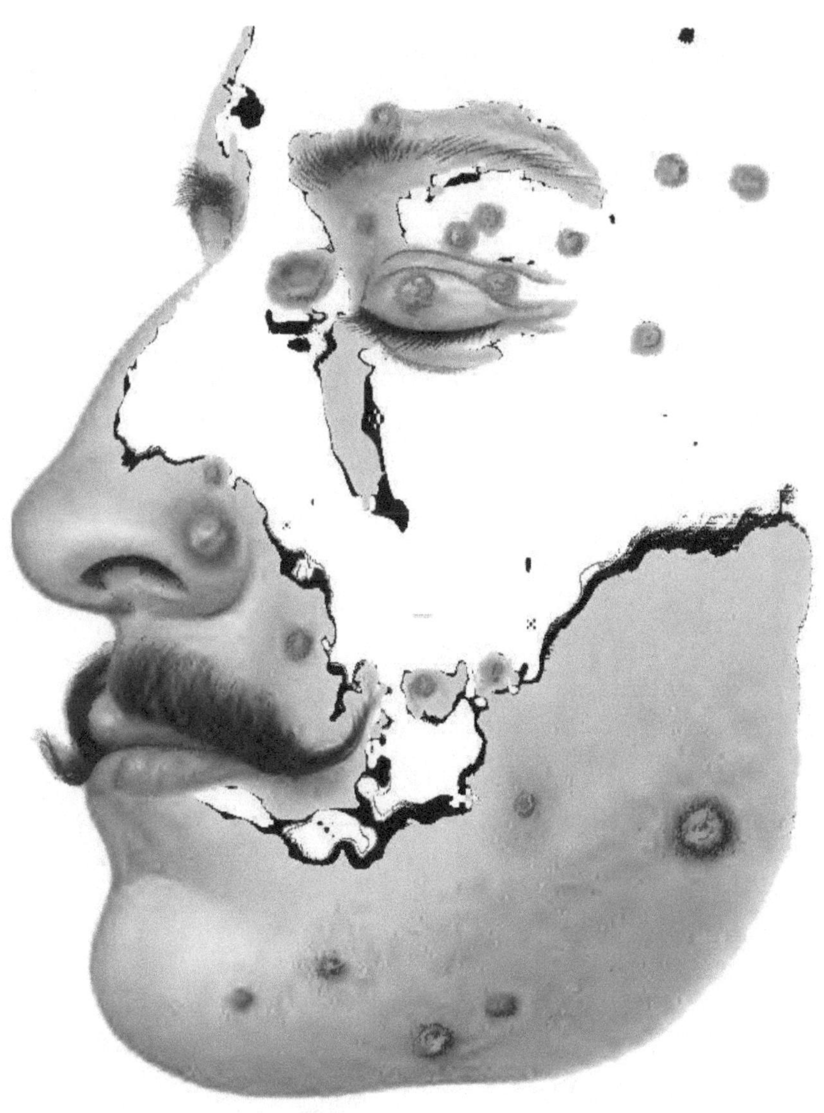

Lith. Anst. v. F. Reichhold, München

Tab. 28a.

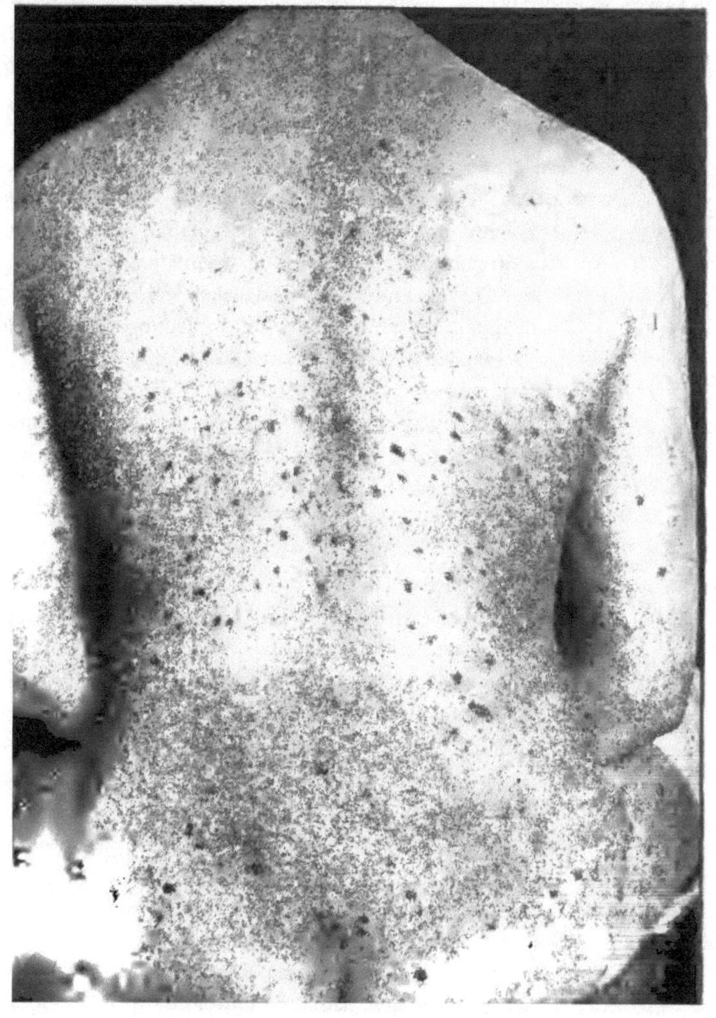

Tab. 28 u. 28a u. b. Syphilis pustulosa.

P. J., Kellner, 33 Jahre alt.

Aufgenommen 1. Dezember 1895.

Patient ist zum ersten Mal krank, hat den letzten Beischlaf vor 2 Monaten ausgeführt und bemerkt einen Ausschlag seit 3 Wochen. In der Kindheit hat er öfters an Halsschmerzen gelitten.

St. pr.: Beide Mandeln vergrössert und zerklüftet. Die linke mit einem rhagadenartigen Geschwür, an dessen Oberfläche nekrotische Gewebsreste anhaften. Die Unterkieferdrüsen taubeneigross, die mittleren Halsdrüsen bis Haselnussgrösse. Die Axillardrüsen sind ebenfalls gross, dagegen die Cubital- und Leistendrüsen kaum vergrössert. Am Stamme befindet sich ein ausgebreitetes maculöses Syphilid. Im Epigastrium kleine lichenoide Papeln, die bereits gelblich verfärbt sind. An der Streckseite der oberen Extremitäten, hie und da vorne am Thorax und auch am Rücken zahlreiche, schon im Abschuppen begriffene Papeln und Pusteln. Am Rücken, in der Kreuzbeingegend, hauptsächlich an den unteren Extremitäten aber sind die Pusteln zahlreicher und grösser, so dass über den Knöcheln der Unterschenkel konfluierende, mit Krusten bedeckte Ekthyma-ähnliche Pusteln vorhanden sind. Die oberen sind in der Peripherie leicht kupferfarbig, an den unteren Extremitäten aber livid und kupferrot verfärbt.

Am behaarten Kopfteil und an den Palmae ebenfalls papulöse Efflorescenzen. An den Unterschenkeln war um die acneartigen Pusteln eine ausgebreitete fast konfluierende Entzündung zu konstatieren. Die Epidermis war an den älter betroffenen Stellen mit flachen, breiten Borken bedeckt und an den konfluierenden Stellen schilferten sich dieselben in breiten Fetzen ab, indem sie über der geröteten Überlage falterig abgehoben war, später grössere Risse bekam und nun abgelöst wurde. Darunter erschien eine neue, ebenfalls entzündete Epidermis.

Der Kranke wurde mit subcutanen Sublimatinjektionen behandelt und nach 5 Wochen geheilt entlassen.

Farbige Tafel: Teil der am linken Unterschenkel in der schwarzen Tafel (Tab. 28a u. b) ersichtlichen Ekthyma-Pusteln.

Tab. 28.

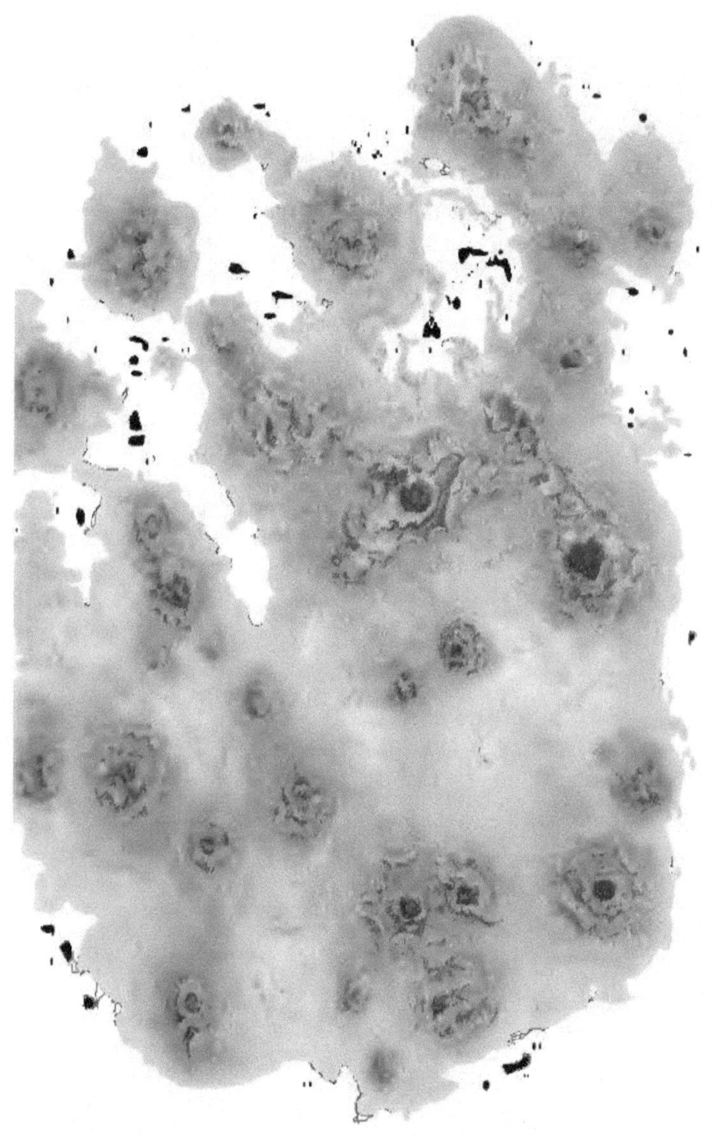

Lith.Anst v. F Reichhold. München

Tab. 28 b.

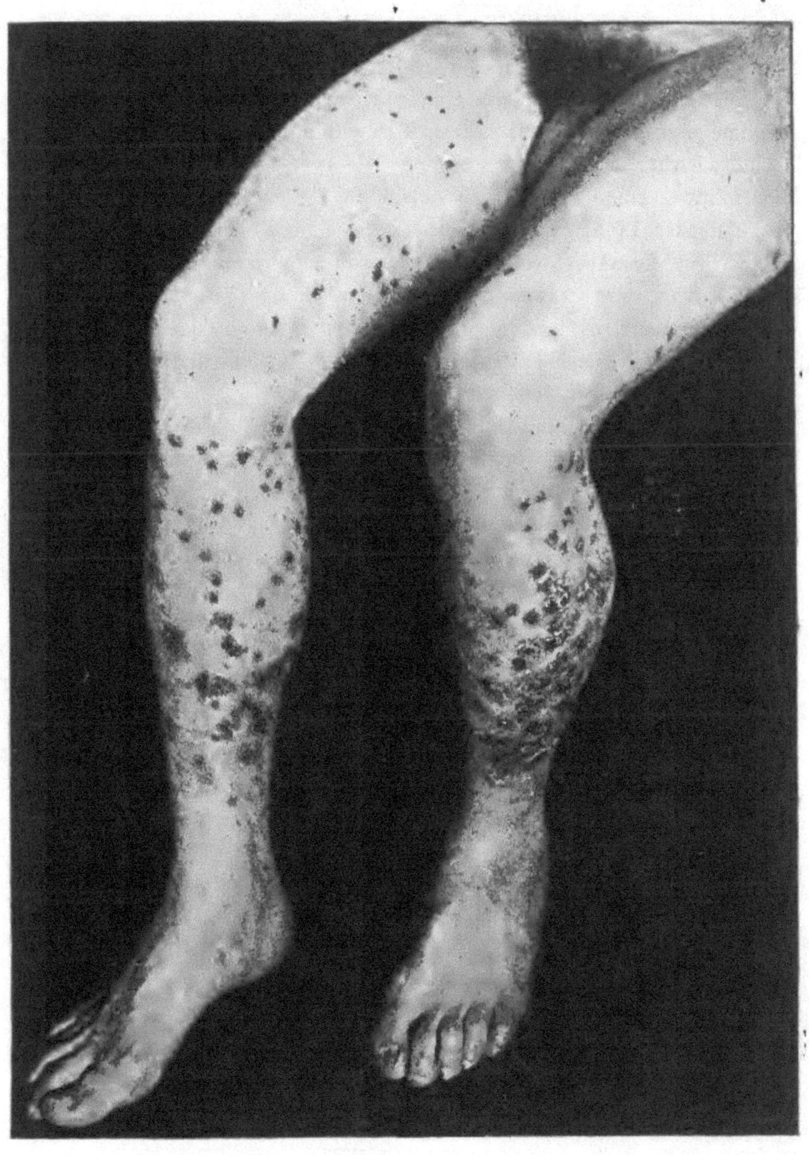

Fig. 29 u. 29a. Wuchernde Geschwüre (Framboësia) aus Pusteln an beiden Waden.

K. E., 18 Jahre alt.

Aufgenommen 31. Februar 1896.

Patientin stand im vorigen Jahre mit Blennorrhoea urethrae, vaginae et canalis cervicis hier in Behandlung. Kurze Zeit nach ihrem Spitalsaustritte acquirierte sie eine Sklerose an der linken kleinen Schamlippe, stand durch 6 Wochen in Behandlung und wurde am 10. Februar 1896, nachdem alle specifischen Erscheinungen, bis auf allgemeine Drüsenschwellung, geschwunden waren, entlassen. Bis vor 8 Tagen war Patientin angeblich vollständig gesund. An diesem Tage spürte sie an beiden unteren Extremitäten heftiges Jucken; sie kratzte, worauf Eiterbläschen entstanden sein sollen, die sich weiterhin in Geschwüre umwandelten.

St. pr.: Am rechten Unterschenkel, unterhalb der Wade ein thalergrosser, aus mehreren kleineren zusammengesetzter Knoten, dessen Centrum eine von einer Kruste bedeckte, speckige Wunde darstellt, während sich seine Peripherie aus 7 bohnengrossen, isolierten, 2 bis 3 mm über das Niveau der Haut erhabenen Knoten bestehend erweist. Die einzelnen Knoten sind an ihrer Oberfläche durchfurcht und an diesen Stellen zumeist der Epidermis beraubt, stellenweise Rhagaden darstellend, während sie an den übrigen Teilen mit leicht angetrockneter Epidermis bedeckt sind. Der Rand des ganzen Knotens ist leicht livid gerötet und, wie alle Teile des Knotens selbst, auf Druck empfindlich. Oberhalb des grossen Knotens befindet sich eine frische Pustel. Eine ähnliche Affektion wie am rechten, befindet sich auch, nur noch ausgebreiteter, am linken Unterschenkel (vide Tafel 29a). Die inguinalen Drüsen typisch geschwellt, nicht schmerzhaft. Die axillaren und cervicalen Drüsen ebenfalls vergrössert. Genitale schlaff. Blennorrhoea urethrae et vaginae. Patientin klagt, dass die Wucherungen an den Unterschenkeln, besonders nachts, schmerzen.

Therapie: Inunktionskur. Burow-Umschläge.

Tab. 29.

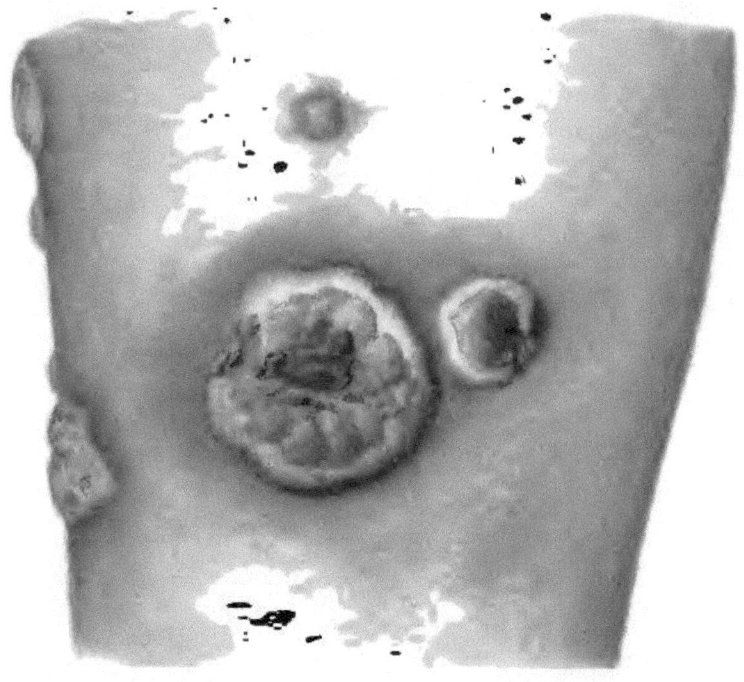

Tab. 29a.

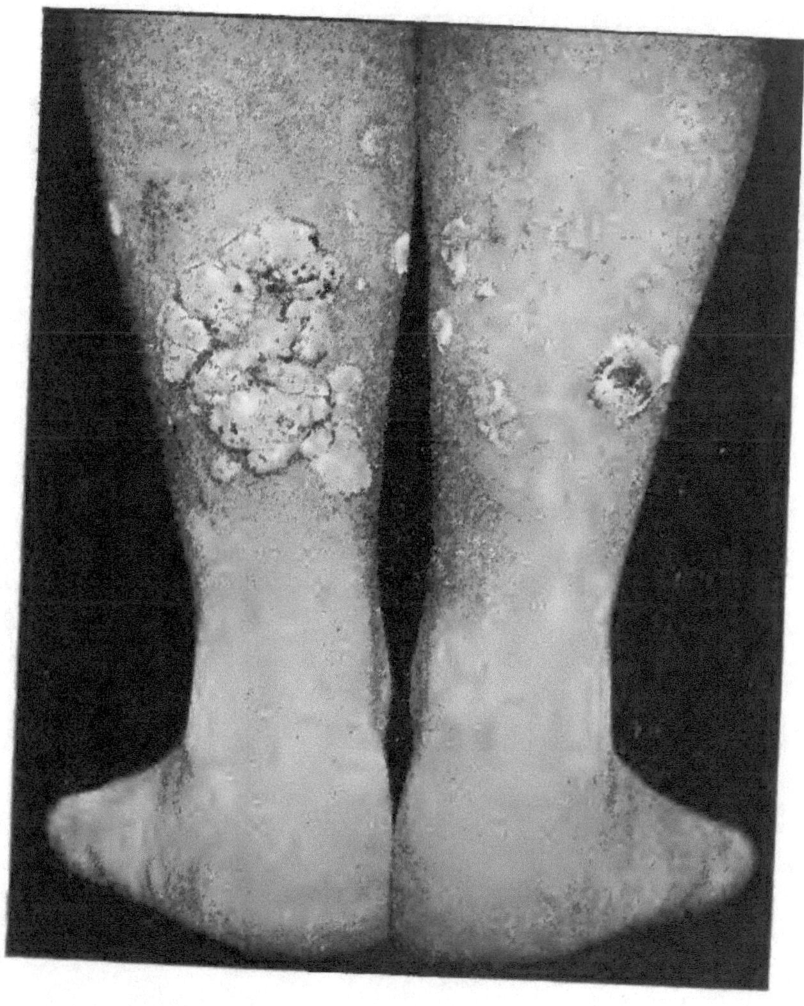

Tab. 30. Psoriasis syphilitica plantaris.

R. R., 24 Jahre, Kassierin.

Aufgenommen 18. Juni 1896.

Erste Erkrankung. Ausschlag angeblich seit 5 Tagen aufgetreten. Über eine etwa sonst bestehende Erkrankung, beziehungsweise deren Dauer, weiss Patientin nichts anzugeben.

St. pr.: An beiden Fusssohlen, namentlich in der Höhlung der Plantae sind zahlreiche Papeln in Ausbildung begriffen, welche stecknadel- bis erbsengross sind. Ihre eigentümlich braunrote Verfärbung sowie das derbere Anfühlen charakterisieren das Verhornen der dickeren Plantarepidermis. An den grossen Labien beiderseits, am Damme, am After zahlreiche folliculäre Papeln. Universelle Lymphdrüsenschwellung. Blasses papulöses Syphilid am Stamme.

Therapie: lokal Labarraque; Mundpflege; Bäder; Inunktionen à 5 gr Ug. hydrargyr.

Decursus: Nach 20 Inunktionen sind sämtliche specifischen Erscheinungen geschwunden. Patientin wird am 11. Juli geheilt entlassen.

Tab. 30.

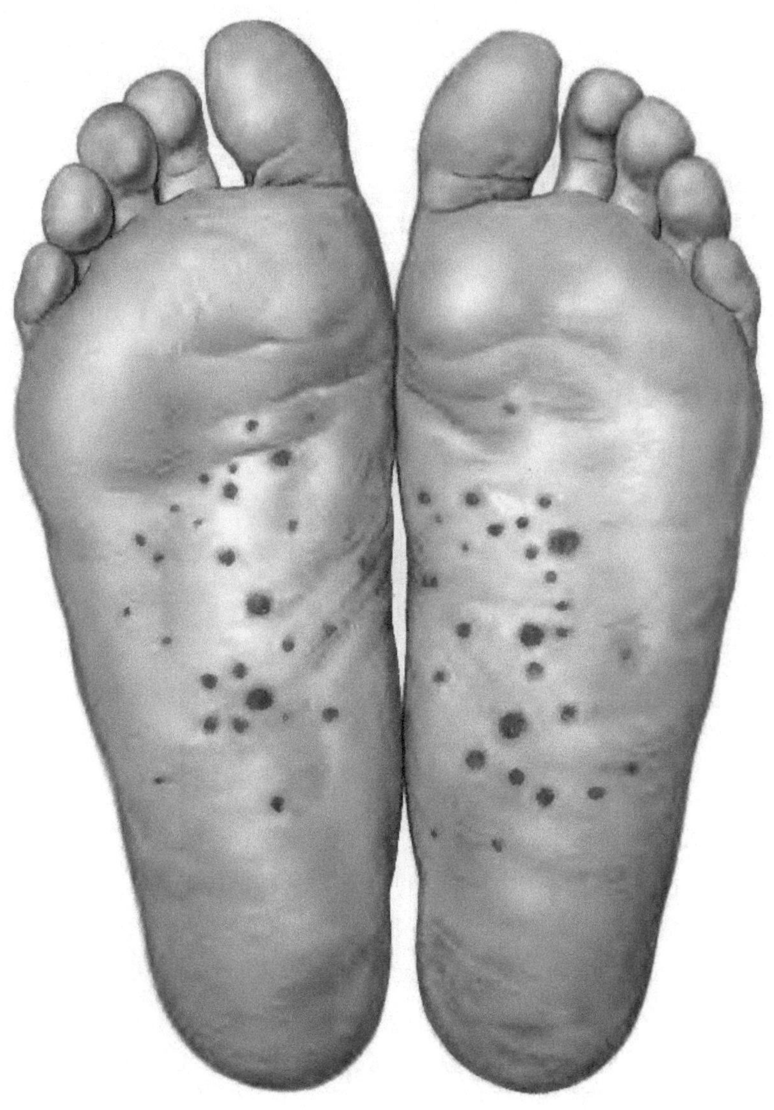

Lith.Anst. v. F. Reichhold, München

Tab. 31a. Papulae erosae inter digitos pedis

T. J., 20 Jahre alt, Magd.

Aufgenommen 25. November 1896.

Patientin gibt an, das erstemal krank zu sein und ihre Genitalaffektion erst vor 5 Wochen bemerkt zu haben.

St. pr.: An den Berührungsflächen der dritten, vierten und fünften Zehe macerierte, konfluierende flache Papeln von ungleich tiefem Zerfall des Infiltrates. Die betreffenden Zehen im Zustande einer entzündlichen Schwellung. An beiden Fusssohlen Papeln mit verhornter Epidermis (Psoriasis). Erhabene, zum Teil konfluierende Papeln am Rande der grossen Labien und um den After. Figuriertes maculöses Syphilid am Stamme. Inguinale und Halslymphdrüsen vergrössert. Beide Tonsillen vergrössert und so wie die sie umgebenden Arcus palatoglossi gerötet und mit erodierten Papeln besetzt.

Therapie: Sublimatfussbäder. Einlage von 5% weisser Präcipitatsalbe. Bäder. Mundpflege. Inunktionskur. Heilung nach 30 Tagen.

Tab. 31 b. Papulae et Rhagades inter digitos pedis.

P. B., 27 Jahre alt, verheiratete Taglöhnerin.

Aufgenommen 19. November 1895.

Die jetzige Erkrankung will Patientin vor 3 Monaten bemerkt haben. Damals wurde von ihr zwischen der 4. und 5. Zehe eine nässende Stelle wahrgenommen, welche Patientin für ein Hühnerauge hielt. Allmählich traten die übrigen Geschwüre hinzu. Es bildeten sich grosse Substanzverluste, welche schon seit 1 Monat das Auftreten sehr schmerzhaft, ja fast unmöglich machen. Die Entzündung in der

Tab. 31.

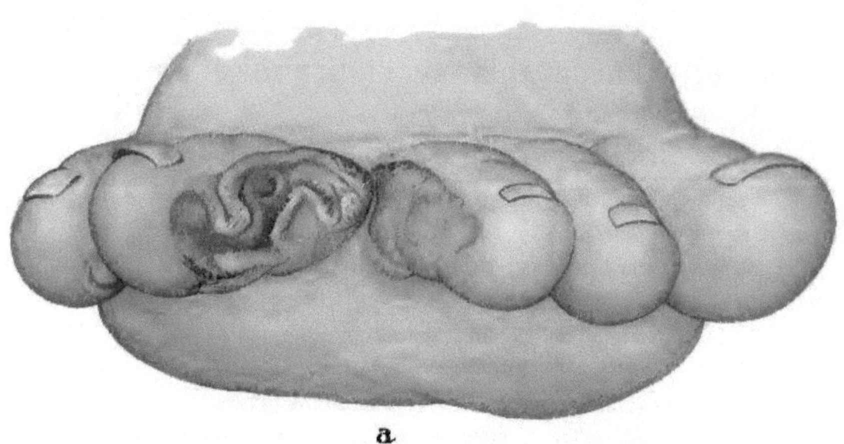

a

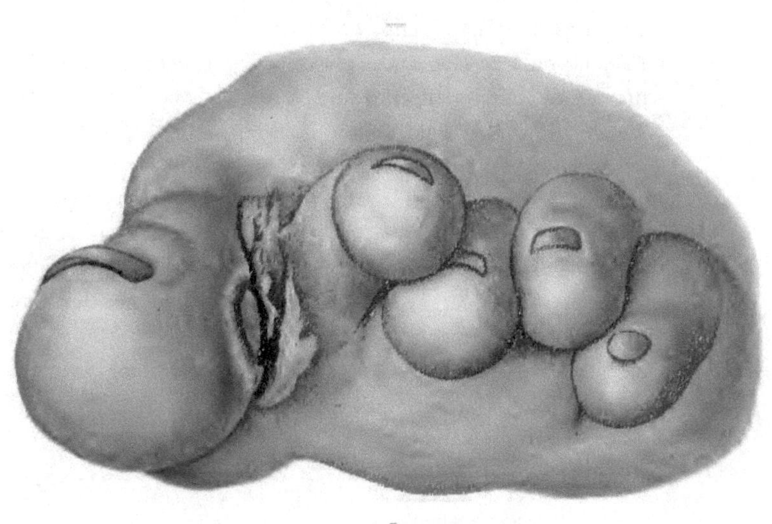

b

Lith.Anst v. F Reichhold. München.

Tab. 32. Paronychia syphilitica digit. man. utr.

B. J., 50 Jahre alt, Hilfsarbeiter.

Aufgenommen am 5. Oktober 1896.

Patient ist seit 21 Monaten syphilitisch krank und war bereits vor 1 Jahre Gegenstand einer Spitalsbehandlung. Die jetzige Erkrankung begann vor 1 Monat.

St. pr.: Daumen, Zeige- und Mittelfinger der rechten Hand, Zeige-, Mittel- und Ringfinger der linken Hand und grosse Zehe des linken Fusses in verschiedenem Grade erkrankt: Die weniger beteiligten Glieder zeigen nur geringe Rötung und Schwellung der Endphalange und leichte Ulceration um den Nagelfalz; die stärker beteiligten, wie z. B. der Zeigefinger der rechten und der Mittel und Ringfinger der linken Hand sind stark gerötet, die Endphalange, namentlich der Nagelfalz bis zur Fingerbeere geschwollen; die Nägel rollen sich ein, sind von ihrer Matrix abgehoben. Letztere ist an ihrem Saum und unter dem Nagel in ein granulierendes, eitrig secernierendes Geschwür umgewandelt. Papeln auf der Mundschleimhaut, Papeln um den After herum, am Scrotum und an beiden Vorderarmen. Patient klagt über beständiges Brennen in den erkrankten Fingerspitzen, welche er ängstlich hütet, um nicht mit denselben anzustossen.

Therapie: Sublimathandbäder. Inunktionskur. Heilung nach 25 Einreibungen. Die Nägel sind braunschwarz verfärbt, spröde, eingerollt.

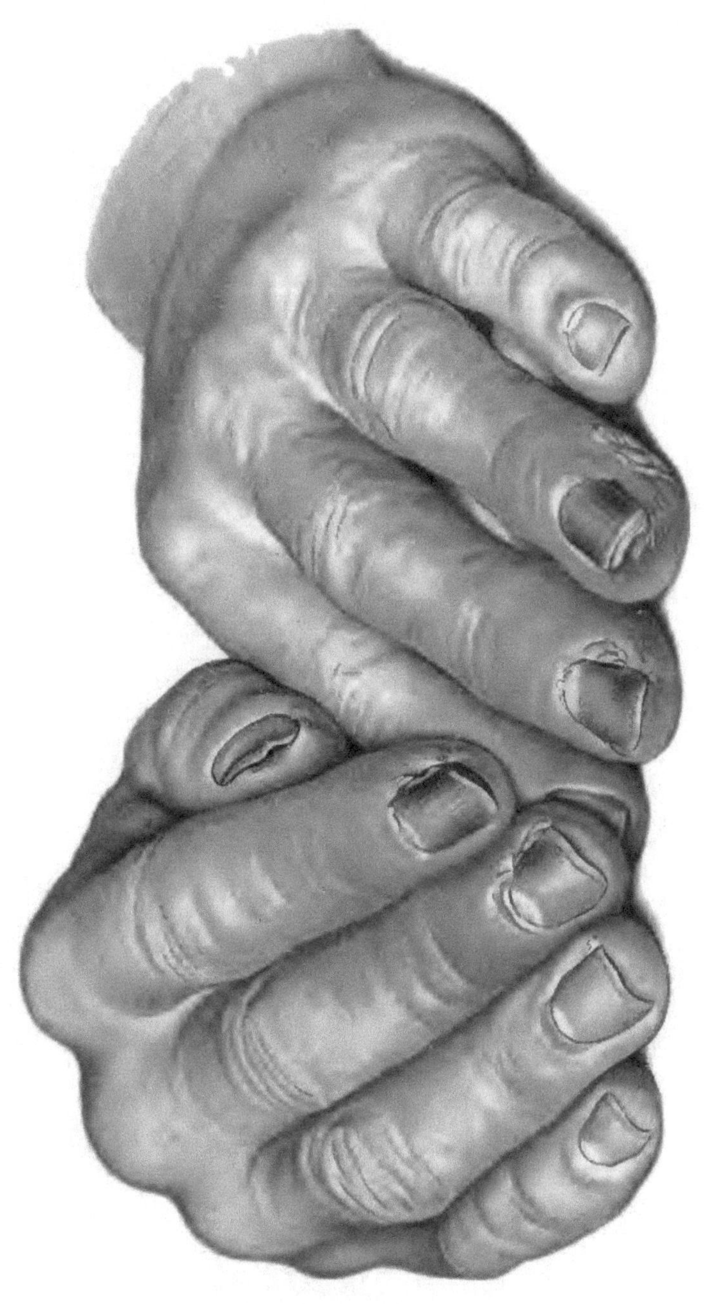

Tab. 33. Papulae luxuriantes erosae diphtheriticae.

J. M., 27 Jahre alt, Kutscher.

Aufgenommen am 12. Juni 1897.

Patient war nie zuvor venerisch krank. Sein gegenwärtiges Leiden bemerkt er seit 4 Wochen. Letzter Coitus vor 3 Monaten.

St. pr.: Auf der Eichel, am Rande und inneren Blatte des Präputiums, auf der Haut des Penis und am Scrotum diphtheritische Papeln. Wuchernde Papeln auf dem Mittelfleische, auf beiden Oberschenkeln und auf dem Gesässe. Schuppende Papeln auf beiden Handtellern und Fusssohlen. Elevierte, livid verfärbte, mit Krusten bedeckte Papeln auf der Bauchhaut. Inguinale, axillare, cubitale Drüsen geschwellt.

Heilung nach 10 Einreibungen und 10 Sublimatinjektionen (1%).

Tab. 33.

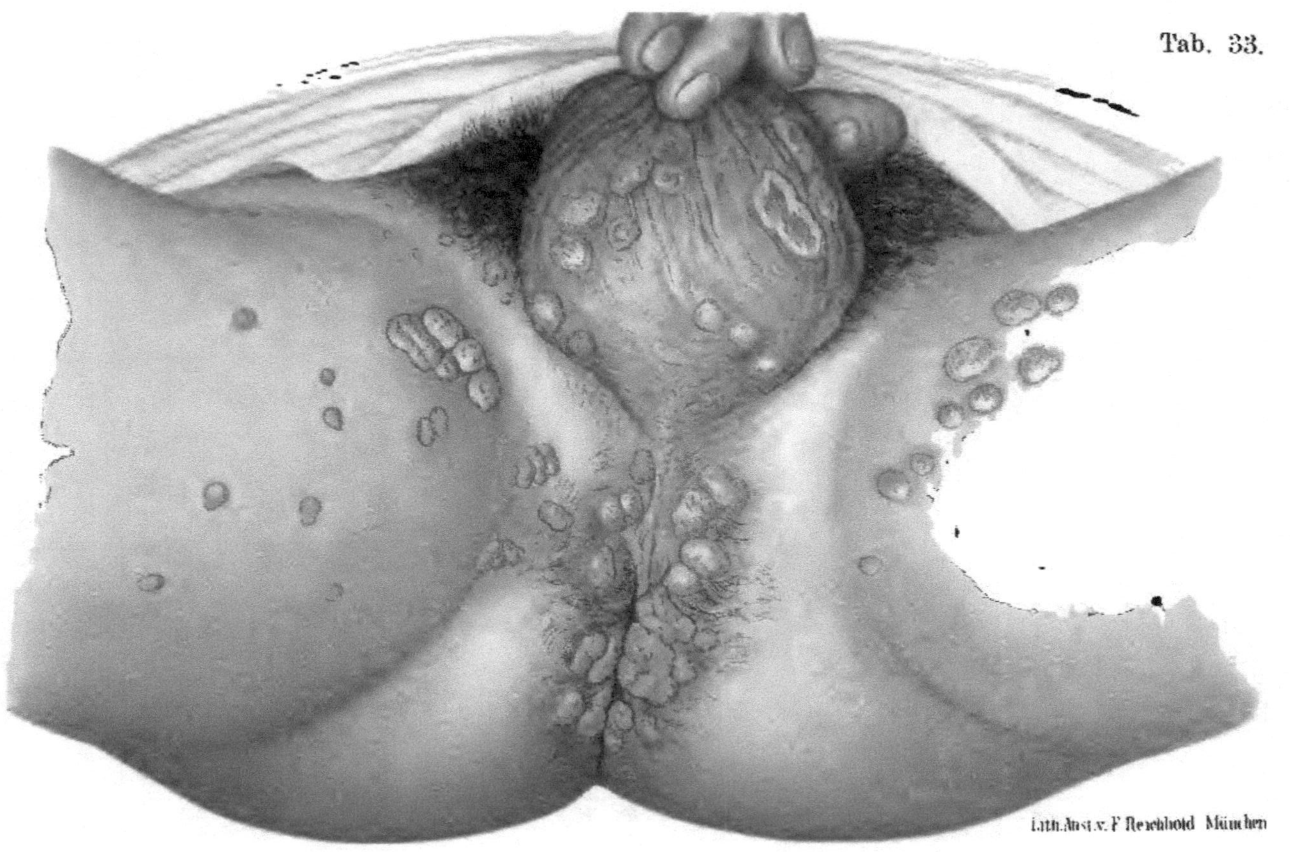

Lith.Anst.v. F Reichhold München

Tab. 34. Papulae luxuriantes.

T. A., 17 Jahre alt, Magd.

Aufgenommen am 2. Juli 1897.

Erste venerische Erkrankung. Patientin bemerkt die Affektion an ihrem Genitale seit 2 Wochen. (?) Letzter Coitus vor 3 Wochen.

St. pr.: Am Rande der grossen Labien, auf dem Mittelfleische und um den After wuchernde und elevierte Papeln, von denen einige central nekrotischen Zerfall und speckigen Belag aufweisen.

Inguinaldrüsen beiderseits geschwellt, hart. Portio vaginalis nach links gewendet, unverletzt.

Heilung nach 20 Einreibungen.

Tab. 34.

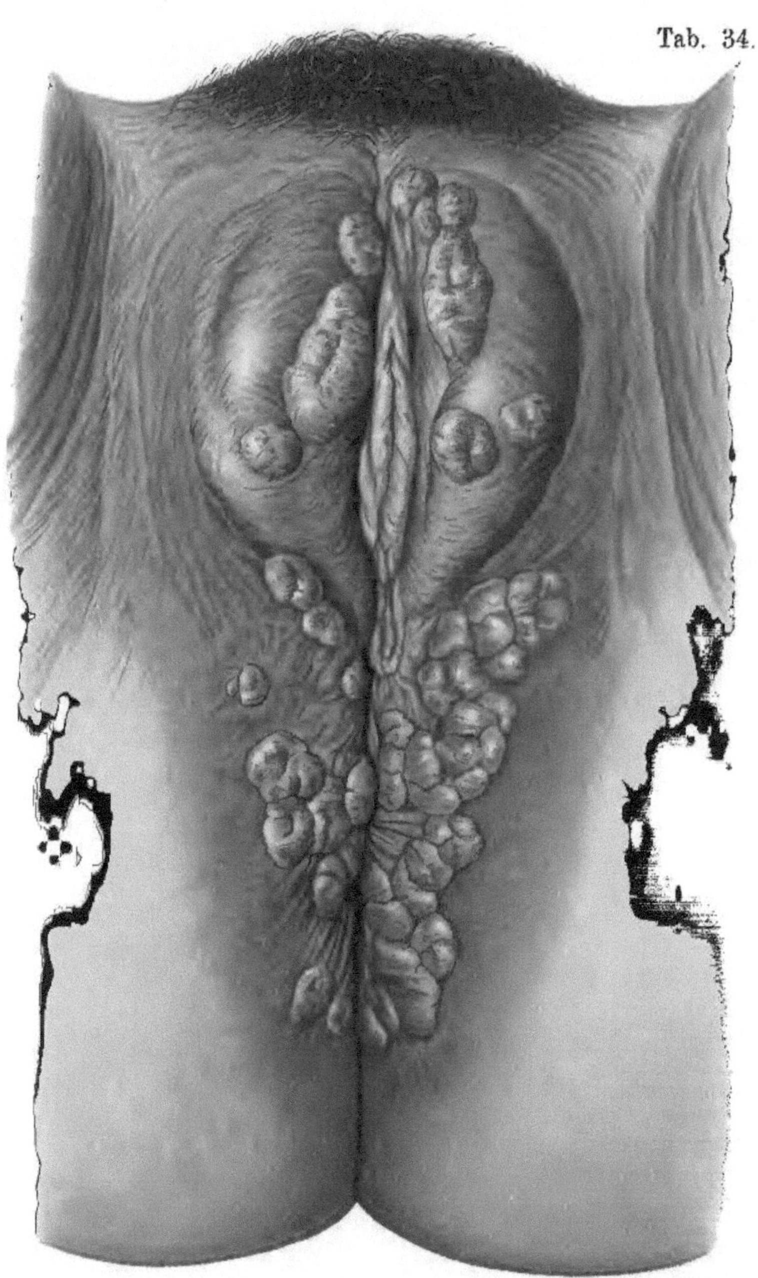

Lith.Anst.v. F Reichhold. München

Tab. 35. Papulae luxuriantes in labiis maioribus, in plica genito-crurali, perineo usque ad anum.

S. M., 24 Jahre alt, Näherin.

Aufgenommen am 15. Mai 1896.

An den Rändern der grossen Schamlippen und an den Analfalten wuchernde, rasch wachsende, entzündliche Papeln. Ähnliche, jedoch kleinere, um den After und an den inneren Schenkelflächen. Obzwar alle diese Wucherungen feucht sind, sieht man doch nur an einzelnen einen grösseren Zerfall mit eitriger Schmelzung, sodass diese Form mehr durch entzündlichen Charakter und rasches Wachstum ausgezeichnet ist.

Patientin leidet überdies an einem Fluor und ist nebst der Inguinaldrüsenschwellung mit einer Schleimhautaffektion am Isthmus fauc. behaftet.

Therapie: Labarraque. — Inunktionskur.

Tab. 35.

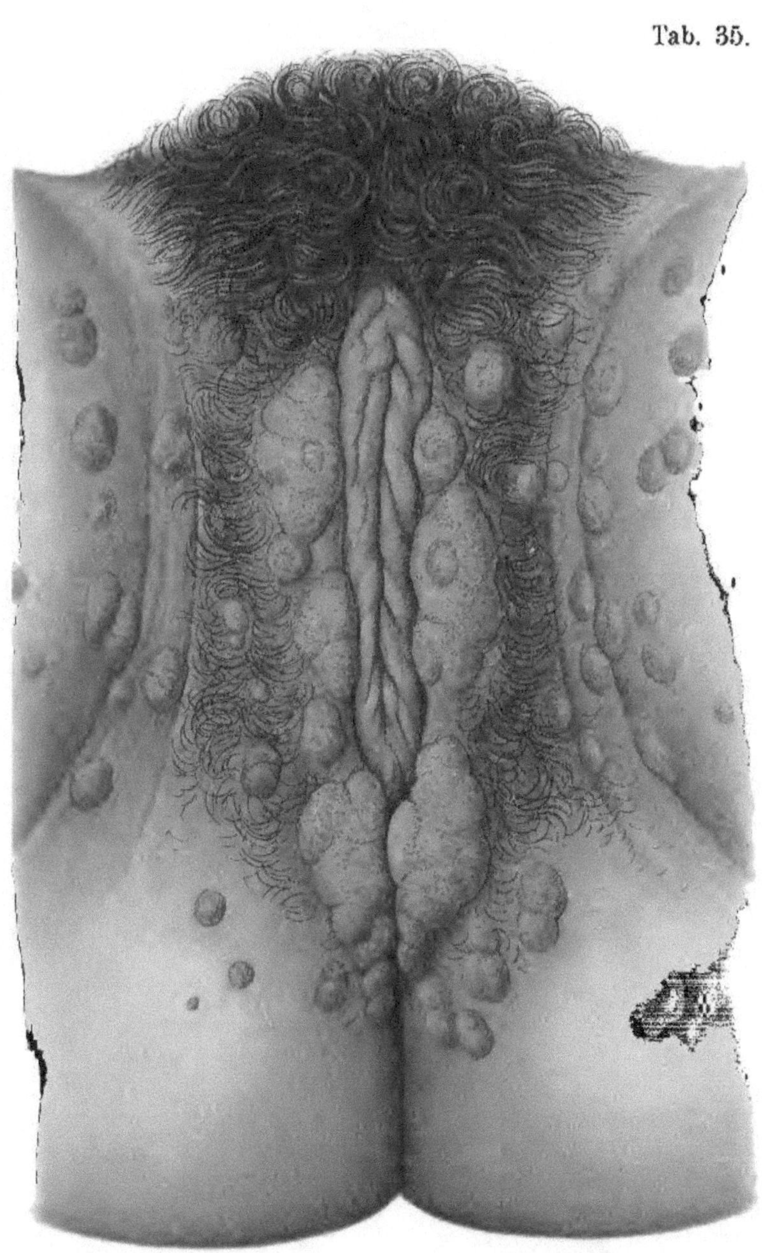

Lith.Anst v. F. Reichhold, München

Tab. 36. Papulae luxuriantes in labiis maioribus, in perineo et circa anum.

G. A., 20 Jahre.
Aufgenommen am 19. Dezember 1896.
Angeblich seit 14 Tagen krank.

St. pr.: Elevierte, zum Teil einzeln stehende, zum Teil konfluierende und oberflächliche erodierte papulöse Efflorescenzen an beiden grossen Schamlippen, welche sich nach abwärts über das Perineum bis gegen den After hinziehen. Die Wucherungen sind stellenweise bis $^1/_2$ cm über das Niveau der Haut erhaben, von dichter, doch elastischer Konsistenz. Leistendrüsen bedeutend, Drüsen des übrigen Körpers mässig vergrössert. Leukopathia colli.

Heilung unter lokaler Applikation von Labarraque und Inunktionskur (20 Einreibungen).

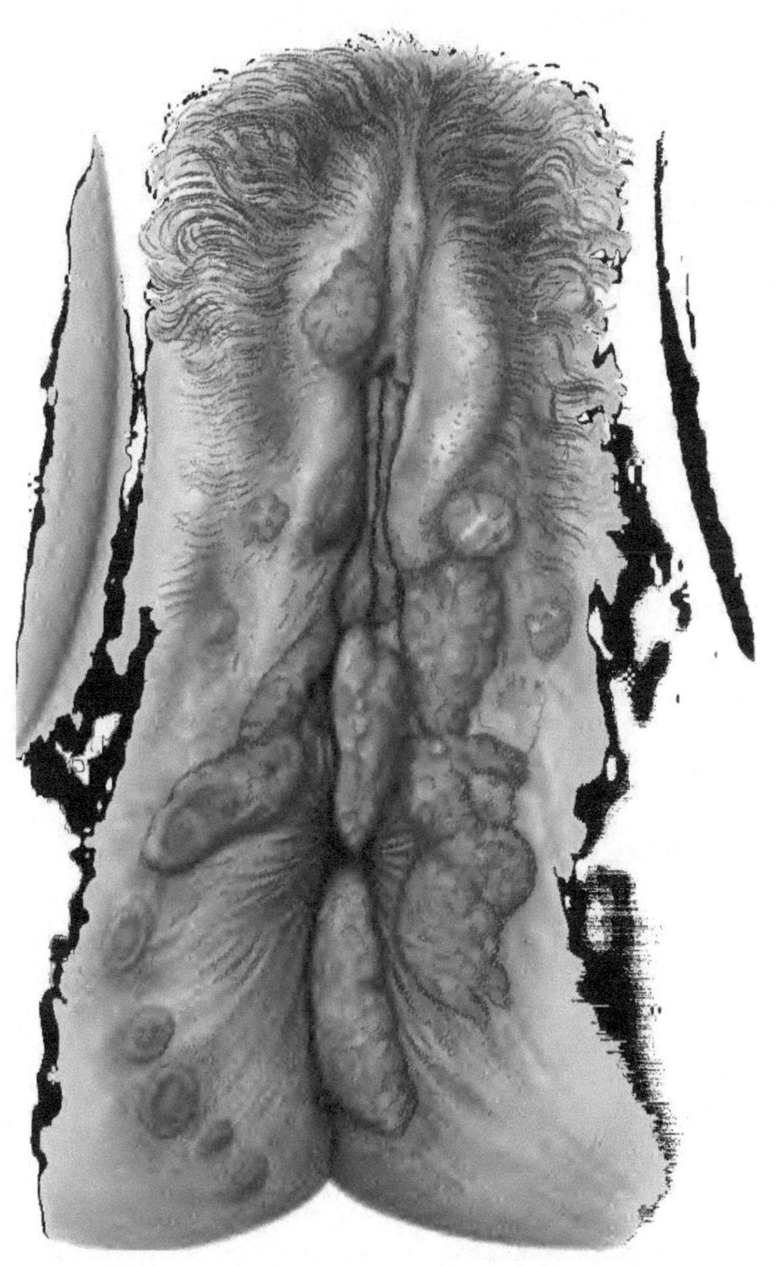

Tab. 37. Papulae hypertrophicae et plicae circa anum.

J. T., 22 Jahre alt, Arbeiter.

Aufgenommen am 18. Juli 1897.

Patient stand bereits zweimal wegen Papeln am Genitale in Behandlung und gebrauchte im ganzen 37 Einreibungen. Die gegenwärtige Erkrankung bemerkt er seit 3 Wochen. Letzter Coitus angeblich im September 1896.

St. pr.: Zahlreiche livid verfärbte, infiltrierte Afterfalten. Anschliessend an diese nussgrosse, derbe, unregelmässig gefaltete, ziemlich trockene syphilitische Wucherungen. In der Analfalte und am Gesässe kleinere, im Niveau der Haut befindliche, nässende Papeln.

Ausserdem zeigt der sehr verwahrloste Kranke ein spät-maculöses Syphilid, allgemeine Drüsenschwellungen und eine Schleimhautaffektion des Rachens.

Heilung nach 30 Einreibungen.

Tab. 37.

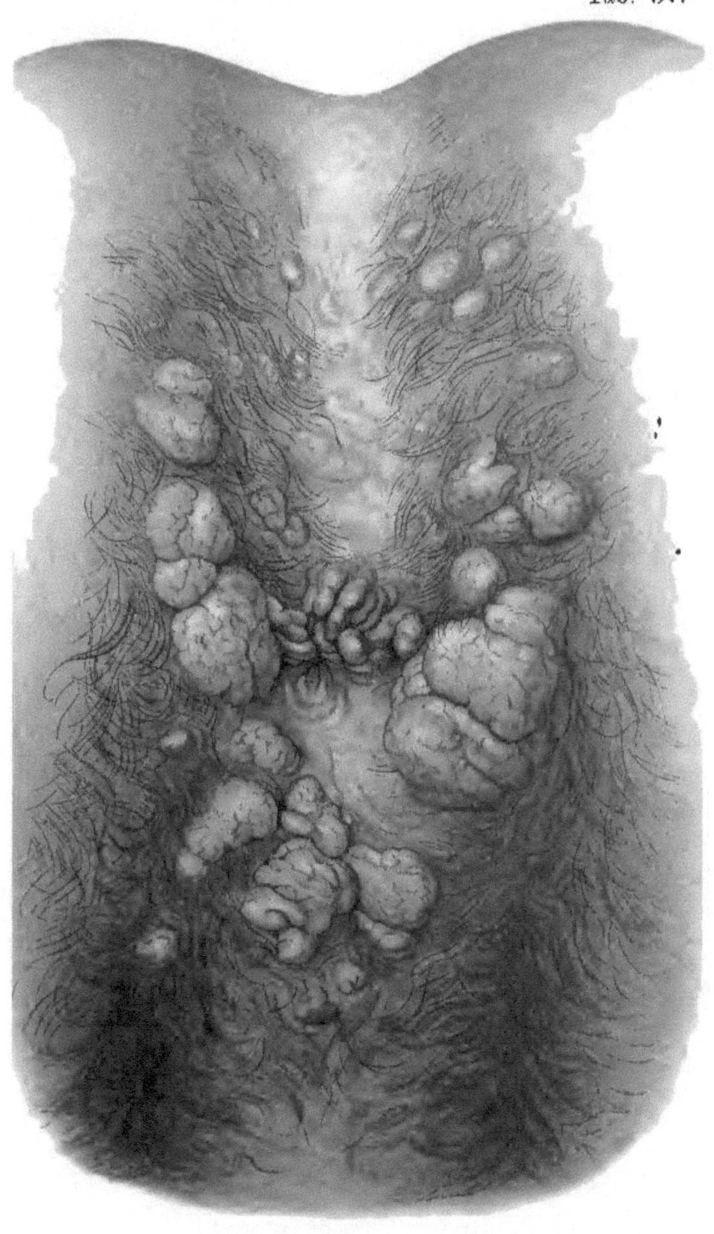

Lith. Anst. v. F. Reichhold, München

Tab. 38. Papulae annulares inveteratae in centro iam regressae.

T. R., 17 Jahre alt, Bedienerin.

Aufgenommen am 29. Juli 1897.

Patientin gibt an, bereits vor einem Jahr mit einer Genitalerkrankung, welche sie nicht näher zu bezeichnen vermag, in Spitalsbehandlung gestanden zu sein. Ihre jetzige Erkrankung soll seit 2 Monaten bestehen.

St. pr.: Die grossen Labien und die Fortsetzung derselben bis zum After, beide Genitocruralgegenden dicht besetzt mit teils einzeln stehenden, teils konfluierenden papulösen Efflorescenzen. An einzelnen Stellen sind dieselben durch Abheilung im Centrum zu elevierten über Zweipfennigstückgrossen Ringen geworden, deren centraler Teil eine tiefdunkel braunschwarze Pigmentierung aufweist; oder der innere Rand einer solchen ringförmigen Efflorescenz ist oberflächlich geschwürig zerfallen, während das Centrum eine weisslichgraue Übernarbung zeigt. Inguinaldrüsen geschwellt. An der Vorderseite der Unterschenkel eine mässig grosse Zahl flacher, erbsengrosser Pigmentflecke, ebenso ad nates und auf der Haut des Rückens. — In der Regio supraclavicularis dextra eine etwa thalergrosse, annähernd rundliche, grösstenteils blassbräunlich pigmentierte Stelle, welche nur in ihren Randpartien da und dort noch geringe papulöse Elevationen aufweist. — Cervicale Drüsen mässig geschwellt. — Leukopathia colli. — Mund-Rachenschleimhaut frei.

Therapie: Mundpflege. — Bäder. — Inunktionskur. Nach 25 Einreibungen sieht man an Stelle der ringförmig angeordneten Papeln flache dunkelbraunrote, in ihrer Anordnung den bestandenen specifischen Efflorescenzen entsprechende Pigmentflecke. Inguinaldrüsen geschrumpft.

Tab. 38

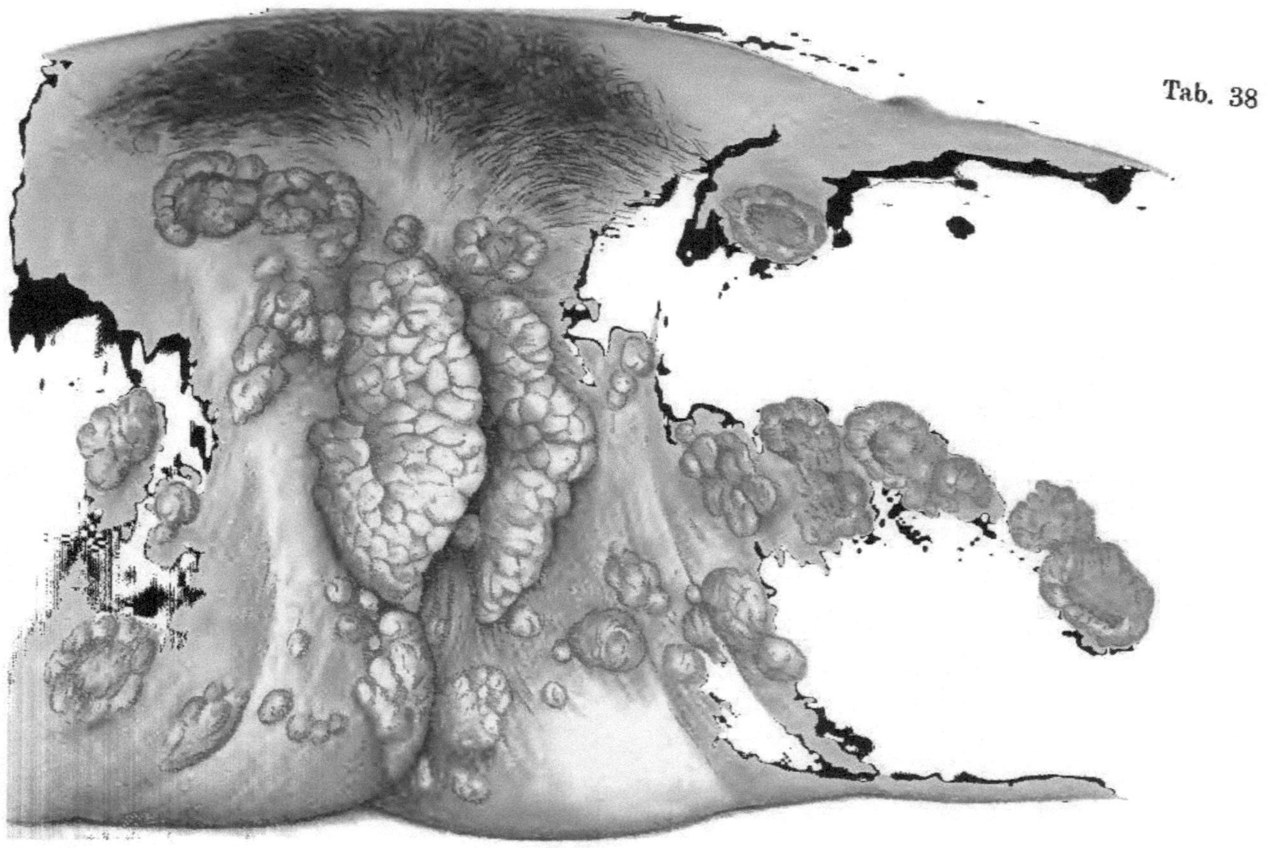

Tab. 39. Papulae diphtheriticae in mucosa portionis vaginalis et vaginae.

M. A., 50 Jahre alt, Taglöhnerin.

Die Portio vaginalis nach mehrfachen vorausgegangenen Entbindungen zerklüftet und narbig eingezogen. An der Vorderlippe zwei, an der Hinterlippe ein und an der hinteren Vaginalwand mehrere speckig belegte, zum Teil schon konfluierende, mit entzündlicher Umgebung versehene Geschwüre. — Die Kranke hat von den Geschwüren in der Vagina und an der Portio vaginalis keine Kenntnis.

An den Schamlippen einzeln stehende nässende Papeln, ebensolche in beiden Leistengegenden, am Perineum und an beiden inneren Schenkelflächen. Am Stamme und am Nacken ein pustulöses, mit Papeln untermischtes Syphilid. Inguinale sowie allgemeine Drüsenschwellung.

Die Kranke ist nicht mehr menstruierend und gibt an, seit 14 Tagen nebst Ausfluss die «Geschwüre» beobachtet zu haben. Sie hat 7 Geburten überstanden; die letzte vor 18 Jahren.

Patientin wurde lokal an den Genitalien mit Sublimat, allgemein mit 9 Einreibungen und 20 Injektionen behandelt. Nach 87tägiger Behandlung wurde sie geheilt entlassen.

Der Fall stammt aus der Zeit der Assistententhätigkeit des Autors an der Klinik Siegmund (1879/80).

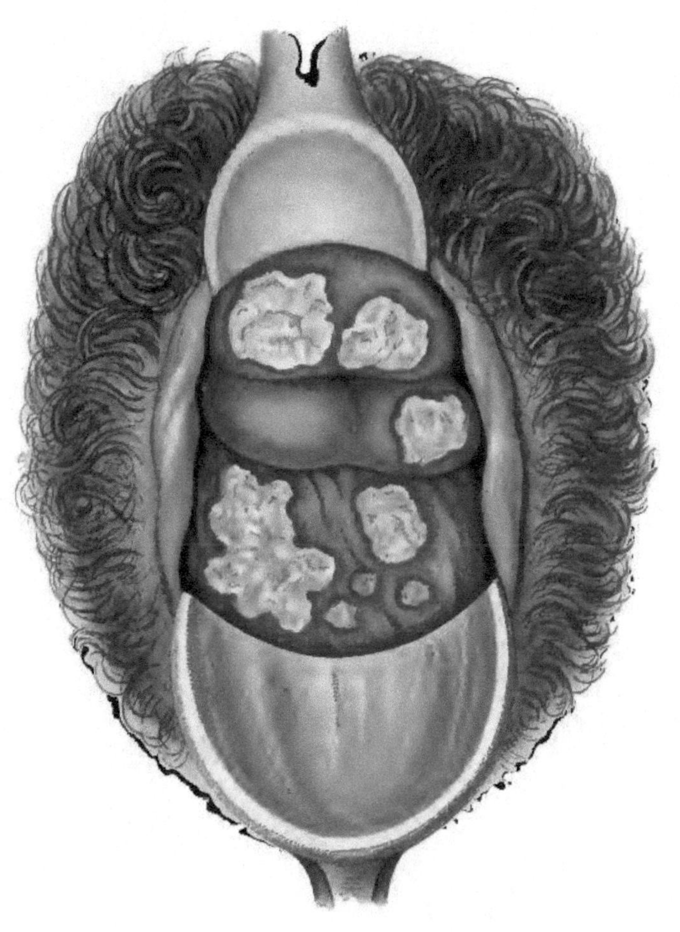

Lith.Anst.v.F Reichhold, München

Tab. 40. Papulae diphth. in mucosa lab. sup. or. et in bucc. sin.

T. A., 33 Jahre alt, Gärber.

Aufgenommen am 12. November 1896.

Patient stand bereits vor einem Jahre wegen Syphilis in Behandlung. Die Geschwüre am Scrotum und im Munde traten vor 4 Wochen auf.

St. pr.: An der Schleimhaut der Oberlippe und der Wange in der Nähe des linken Mundwinkels, ferner an den Mandeln befinden sich mehrere mit speckigem Belag versehene, im Centrum durch Zerfall bereits vertiefte Papeln. Reste nach Papeln an den Handtellern. Involvierte, kreisförmige Papeln am Penis, Scrotum und um den After. Im Rückgang begriffene, bräunlich pigmentierte Papeln am Stamme und an den Extremitäten. Allgemeine Drüsenschwellung.

Therapie: Sublimat-Mundwasser. — Labarraque. — Inunktionskur. Heilung nach 25 Einreibungen.

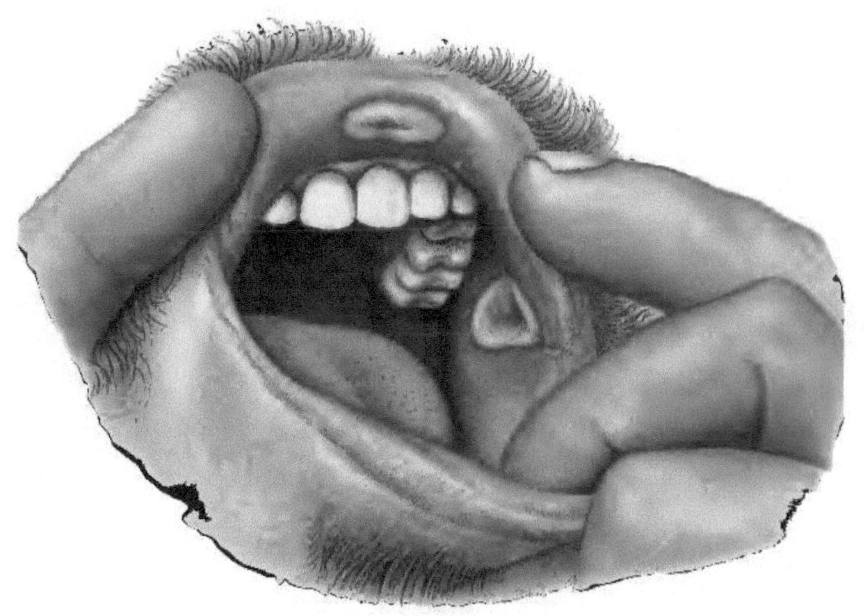

Tab. 41a. Infiltratio superficialiter necrotica mucosae et submucosae labii superioris oris.

K. T., 70 Jahre alt, Gasarbeiter.

Aufgenommen am 11. August 1896.

Patient bemerkte die Geschwulst an der Oberlippe zum erstenmale im Mai vorigen Jahres. Früher will er nie krank gewesen sein. Luetische Infektion nicht zugegeben.

St. pr.: Auf der Oberlippe, und zwar in der Mitte derselben eine etwa Zweimarkstückgrosse elliptische, in ihrer Längsachse dem Verlaufe der Oberlippe entsprechende Infiltration von knorpelharter Konsistenz. Im linken äusseren Anteile derselben eine etwa 5 mm breite, 1/2 cm lange Rhagade. Die submaxillaren Drüsen beiderseits palpabel, die präauricularen Drüsen nicht zu tasten. Die Lymphdrüsen an sonstigen Körperstellen wenig beteiligt.

Therapie: Inunktionskur. Heilung nach 20 Einreibungen.

Tab. 41b. Papulae exulceratae et Leukoplakia incipiens linguae.

P. P., 49 Jahre alt, ambulatorisch behandelt.

Patientin gibt an, vor 4 Jahren zum erstenmale das Entstehen von feuerroten, isoliert stehenden Knötchen an der Zunge bemerkt zu haben. Auf verschiedene Behandlungen, darunter mehrfaches Touchieren mit Lapis schwanden diese Efflorescenzen für einige Zeit, um abermals zum Ausbruche zu kommen, so vor einem Jahre. Damals gebrauchte die Kranke 20 Einreibungen, worauf die Erscheinungen sistierten. Vor zwei Monaten entwickelten sich abermals Knötchen und weissliche, konfluierende Substanzverluste an der Zunge.

Tab. 41.

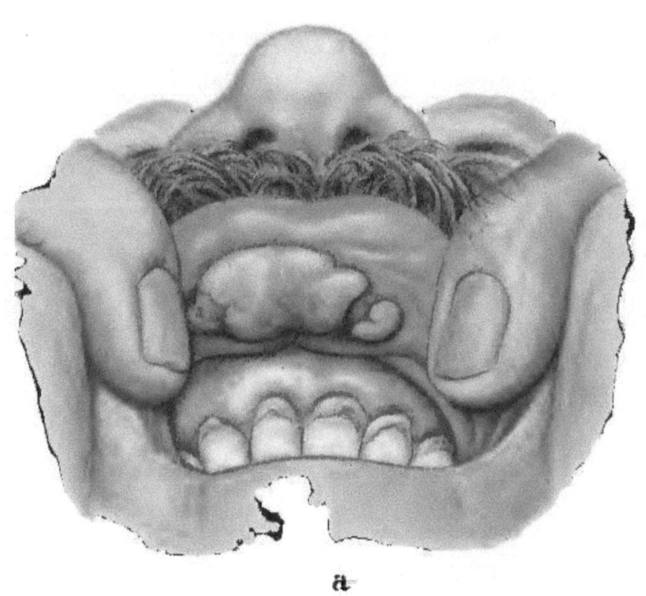

a

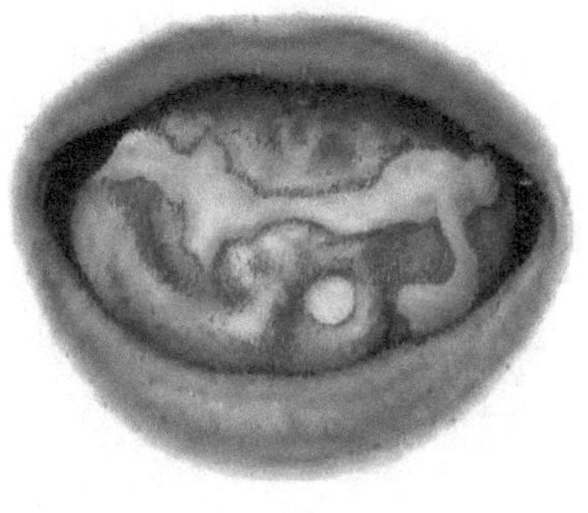

b

Lith.Anst.v. F Reichhold. München

St. pr.: Zunge nicht erheblich geschwellt, in ihrem hinteren Anteile die Papillen erhalten, die vordere Hälfte glatt, zumeist mit weisslichem, getrübtem Epithelbelag versehen. Quer über die Zunge zieht ein speckig belegtes, leicht erhabenes Geschwür, welches an beiden Zungenrändern sich verbreitet. Die Zungenspitze links ist gleichfalls Sitz eines erbsengrossen, speckig belegten Geschwüres. Die Geschwüre sind leicht erhaben und von einem scharfen und geröteten Rande umgeben.

Die Submaxillardrüsen alle hart anzufühlen, mässig vergrössert.

Schmerzen beim Kauakte.

Nach achttägiger Behandlung vernarbte das quergespannte Geschwür von der Mitte aus, um sich in eine weissliche epitheliale Verdickung umzuwandeln.

Tab. 42a. Papulae elevatae confluentes in palato duro.

R. S., 21 Jahre alt, Prostituierte.

Aufgenommen am 16. November 1896.

Die Kranke ist seit ihren ersten Erkrankung im Jahre 1893 zum neuntenmale wegen Syphilis in Spitalbehandlung. Die meisten Recidiven betrafen die papulöse Erruption an den Genitalien. Die jetzige Erkrankung beobachte Patientin erst seit 14 Tagen. Am harten Gaumen median in der Excavation hinter den Schneidezähnen beginnend erstreckt sich bis zum weichen Gaumen eine konfluierende Gruppe von brombeerartigen Wucherungen, welche derbelastisch sind, lichter glänzen als die leicht entzündliche Schleimhaut des Gaumens ihrer Umgebung. Der Rand des weichen Gaumens und der Uvula leicht verdickt und unregelmässig verzogen aus einer vorausgegangenen Erkrankung, welche jetzt noch durch ein Infiltrat am Rande des weichen Gaumens und der Uvula gekennzeichnet ist. Bei der Phonation bewegt sich das Gaumensegel nur sehr träge und in unregelmässigen Schwingungen. Als Begleiterscheinungen dieser Munderkrankung sind ferner flache, glänzende, bohnengrosse Papeln an den grossen Schamlippen und typische allgemeine Drüsenschwellung vorhanden.

Therapie: Inunktionskur. Unter derselben involvieren sich die specifischen Infiltrate, die Wucherungen am harten Gaumen flachen sich ab, die Beweglichkeit des Gaumensegels wird nahezu normal.

Tab. 42b. Leukoplakia (Psoriasis) linguae.

C. J., 49 Jahre alt, wegen Emphysema et Catarrh pulm. auf Nr. 12 in Behandlung.

Patient hat verschiedene Krankheiten überstanden. Im Jahre 1872 oder 1873 hat er einen harten Chanker acquiriert, welchem dann Ausschläge auf der Haut und Wunden im Munde gefolgt sind. Mit Aus-

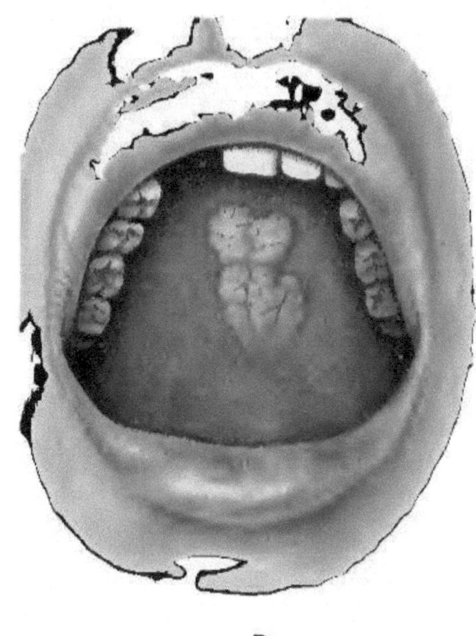

a

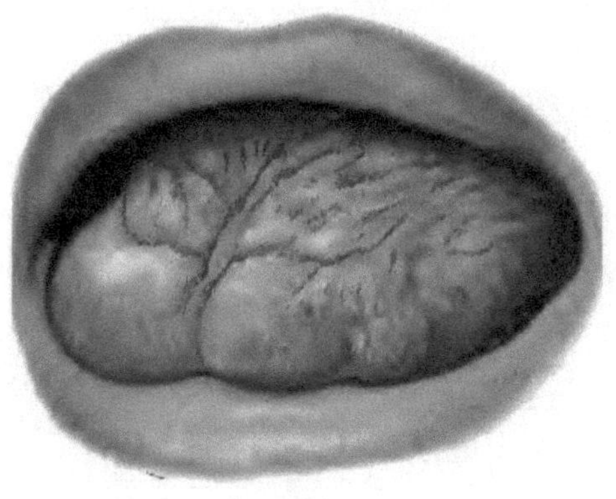

b

nahme von lokalen Behandlungen und Flussbädern hat Patient gegen sein Leiden keine Mittel gebraucht.

Lapistouchirungen, Gurgelwässer, Präcipitatsalben waren sonst seine einzigen Mittel, die er angewendet hat.

Patient war starker Raucher, sowohl Cigarren als Pfeife pflegte er als Lastzugsbegleiter Tag und Nacht zu rauchen.

Im Jahre 1891 bemerkte er das erste Mal das Auftreten von weisslichen Blasen an der Zunge, welche er mit einer Nadel aufgestochen hat, wobei Blut hervorgetreten ist.

Den jetzigen Zustand der Zunge will Patient seit $1^1/_2$ Jahren bereits beobachtet haben. Patient ist mager, aber nicht kachektisch.

St. pr.: Die Zunge ist nicht merklich grösser, doch vermag der Kranke dieselbe nur schwer und in geringem Masse hervorzustrecken. Die Oberfläche derselben erscheint weiss, mässig verdickt und durch seichte Furchen in unregelmässige Felder geteilt. Die Furchen sind nicht narbige Einziehungen, sondern scheinen den seit jeher bestandenen Falten der Zunge zu entsprechen. Dafür erscheinen die Felder durch die Verdickungen des Epithels und die diesen vorausgegangenen leichten Entzündungen (welche Patient als Blasenbildung bezeichnete) mehr erhaben. Die Zunge fühlt sich nicht hart an und verursacht in dem jetzigen Zustande dem Kranken keine Schmerzen. Feinere Tastempfindung ist verloren gegangen.

Beim Kauen von scharfen Speisen oder spitzen Semmelstücken entstehen leicht Risse, welche jedoch in einigen Tagen von selbst heilen. Das Epithel der Wangenschleimhaut ist den Zahnreihen entsprechend auch getrübt, jedoch nicht so verdickt wie an der Zunge.

Drüsen submaxill nicht geschwellt. Syphiliserscheinungen nicht nachweisbar.

Tab. 43a. Iritis condylomatosa.

L. P., 23 Jahre alt, Hausknecht.

Aufgenommen am 30. November 1896.

Patient will seit fünf Tagen mit Schmerzen in der rechten Schläfengegend, reissenden Schmerzen im rechten Auge erkrankt sein. Die Lider des erkrankten Auges waren verklebt, Thränensecretion reichlich. Lues negiert.

St. pr.: Ciliarinjektion am rechten Auge; Cornea, Kammerwasser rein, Pupille auf Atropin nierenförmig erweitert, da nach aussen unten eine spitze Synechie vorhanden ist. Am unteren Pole des äusseren Quadranten ragt eine rötlich gefärbte, über hirsekorngrosse Geschwulst in die Pupille vor. Eine livide, pigmentierte, ins Kupferfarbige spielende, etwa bohnengrosse, mässig infiltrierte Narbe an der Raphe des Penis, in der Mitte der Pars pendula. Inguinale, axillare, cervicale Drüsen multipel und indolent geschwellt. Ein kleinpustulöses Syphilid in universeller Ausbreitung am Stamme.

Handteller, Fusssohlen, Schleimhaut der Mundhöhle frei.

Subconjunctivale Sublimatinjektionen. — Inunktionskur. — Heilung.

Tab. 43b. Tarsitis gummosa oculi sinistri. Trachom.

K. H., 24 Jahre alt.

Aufgenommen am 14. November 1895.

Patientin leidet seit mehreren Jahren an Trachom. Vor 3 Jahren acquirierte sie Syphilis, bekam ein Exanthem am ganzen Körper und machte deshalb eine Inunktionskur durch. Seit einer Woche fühlt Patientin eine Geschwulst unter dem linken oberen Augenlide.

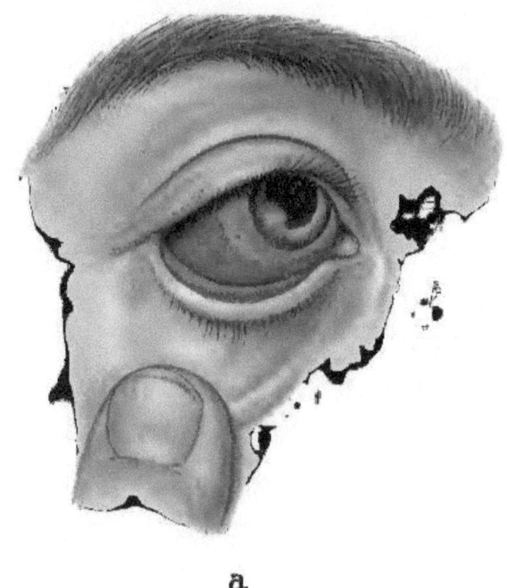

a

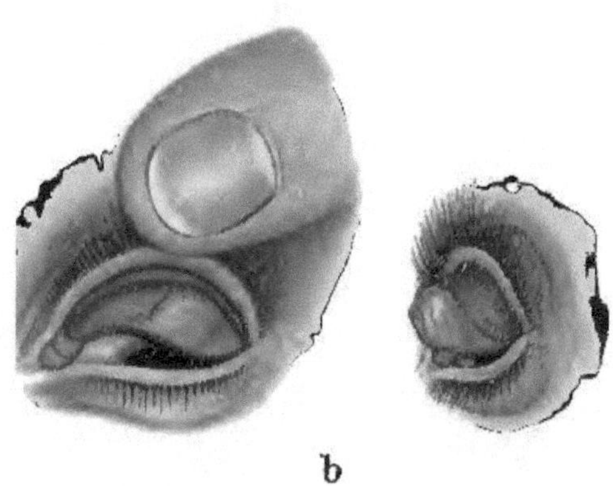

b

Lith.Anst.v F Reichhold, München

St. pr.: Patientin blass, zart gebaut, Lymphdrüsen allenthalben vergrössert. Nacken und Hals Sitz einer typischen Leukopathie. Beide Mandeln vergrössert, zerklüftet. Befund am linken Auge: Conjunctiva des unteren Lides zeigt verschiedene von Trachom herrührende Veränderungen. Bei Betastung des oberen Augenliedes von aussen lässt sich eine mandelgrosse Geschwulst durchfühlen. Conjunctiva tarsi sammtartig, dicht injiciert. Die Conjunctiva des convexen Randes des Tarsus und des Übergangsteiles bilden einen sulzigen Wulst, der nach innen zu in die leicht infiltrierte halbmondförmige Falte übergeht. In der Mitte dieses Wulstes befindet sich ein seichter circa Pfenniggrosser Substanzverlust, dessen Grund grauweiss, speckig belegt und dessen Rand ziemlich hart anzufühlen ist.

Therapie: Inunctionskur. — Kalium jodatum innerlich. Heilung nach 30 Einreibungen.

Tab. 44, 44a u. 45. Framboesia syphilitica. Syphilis praecox.

J. R., 25 Jahre alt, Prostituierte.

Aufgenommen am 6. April 1896.

Im April 1895 stand Patientin wegen weichem Geschwür am Genitale in Behandlung. — Im Oktober 1895 acquirierte sie eine Sklerose auf der rechten grossen Schamlippe; einige Zeit darauf trat ein Exanthem auf. Patientin wurde einer Inunktionskur unterworfen (35 Einreibungen). Die jetzige Erkrankung besteht seit 4 Wochen.

St. pr.: Auf der behaarten Kopfhaut (Tafel 44, 44a und 45) mehrere bis Zweimarkstückgrosse, mit Schuppen und Krusten bedeckte papillomatöse, warzige Auswüchse. Serpiginöse Ulcerationen am Nasenknorpel und am linken Nasenflügel, am rechten Oberarm und unterhalb der linken Mamma, am Rücken; am Stamme hier und dort papulöse Infiltrate.

Fig. 45 ist derselbe Fall: Framboesieartige Wucherungen der behaarten Kopfhaut nach Ablösung der Krusten.

(Aus der Abteilung Prof. Dr. Ed. Lang freundl. überlassen.)

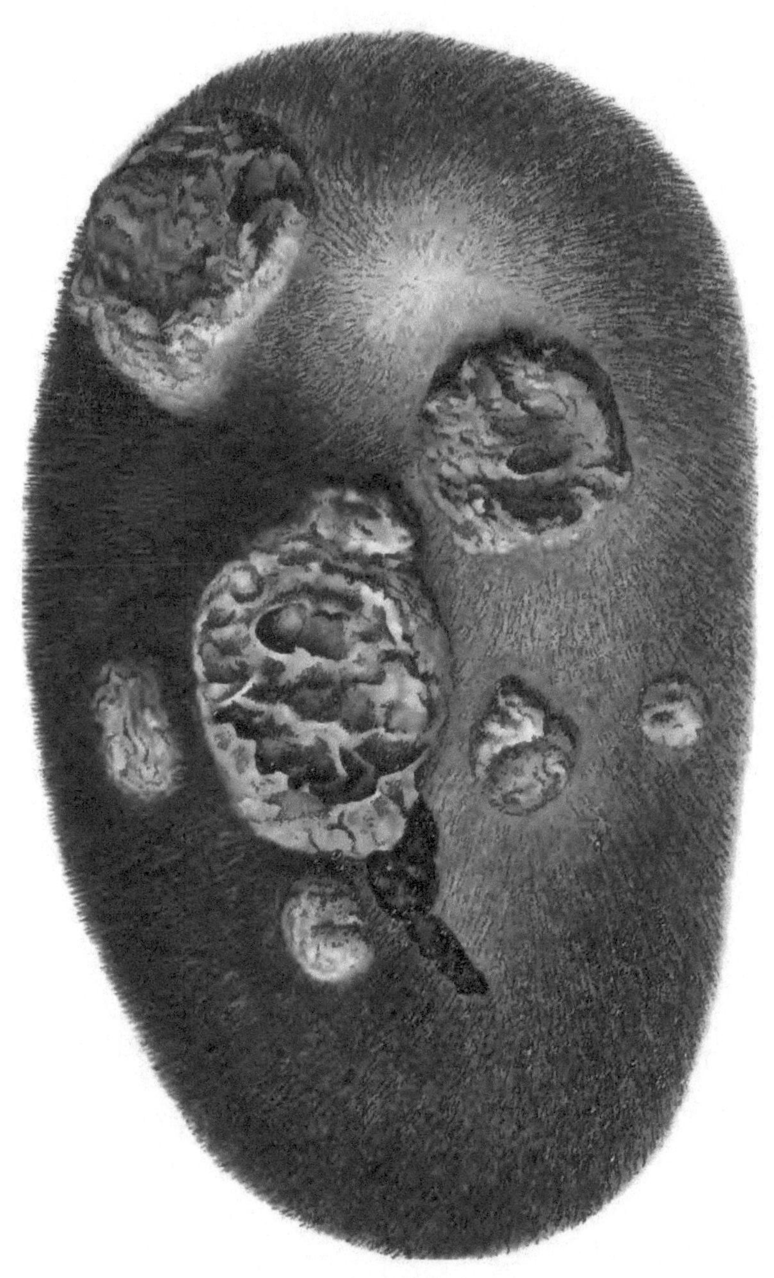

Tab. 44 a.

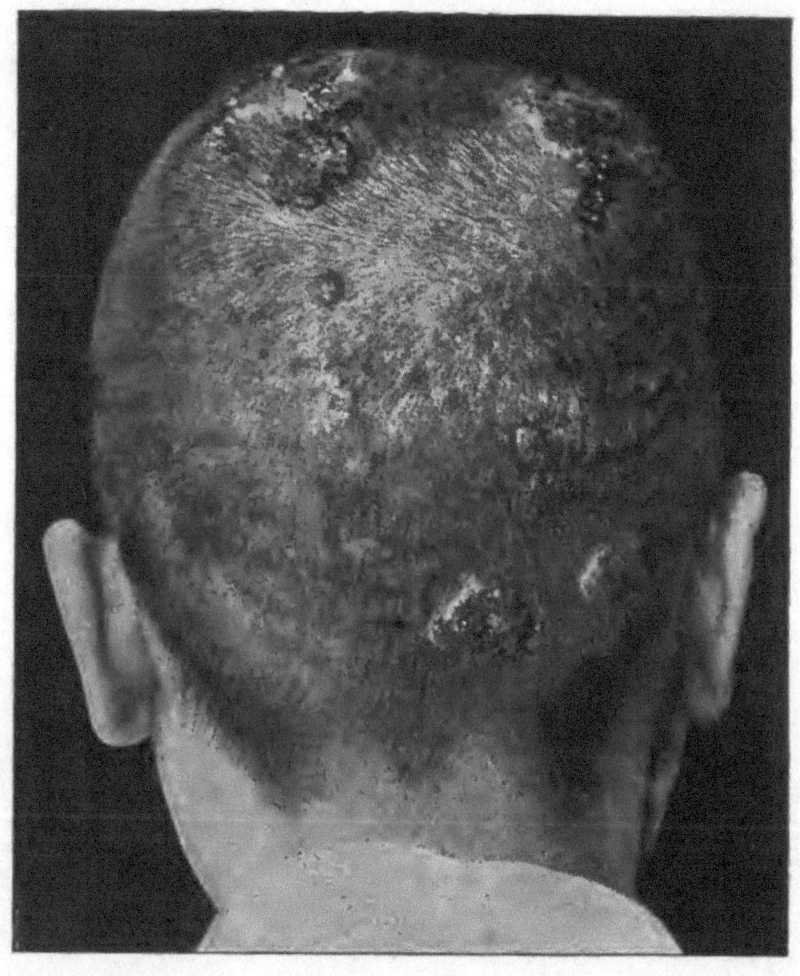

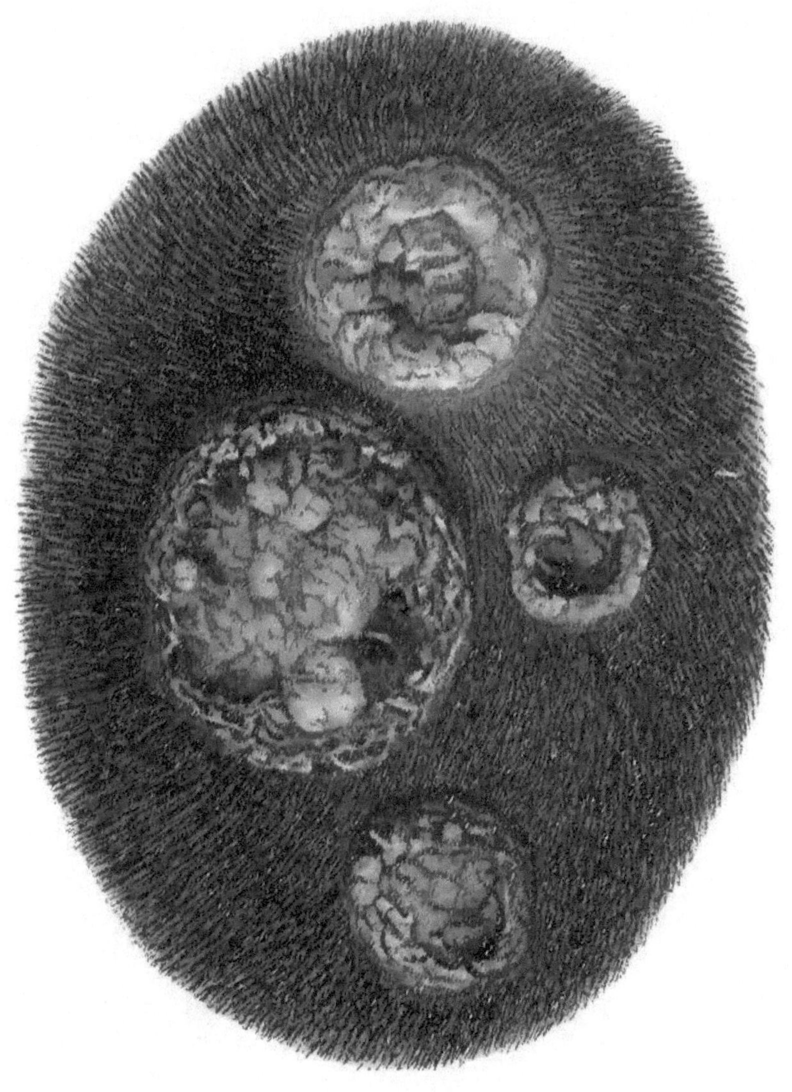

Tab. 46, 46a u. 47. Ulcera gummatosa lab. majorum, commiss. post., lab. min. d. et vaginae.

W. A., 26 Jahre alt, Magd.

Aufgenommen am 15. Juni 1896.

Sie ist seit dem Jahre 1890 syphilitisch krank und angeblich das drittemal in Spitalbehandlung; die erste Erkrankung im Jahre 1890, die zweite Ende des Jahres 1892. Damals war die Kranke mit schwerem pustulösen Exanthem in Behandlung. Die jetzige Erkrankung datiert erst seit wenigen Wochen, so dass die Kranke $4\frac{1}{2}$ Jahre ohne merkliche Erscheinungen von Syphilis verblieb.

Beide grossen Labien, die Clitoris und auch die kleinen Labien sind hypertrophisch, die Konsistenz derselben nicht erheblich vermehrt. Am Rande des linken grossen Labium befinden sich drei bohnengrosse, am Rande des rechten (Tab. 46 und 46 a) zwei pfennig-grosse kreisförmige Geschwüre, an der hinteren Commissur endlich zwei grössere nur durch eine Spange von einander getrennte Geschwüre. Alle diese Geschwüre sind scharfrandig, an ihrer Basis unregelmässig zerfallen, zumeist speckig belegt. Ähnliche Geschwüre, kleiner, etwa elf an der Zahl, befinden sich an der äusseren Fläche des rechten kleinen Labiums, im Vestibulum und in der Mitte des Vaginalrohres. Letztere zeigen dieselbe zerfallene Basis, nur erreichen sie die früher erwähnten nicht an Grösse und Tiefe. (Tab. 47.)

An der Vaginalportion und zwar am rechten Winkel des Orificiums ein über bohnengrosses, eiterig belegtes Geschwür. Die Lymphdrüsen in inguine beiderseits palpabel, spindelförmig. Pigmentierte Narben an den Unterschenkeln, da und dort an der Haut des Stammes.

Therapie: Jodoformeinstreuung auf die Geschwüre, 1,5 gr Kal. jodat. pro die. Nach einem Monate waren die meisten Geschwüre vernarbt. Die Schamlippen noch vergrössert. Die Kranke hat sich bedeutend erholt und wurde ihr nunmehr eine Einreibungskur verordnet. Heilung nach 20 Einreibungen.

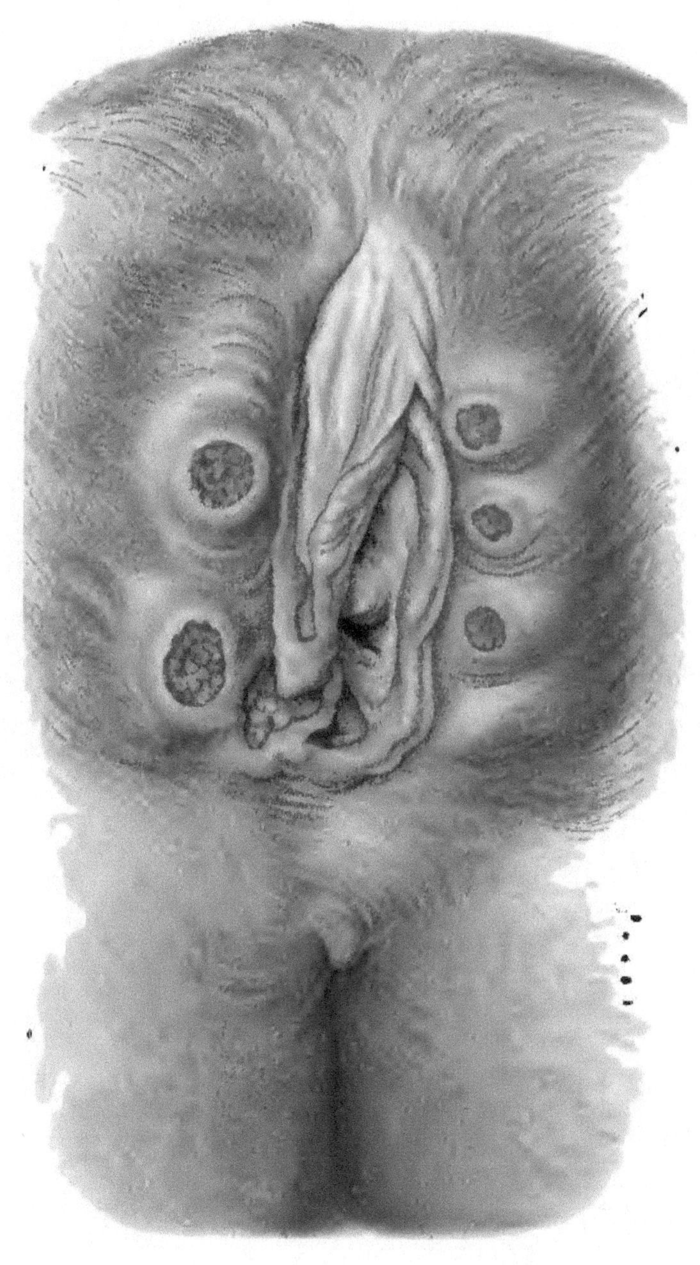

Tab. 46a.

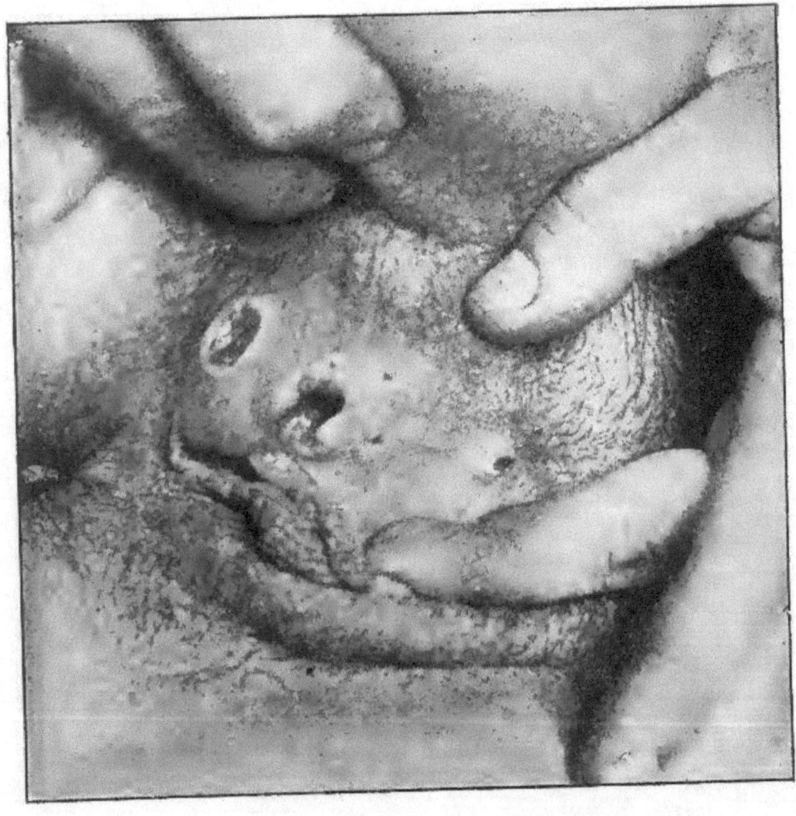

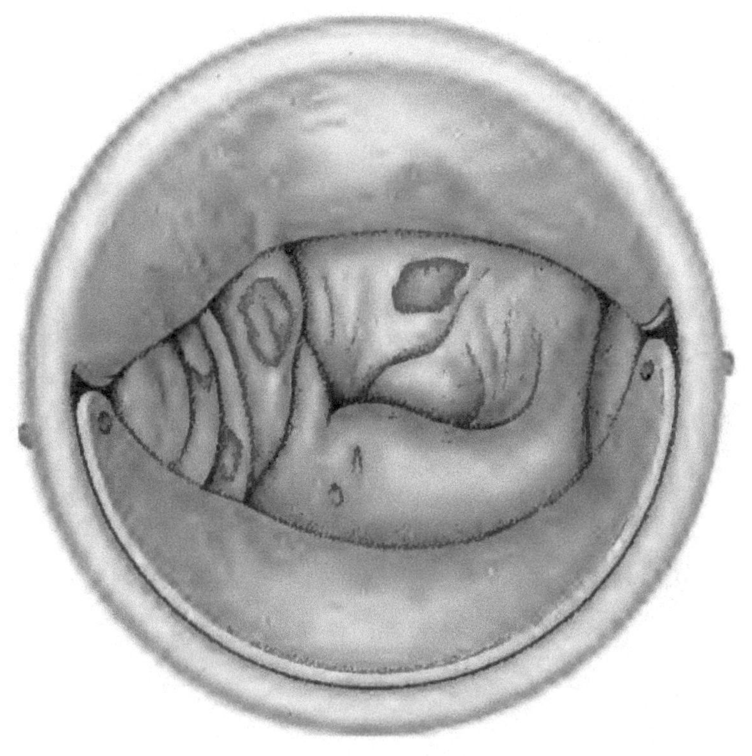

Tab. 48a. Ulcus gummatosum mamillae sinistrae.

H. R., 26. Jahre alt, Reisender.

Aufgenommen am 9. Oktober 1896.

Patient leidet seit 6 Monaten an Syphilis und wurde während dieser Zeit fast kontinuierlich merkuriell behandelt. Trotzdem entstanden am ganzen Körper Geschwüre, deren Zahl bis zu 74 anwuchs. Überdies litt Patient an einer Erkrankung des linken Ellbogengelenkes.

St. pr.: Die Mamilla der linken Brustdrüse ist durch ein speckiges Geschwür ersetzt. Der Warzenhof geschwellt und in ein tiefgreifendes Infiltrat umgewandelt. — Am behaarten Kopfteil mehrere mit Borken bedeckte pustulöse Geschwüre. — In der rechten Nasenapertur eine Rhagade mit Infiltration der Basis und des Nasenflügels. An der Wurzel des Penis eine breite Narbe nach der Sklerose. Mehrfache noch im Vernarben begriffene Geschwüre nebst pigmentierten und desquamierenden Narben nach den zahlreichen am ganzen Körper zerstreuten, oben erwähnten Geschwüren. — Patient ist anämisch, abgemagert und klagt über Mattigkeit und Kopfschmerzen.

Therapie: Decoctum Zittmann. Inunktionskur.

Tab. 48b. Gumma mammae.

C. R., 41 Jahre alt, Taglöhnerin.

Aufgenommen am 28. Mai 1897.

Seit einem Jahre bemerkt Patientin die Affektion an ihrer linken Brustdrüse, die allmählig grösser wurde und letzten Herbst geschwürig zerfiel. Sonst will Patientin stets gesund gewesen sein. Sie hat vier lebende Kinder geboren, niemals abortiert. Die Kranke hat nie gestillt.

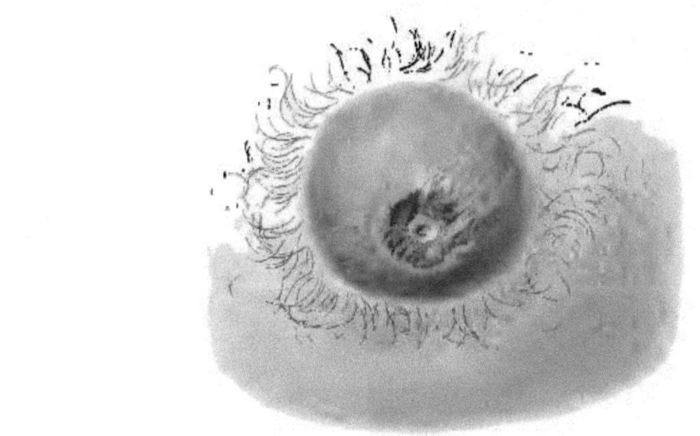

a

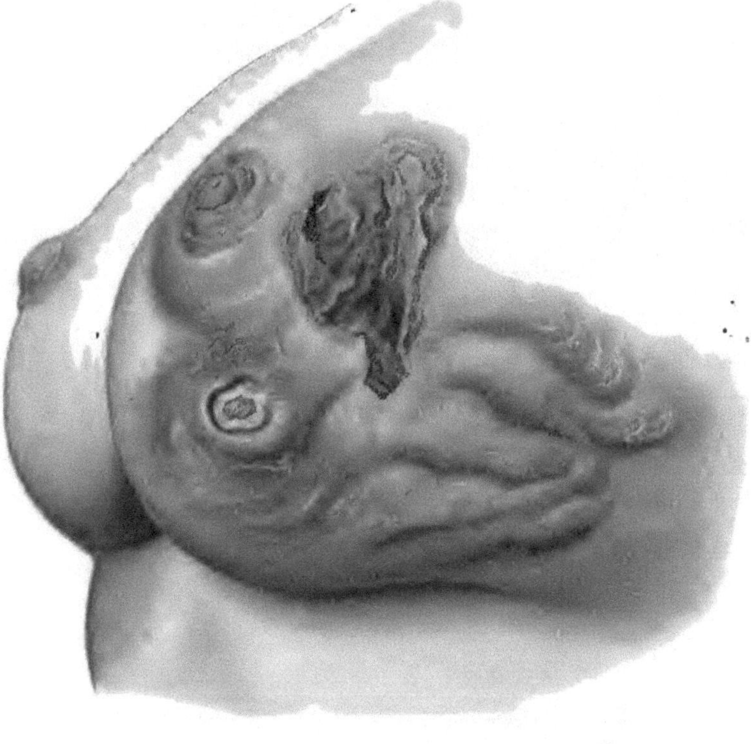

b

Lith.Anst v F Reichhold München

St. pr.: Auf der äusseren Hälfte der linken Mamma Narben älteren und jüngeren Datums, die man als Infiltrate des Gewebes durchtasten kann und die sich quer über die Brustdrüse bis nahezu an deren linken Rand wurstartig hinziehen. Um den After und am Perinaeum, an der hinteren Fläche der grossen Schamlippen Narben mit rotem Halo nach Papeln. Inguinaldrüsen beiderseits multipel geschwellt, ebenso die Cubital- und Axillardrüsen. Mund und Rachen frei.

Therapie: Kali jodati 1,5 gr pro die. Graues Pflaster.

Tab. 49. Rupia syphilitica.

R. M., 46 Jahre alt, Kellnersgattin.

Aufgenommen am 12. Juni 1896.

Patientin will ausser Varicellen im 22. Lebensjahre keine andere Erkrankung durchgemacht haben.

Vor 5—6 Jahren litt Patientin an heftigen Kopfschmerzen, vor 2 Jahren an Ulcus cruris. Patientin hat zweimal geboren, im 24. und 27. Jahre (ausserehelich), Kinder lebten längere Zeit; kein Abortus. Jede venerische Affektion wird geleugnet. Potatrix.

Vor 4 Monaten erstes Auftreten von Geschwüren an den Armen. —

St. pr.: Patientin stark abgemagert. Am linken Oberarm oberhalb des Ellbogens eine Gruppe von elliptisch angeordneten Infiltraten, welche zumeist von rupiaartigen Borken bedeckt sind. Die Narbe betrifft nur die Haut. Die Peripherie besonders nach oben zeigt zum Teil abschilfernde Epidermis.

An zwei Stellen sind frische, oberflächliche Infiltrate, über welche die Haut in Form von trüben Blasen abgehoben ist.

Am rechten Oberarme bis über das Ellbogengelenk nach unten eine halbkreisförmige Anordnung von zum Teil bereits vernarbten, zum Teil noch mit rupiaartigen Borken bedeckten, zum Teil ganz frischen, blasenförmigen Efflorescenzen. Universelle Adenopathie.

An der Plica genitocruralis sin. sowie am Rande beider grossen Schamlippen weissliche Narben.

Innere Organe mit Ausnahme eines alten Lungenspitzenprozesses rechterseits normal.

Nach Ablösung der Borken erscheinen an den betroffenen Stellen runde und ovoide die Haut durchgreifende Geschwüre mit speckigem Belag.

Nach 14 Tagen sind die Geschwüre unter Application von roter Präcipitatsalbe und innerer Darreichung von Jodeisen vernarbt. An Stelle der Geschwüre die Haut etwas gerötet, sonst nichts Abnormes bemerkbar.

Tab. 49.

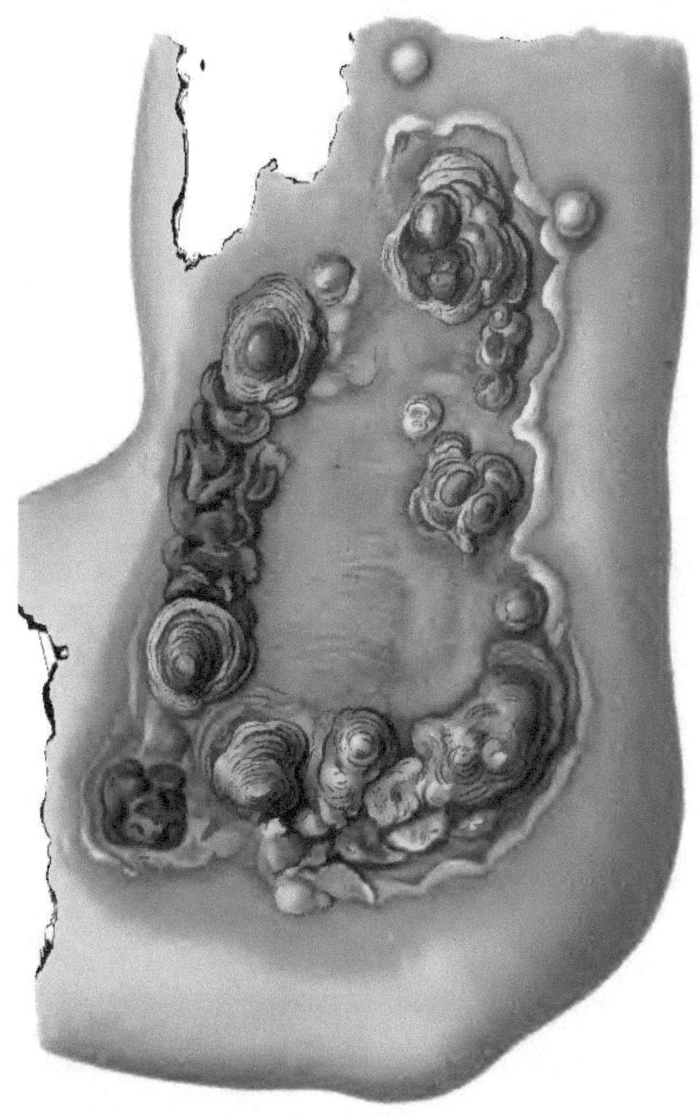

Lith.Anst v. F Reichhold, München

Tab. 50 u. 50a. Ulcera gummatosa serpiginosa.

F. P., 28 Jahre alt.

Aufgenommen am 10. Februar 1896.

Patientin erkrankte in ihrem 18. Lebensjahre an Lues und wurde damals mit Einreibungen behandelt. Sie blieb seither von Recidiven verschont, bis vor fünfzehn Monaten sich zunächst in der seitlichen Halsgegend eine Geschwulst zeigte, welcher späterhin auch an anderen Körperstellen Geschwülste folgten, die sämtlich erweichten und geschwürig zerfielen. Unter einer Einreibungskur heilten diese Geschwüre ab unter Zurücklassung von Narben.

Seit sechs Wochen bestehen die Geschwüre am rechten Oberschenkel und linken Unterschenkel.

St. pr.: Am Genitale derzeit keinerlei Veränderungen. Die Drüsen insgesamt vergrössert. Am Stamme und an den Extremitäten sind allenthalben teils pigmentierte, teils weissliche Narben in den verschiedensten Grössen sichtbar, welche ihrer Form nach die Residuen serpiginöser Ulcerationen darstellen. Da und dort, speciell in der Gegend der Mamma, längs des Verlaufes des unteren Rippenrandes, über dem caput humeri dextri, an der Beuge- und Streckseite des linken Oberarmes, in beiden seitlichen Halsgegenden und über den Augenbrauenbogen sind Eruptionen lokalisiert, durch lividrote Farbe, durch ihre deutliche Erhabenheit ausgezeichnet, die Ränder sind aufgeworfen und der Sitz von übereinander gelagerten schmutzigbraunen Borken, die speciell am linken Oberarme (siehe Tab.) fast die Grösse eines Zweipfennigstückes erreichen. Im Centrum weissliche und bräunliche Narben, welche gegen die Peripherie rötlich und faltrig sind, und dann in eine randständige Infiltrationszone übergehen. Dieser infiltrierte Rand setzt sich aus einzelnen Knoten durch dichte Aneinanderlagerung und Konfluenz zusammen. Einzelne Knoten tragen nur leichte Schuppen und Borken. Die älteren dagegen sind

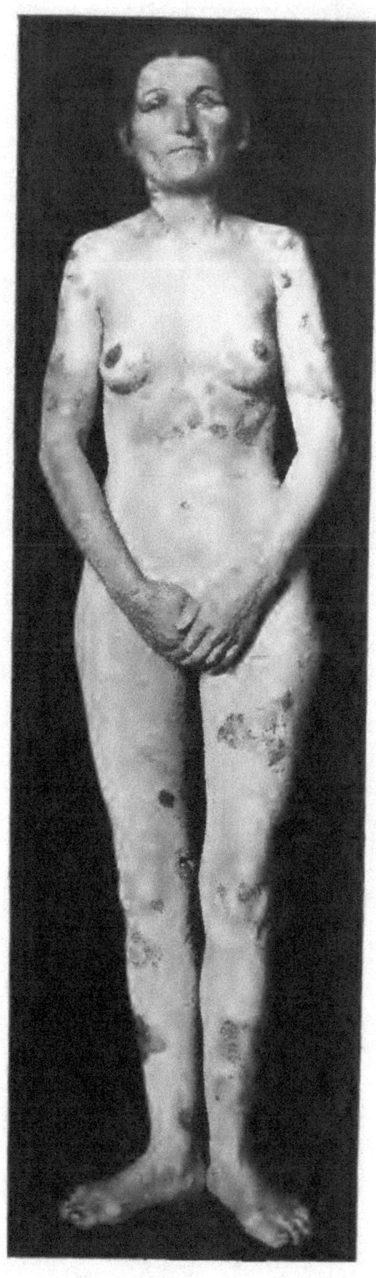

Tab. 50a.

Tab. 50.

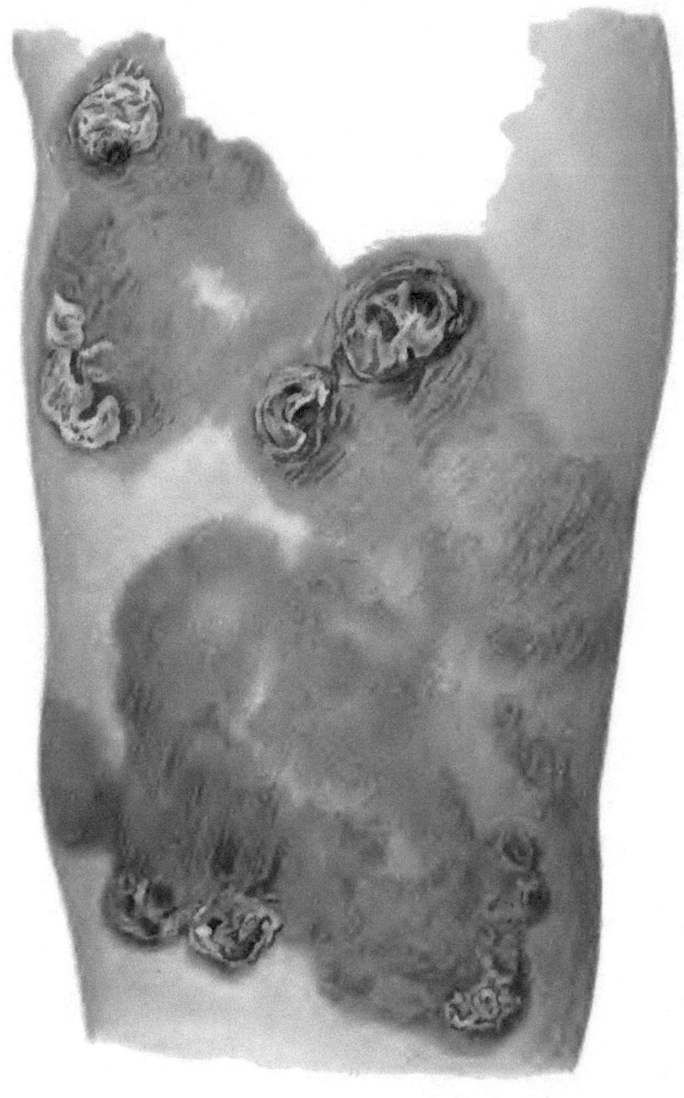

Lith.Anst.v. F Reichhold, München

von geschichteten Borken bedeckt. An der linken unteren Extremität u. zw. im unteren Drittel des Unterschenkels befindet sich ein über zweipfennigstückgrosses, scharf begrenztes Geschwür mit eitrig belegtem Grunde. Am inneren Rande des rechten Oberschenkels und zwar über der Gegend des Kniegelenkes ein zweiter Substanzverlust von ähnlichem Charakter.

Mund- und Rachenschleimhaut völlig frei.

Therapie: Lokal weisse Präcipitatsalbe (5%); Inunktionen à 5 gr Ung. ciner. Rasche Involution der bestehenden Hauterscheinungen, vorzeitige Entlassung auf Andrängen der Patientin.

Tab. 51. Ulcera gummatosa serpiginosa surae d.

P. T., 30 Jahre alt.

Aufgenommen am 20. April 1896.

Vor 4 Jahren acquirierte P. von ihrem damals an einem Ausschlage leidenden Manne eine Erkrankung, welche an der linken Tonsille den Anfang nahm. Es entwickelten sich Halsdrüsenschwellungen, später kam Ausschlag und Kopfschmerz hinzu. Seither gebrauchte P. öfter eine Kur wegen verschiedener Erscheinungen, doch nie consequent. Vor 11 Monaten bemerkte sie am linken Unterschenkel Knoten, welche sich bald in Geschwüre umwandelten. Sie hat 7 Kinder geboren, das letzte ausgetragen, doch soll es an einem Ausschlag leiden.

St. pr.: An der rechten Wade befindet sich eine Gruppe von gummatösen Infiltraten und Geschwüren von typisch serpiginösem Charakter, in der Mitte dieser Gruppe eine Narbe nach bereits abgeheilten Geschwüren; peripher stehend grössere und kleinere Geschwüre, welche kreisförmig und elliptisch sind, ziemlich scharfe Ränder zeigen und an der Basis mit Granulationen und zerfallenden Gewebsresten bedeckt sind. Ähnliche Geschwüre sind über dem linken Kniegelenke. In der rechten Inguinalgegend und am rechten grossen Labium bestehen noch Reste von Infiltrationen und narbige Stellen nach Papeln. Am Stamme und den Extremitäten sind Pigmentreste sichtbar. Inguinaldrüsen nicht bedeutend, dagegen Halsdrüsen typisch vergrössert.

Unter lokaler Behandlung mit roter Präcipitatsalbe, innerlicher Darreichung von Jodkali und einer 21 Einreibungen umfassenden Inunktionskur erfolgt die Heilung.

Tab. 51.

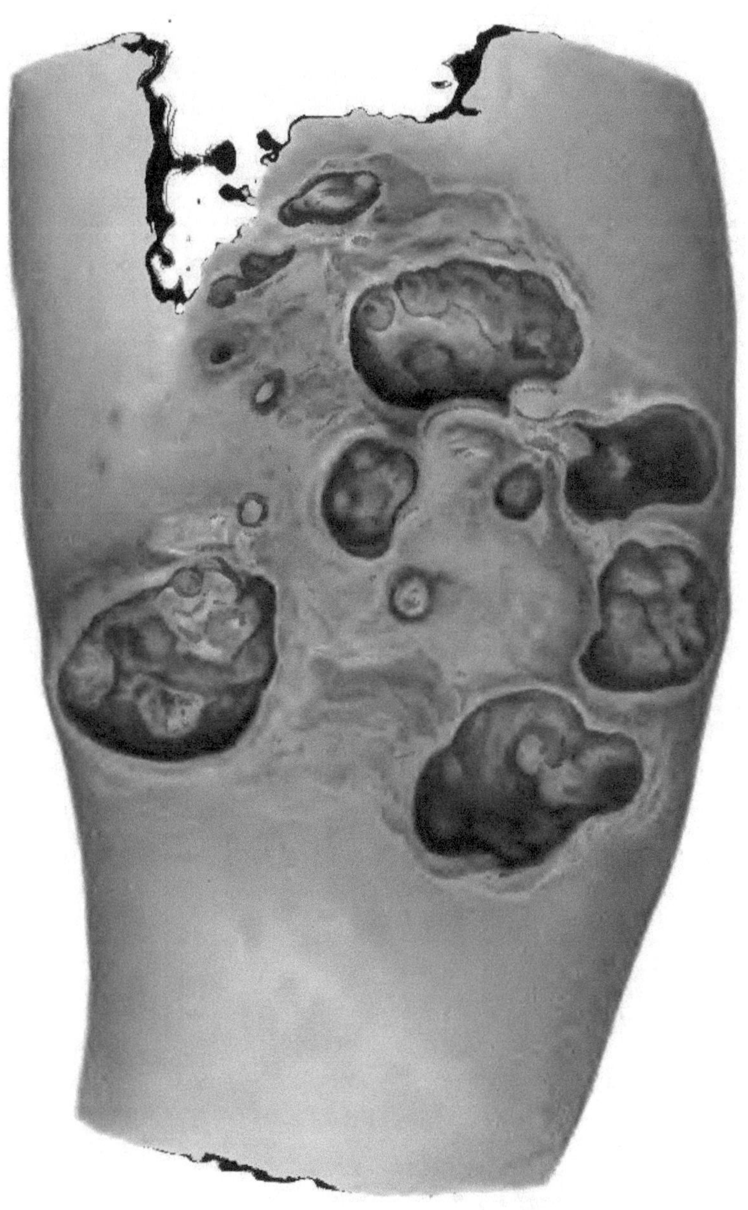

Lith.Anst v. F Reichhold, München

Tab. 52. Gumma cutis dorsi pedis. Gumma pharyngis.

B. M., 37 Jahre alt, verheiratet.

Aufgenommen am 19. Dezember 1895.

Soll seit ihrem achten Lebensjahre eine näselnde Sprache haben. Die Anamnese ergibt bezüglich der Ascendenz nichts Bemerkenswertes; Patientin hat sechs Kinder geboren, die sämtlich in den ersten Lebensjahren an intercurrenten Erkrankungen starben.

St. pr.: Weicher Gaumen und Uvula fehlen vollkommen, wodurch der Nasenrachenraum bis weit hinauf sichtbar wird. Die hintere Rachenwand zeigt eine geschwürige, gelblich belegte Stelle von Zweipfennigstückgrösse.

Am Dorsum des rechten Fusses, den Phalangealgelenken des 4. und 5. Metatarsus entsprechend, befindet sich ein thalergrosses Geschwür, ausgefüllt mit wuchernden Granulationen; die Ränder, soferne sie noch erhalten sind, sind scharf und liegen frei der Granulationsmasse auf, so dass man mit der Sonde 2—4 mm weit unter den unterminierten Rändern vordringen kann. In die Tiefe greift der Substanzverlust bis auf die Sehnenscheiden. Die Bewegungen der Zehen jedoch sind völlig frei.

Wurde einer chirurgischen Behandlung zugeführt.

Tab. 52a. Gummata exulcerata pericranii.

K. E., 50 Jahre alt, Pfründnerin.

Die Kranke wurde in den letzten 3 Jahren zu wiederholten malen mit schweren syphilitischen Erscheinungen auf der Abteilung behandelt.

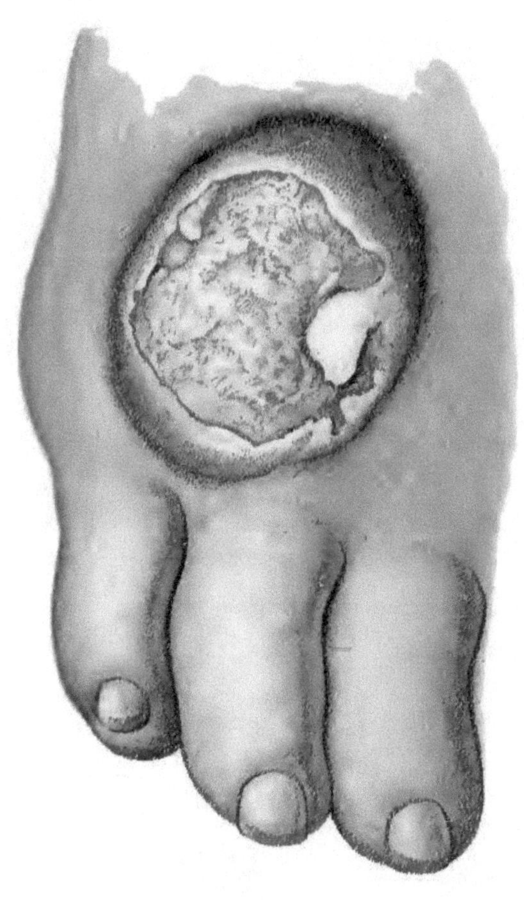

Lith.Anst.v. F Reichhold, München

Auf dem rechten Scheitelbein befindet sich eine thalergrosse Vertiefung, an derem Grunde der Knochen blossgelegt ist. Die weichen Schädeldecken in der Peripherie des Defektes abgehoben. Eine kleinere, zweipfennigstückgrosse Geschwulst befindet sich am rechten Stirnbein, eine ähnliche dritte am Hinterhaupte. Ein periostales Gumma ferner an der rechten Tibia. Die Kranke ist herabgekommen, stark abgemagert, hat Ödeme an den unteren Extremitäten. Sorgfältige lokale Behandlung, allgemeine roborierende Therapie brachte es nach nahezu 4monatlicher Behandlung so weit, dass die Gummen sich resorbierten. Dasjenige am Scheitel verheilte in der Weise, dass die Schädeldecken sich anlegten und der Knochen durch Granulation und Narbenbildung verdeckt wurde.

Tab. 52a.

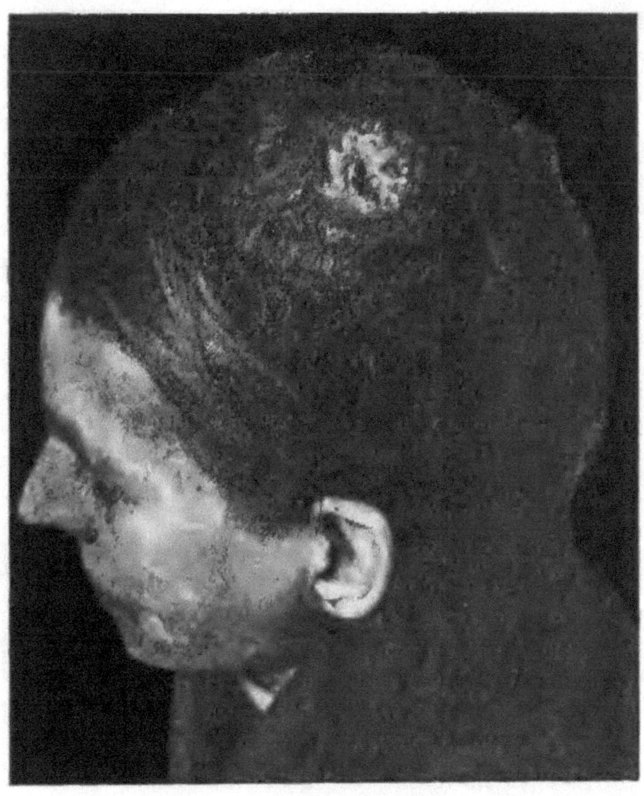

Tab. 53. Gummata gland. lymphat. colli cum destructione cutis.

B. K., 32 Jahre alt, Magd.

Aufgenommen am 5. Oktober 1895.

Hereditär lässt sich bei Patientin keine Belastung ermitteln. Sie selbst gibt an, zeitweilig nächtliche Kopfschmerzen verspürt zu haben. Vor zwei Jahren wurde sie an der Klinik für Halskrankheiten und vor einem Jahr an einer chirurgischen Klinik wegen eines Geschwüres an der unteren Extremität behandelt. Sonst hat sie nie eine Allgemeinbehandlung gegen Syphilis durchgemacht, negiert auch, Kenntnis von dieser Erkrankung zu haben.

St. pr.: vom 25. Oktober 1895.

Patientin gut genährt, etwas blass. Innere Organe normal, hat nie entbunden, Menstruation regelmässig.

An den äusseren Schamlippen sowie an dem übrigen Genitale sind keine Veränderungen zu konstatieren. An der Haut des Nackens und der Halsgegend eine typische Leukopathie. An der Aussenseite der linken Wade eine circuläre, vertiefte, atrophische Narbe, oberhalb des linken malleolus externus eine etwa 4 cm^2 messende, dem Knochen adhärente Narbe mit unregelmässigem, elliptischem und kreisrundem Rande. Der weiche Gaumen und die uvula defekt, narbig verbildet.

Die Leistendrüsen multipel geschwellt, hart; deutlicher noch ist die Schwellung der Drüsen in beiden Achselhöhlen geringer jener oberhalb der Ellbogengelenke.

Am Halse sind alle Drüsen, namentlich links in der Submaxillar- und Supraclaviculargegend bis Taubeneigrösse geschwellt, hart und derb anzufühlen. Entsprechend einer Submaxillar- und einer Supraclaviculardrüse befindet sich je ein elliptisches 1 cm langes Geschwür, vollständig durch die Haut greifend, mit steil-abfallenden Rändern, das obere

Tab. 53.

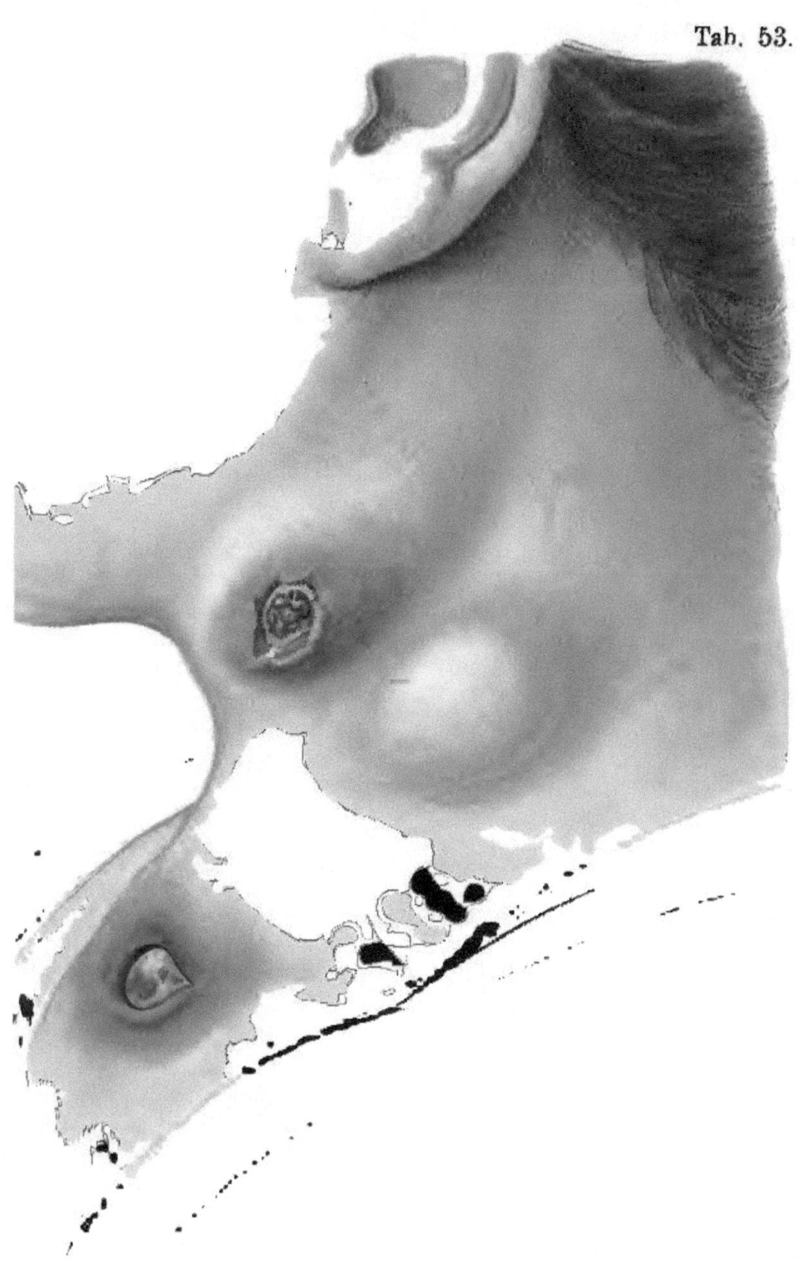

Lith.Anst.v. F. Reichhold, München.

mit nekrotischem Gewebe im Grunde, das untere eitrig, gelblich weiss belegt. Sonst ist die Haut über den geschwollenen Drüsen verschiebbar.

Die Kranke bekam 1,5 Jodkalium p. d., wurde anfangs lokal mit Jodoform, später mit grauem Pflaster verbunden, die Geschwüre heilten, die Drüsen schrumpften, so dass Patientin mit vollständig abgeflachter Halsgegend nach 38 Tagen geheilt entlassen werden konnte.

Tab. 54 u. 54a. Ulcera gummatosa cutis et glandul. inguinal.

W. K., 46 Jahre alt, Schneidergehilfe.

Aufgenommen am 21. Januar 1895 (gestorben am 7. Januar 1896.)

Im Jahre 1892 hatte der Patient einen pustulösen Ausschlag auf der Haut fast des ganzen Körpers, namentlich aber des Stammes, gegen welchen er eine weisse Salbe gebraucht hat. Die Natur des Leidens war ihm unbekannt.

St. pr.: Über den ganzen Körper sind zum Teil pigmentierte, zum Teil atrophische Hautnarben vom erwähnten Ausschlag herrührend sichtbar. An der inneren Fläche des linken Oberschenkels befinden sich f ü n f zweipfennig- bis zweimarkstückgrosse Geschwüre, welche durch die Haut greifen und mit schwach granulierender, zum Teil eitrig verfilzter Basis versehen sind.

In der Inguinalgegend ist eine grössere, längliche Wunde, entsprechend einer oberflächlich gelegenen zerfallenden Lymphdrüse. Die übrigen Lymphdrüsen sind zwar hart, aber unbedeutend angeschwollen. Der blasse, abgemagerte Kranke hält die untere Extremität im Hüft- und Kniegelenke gebeugt. Die Gelenke selbst sind frei. Sein psychischer Zustand ist normal, er selbst wenig intelligent. Auf Darreichung von Jodkali und lokaler

Behandlung mit Jodoform änderten sich die gummatösen Geschwüre nicht und es wurden Einreibungen verordnet. 24. März: Nach 30 Einreibungen wurde eine lebhafte Granulation an den Wunden und ein narbiger Saum sichtbar, doch müssen die Einreibungen wegen einer heftigen Gingivitis und einer abnormen Wucherung der Epithelien des Zungenrandes und jener der Wangenschleimhaut den Zahnreihen entsprechend, ausgesetzt werden. Die Geschwüre hat sich trotz sorgsamer Pflege ebensowenig, wie der Allgemeinzustand des torpiden, blassen Kranken verändert, so dass bis Ende September die Wunden sich wenig verkleinert haben.

Anfangs Oktober ist eine Drüse in der rechten Inguinal-Gegend angeschwollen. Die Haut über derselben entzündete sich und zerfiel, wobei sich ein blutiges, dünnes Sekret entleerte. Nach 3 Wochen reinigte sich die Wunde soweit, dass nur ein Teil des speckig aussehenden, im Grunde liegenden Drüsenrestes und eine schwache Granulation im Grunde zu sehen war (colorirte Tab.).

21. Oktober: Von der rechten Inguinalfurche ausgehend breitete sich ein Erisypel bis zur Mitte des Oberschenkels aus; an der linken Kreuzbeingegend beginnender Decubitus.

Unter Burow-Umschlägen, entsprechender Diät und Umlagerung geht die erisypelatöse Röte zurück und doch klagt der Kranke am 24. Oktober über heftige Schmerzen im rechten Hüftgelenke, dessen Gegend gerötet und geschwollen ist. Auch da geht die Rötung und Schwellung in sechs Tagen auf Darreichung von Na. salicyl. und kalte Überschläge zurück. Augenspiegelbefund: Entfärbung der Pupille, beginnende Atrophie.

Der Kranke hatte über bedeutenden Pruritus cutaneus geklagt. Im Urin ist kein Zucker, geringe Mengen Eiweiss. Sediment enthält reichlich Leukocyten, Blasenepithelien, keine renalen Elemente.

Eine Bronchitis über den grösseren Bronchien der ganzen Lunge. Das Fieber hält in mässigen Grenzen an.

In der Früh Abfall, fast bis zur Norm, abendliche Steigerungen bis 38,5. Der Kranke verfällt immer mehr und muss zur Nahrungsaufnahme aufgerüttelt werden; er erfasst kaum die Ansprache und verfällt immer wieder in einen stupiden Zustand und stirbt am 7. Januar 1896.

Sektionsbefund: Körper klein, hochgradig abgemagert. In der linken Inguinalgegend die Haut in einem handgrossen Umfang mehrfach zerstört.

Ein ähnlicher, thalergrosser Substanzverlust in der rechten Schenkelbeuge; an der Hinterseite des linken Oberschenkels eine grössere Narbe, über der Muskulatur verschieblich; eine kleinere an der Aussenseite des linken Oberschenkels und über dem Fibularköpfchen.

Schädeldach dünn, subocciput stark vorspringend. An der Dura mater und weichen Hirnhäuten nichts Abnormes. Die Gehirnoberfläche etwas abgeplattet, Rinde leicht verschmälert. Gehirnsubstanz ödematös. An den Gefässen der Basis nichts Abnormes.

Beide Lungen gedunsen, substanzarm, überall frei. In den Bronchien der Unterlappen eitriges Sekret.

Herz klein kontrahiert; subpericardiale Schicht teils fettgelb, teils rötlich gefleckt. Herzfleisch braungelb.

An den Klappen und Gefässen keine Veränderungen.

Leber etwas kleiner, derb gewölbt. Die ganze Oberfläche zeigt die einzelnen Läppchen vorspringend, fettgelb, vom dazwischen liegenden rötlichen Bindegewebe abstechend. Dasselbe Bild auf dem Durchschnitt. Am rechten Leberlappen ein erbsengrosser, verkalkter, gelblicher Knoten.

Milz vergrössert, schlaff, Stroma verdichtet, zeigt auf dem Durchschnitt leichten Wachsglanz.

Beide Nieren stark vergrössert, derb, Kapsel leicht abziehbar. Oberfläche zeigt Wachsglanz mit einzelnen feinen Blutpunkten auf dem Durchschnitt, die Rinde verbreitert, blassgelb scharf, von den fleischrötlichen Pyramiden abgesetzt, zeigt deutlichen Speckglanz. Nierenbecken ausgedehnt, von einer mit getrübten dunkeln Flocken durchsetzten Flüssigkeit erfüllt; die Schleimhaut mit zahlreichen Blutungen gesprenkelt.

Blase ad maximum ausgedehnt, enthält klaren Harn. Schleimhaut stellenweise lebhaft injiciert.

An der rechten Seite der corona glandis penis eine atrophische Narbe.

Darmschleimhaut am After wulstig verdickt und vorgewölbt.

Über dem Kreuzbein, namentlich nach rechts hin ein ausgedehnter unregelmässig begrenzter Substanzverlust.

Diagnosis: Lues inveterata. Cirrhosis hepatis in sanatione. Amyloidosis renum et lienis. Nephritis subacuta. Atrophia cordis fusca. Atrophia cerebri levioris gradus. Anaemia et marasmus universalis.

Tab 54 a.

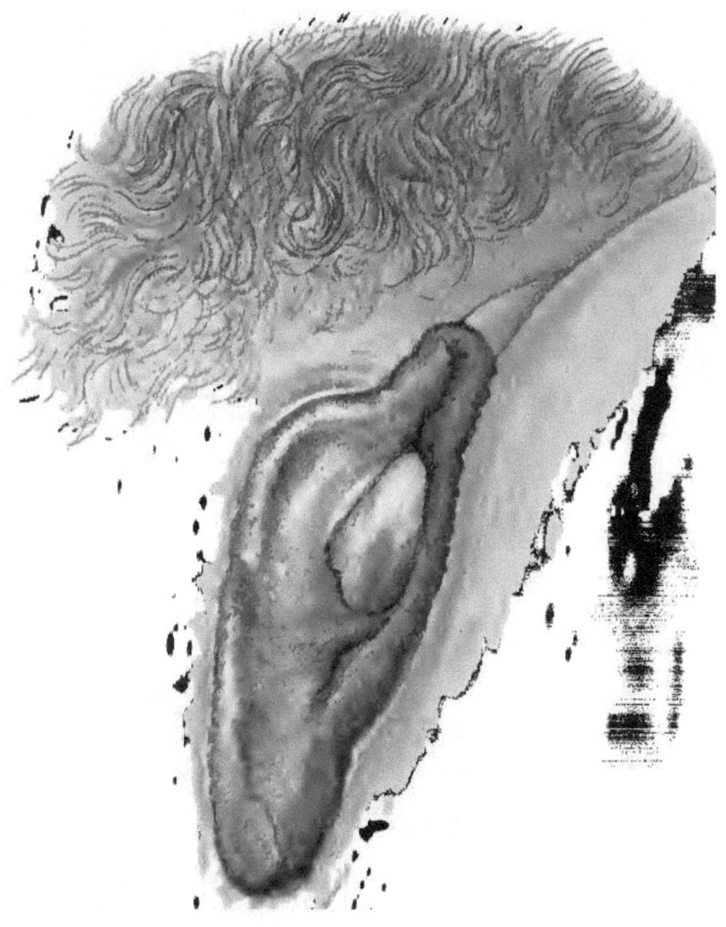

Tab. 55. Gummatöse, in Nekrose begriffene Erkrankung der Weichteile.

H A., 29 Jahre alt, Magd.

Aufgenommen am 9. Mai 1896.

Patientin hat als Kind Rachendiphtherie und Blattern überstanden. Im 8. Lebensjahre litt sie an einer Erkrankung der linken Fibula. Seit einem Jahre besteht die Affektion der linken oberen Extremität. Menses traten erst im 19. Lebensjahre ein, waren immer regelmässig. Patientin hat im August vorigen Jahres geboren; das schwächliche Kind starb nach 4 Wochen angeblich an Fraisen.

St. pr.: Patientin ist schwächlich gebaut, abgemagert. Zähne defect. Nase leicht gesattelt. Rachen narbig. Die narbigen Reste des weichen Gaumens an die hintere Rachenwand angezogen. Uvula fehlt.

Eine strahlige Narbe, frei beweglich, über dem Akromion und der Clavicula des linken Schultergelenkes. Sie rührt von einer Ulceration her, die Patientin im vorigen Jahre nach ihrer Entbindung durchmachte; kurz darnach entwickelte sich eine Ulceration am linken Oberarme und dauerte 2 Monate. Die restierenden, eingezogenen, strahligen Narben sind direkt am Knochen des Oberarmes angeheftet. Aus derselben Zeit stammt bereits die Steifheit im Ellbogengelenke. Im Anfange dieses Jahres, kaum dass rückwärts der Prozess heilte, entwickelte sich das Geschwür vorne am Oberarm und in weiterer Folge das am oberen Drittel des Vorderarmes und an der Ellbogenbeuge. Der linke Arm wird in gestreckter Stellung gehalten. Hand in starker Pronationsstellung; Beugung im Ellbogengelenk und Supination nur in geringem Grade möglich. Der Radius erscheint vom mittleren Drittel hinauf verdickt und aufgetrieben, desgleichen das untere Ende des Oberarmes. Die Aussenfläche des Oberarms nimmt eine Ulceration ein, in der Länge von 9 cm und in einer Breite von 3 cm. Dieselbe zeigt an ihren Rändern bereits einen zarten Narbensaum, an welchem sich da und dort Granulationen anschliessen. Der Grund besteht aus nekrotischen Muskelfasern, welche schmutzig graugelblich in der Längsrichtung am Grunde liegen und von eitrigen, spärlich secernierenden Vertiefungen an der Peripherie unregelmässig umgeben sind. Ferner erhebt sich nach unten zu gegen die Ellbogenbeuge ein starker Wulst, an dessen äusserer Peripherie ein längsovales Geschwür von etwa 2 cm Durchmesser sitzt. Dieses Geschwür ist durch eine narbige $1^1/_2$ cm breite Brücke von dem oberen grossen Geschwüre getrennt. Diese Brücke erscheint namentlich nach aussen eingezogen. Am Grunde dieses Geschwürs liegt die nekrotische Haut, bräunlich verfärbt. Das Unterhautzellgewebe ist serös durchfeuchtet und liegt vom Rande bis zur angetrockneten Haut etwa 3—4 cm bloss zutage. Unterhalb dieses Geschwürs, an dem früher erwähnten Wulst, nach aussen liegt, durch eine noch erhaltene Hautbrücke wie in 2 Hälften getheilt, ein 3. Geschwür mit ebenfalls eitrig-serösem Grunde. Anschliessend an dieses befindet sich im obern Drittel des Vorderarms ein etwa 5 cm langes Geschwür, dessen innere Hälfte, gegen den Radius zu gelegen, von Granulationen bedeckt und zu innerst mit einer Narbe an den Radius angeheftet ist. In der äussern Hälfte des Geschwüres liegt ebenfalls eine im Abstossen begriffene Haut und bräunlich verfärbtes Unterhautzellgewebe über einer spärliche seröse Exsudation liefernden Unterlage, sodass man diese nekrotischen Partien ebenfalls leicht über ihrer Unterlage verschieben kann. Dieses letztere Geschwür liegt zwischen dem Radius und der Ulna über dem Musculus interosseus und scheint ursprünglich vom Radius ausgegangen zu sein. In der Ellbogenbeuge liegt die früher erwähnte Geschwulst mit den zwei Geschwüren gegen die äussere Leiste zu. Der Radius ist in seinem unteren Drittel durch Periostose aufgetrieben, nach oben zu länglich, unregelmässig verdickt. Die Ulna erscheint weniger afficiert. Hingegen ist das ganze untere Drittel des Oberarmes, fast bis zur Mitte, aufgetrieben und mit Ausnahme des erwähnten

Tab. 55.

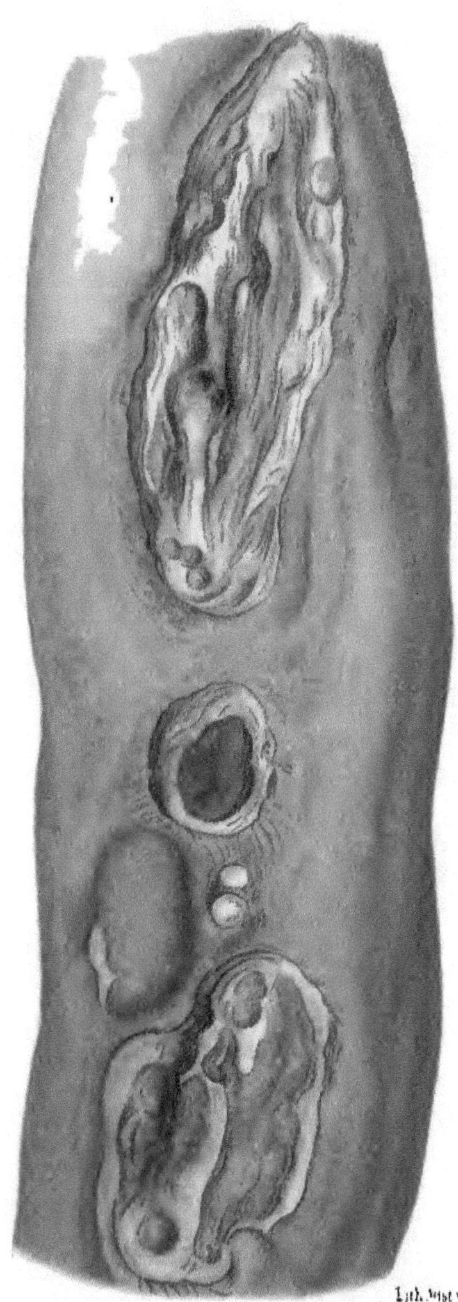

Lith. Anst. v. F. Reichhold, München

grossen Geschwüres von narbigem Bindegewebe umgeben. Der Knochen selbst ist zum Teil durch Absumption verschmälert, zum Teil durch Auflagerungen verdickt.

An der Aussenseite der linken Wade ist eine am Knochen adhärente Narbe in der Länge von 10 cm, welche von der oben erwähnten Erkrankung der Fibula herrührt. — Am Genitale keinerlei Veränderung. Um die Afterfalte alte, weissliche, atrophische Narben, wahrscheinlich aus der Zeit der Blattern. — Die Leistendrüsen sowie die Drüsen des übrigen Körpers sind verschrumpft.

Tab. 56a. Defectus palati mollis ex ulceratione gummatosa.

S. M., 25 Jahre alt.

Patientin hat keine Kenntnis von der Dauer ihres Leidens. Halsschmerzen will sie erst seit 3 Wochen empfinden.

St. pr.: Am Rande der grossen Schamlippen mehrere weissliche, haarlose, areoläre Narben. Ebensolche, jedoch reticulirt ad nat. sin. penes anum und im Vestibulum der Vagina. Ferner narbige Stellen beiderseits an der Innenfläche der kleinen Labien. Die Leistendrüsen spindelförmig, hart. — Der weiche Gaumen fehlt fast bis zur Ansatzstelle an dem harten Gaumen. Der Rand der Wunde ist mit nekrotischen Gewebsresten bedeckt. Diese Ulceration hat auch die Ränder des Arcus palati mitergriffen, so dass die obere und seitliche Begrenzung des Isthmus faucium in den Geschwürsprozess einbezogen ist.

Heilung des Geschwüres unter Gebrauch von 15 Einreibungen und 64 g Jodkali innerlich.

Tab. 56b. Gumma (hintere Pharynxwand).

R. R., 39 Jahre alt, ohne Beschäftigung.

Aufgenommen am 6. Jänner 1896.

Anamnestische Angaben sehr dürftig. Patientin ist seit 11 Jahren verheiratet, hat angeblich nie conzipiert Seit 3 Jahren merkt sie ein „Nasenleiden", das Nasensekret soll einen widerlichen Geruch angenommen haben. Regurgitieren von flüssiger und breiiger Nahrung soll erst seit acht Tagen bestehen und ganz plötzlich aufgetreten sein. Der Gatte der Patientin gibt zu, sich vor 3 Jahren luetisch inficiert zu haben.

St. pr.: Am Genitale keine Reste einer stattgehabten specifischen Infektion nachweisbar. Ad anum eine über erbsengrosse, noch gerötete Narbe. Inguinaldrüsen multipel geschwellt.

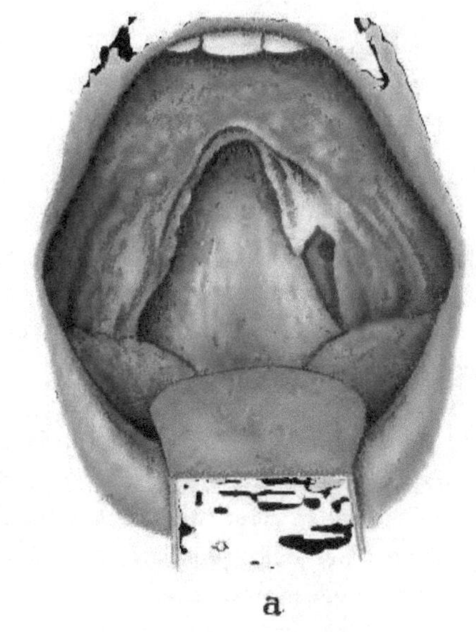

a

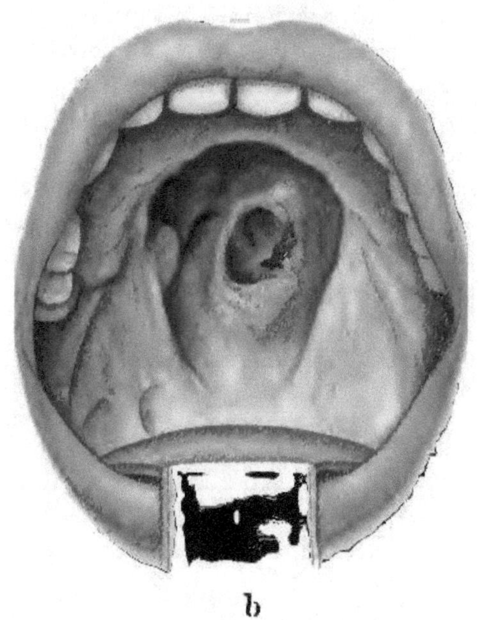

b

Tab. 57. Glossitis gummatosa.

A. F., 25 Jahre alt, Magd. Aufgenommen am 28. Oktober 1890. Behandlungsdauer: ein Monat.

Zweite Erkrankung. Seit drei Monaten Geschwür an der Zunge. Vor fünf Jahren lag Patientin auf der syphilitischen Abteilung im Wiedner Spitale mit einem specifischen Geschwür durch drei Monate.

St. pr.: Defekt des rechten kleinen Labiums. Sonst weder an der Haut noch im Lymphdrüsenapparat irgendwelche Zeichen einer abgelaufenen oder derzeit bestehenden specifischen Erkrankung. Bei halb geöffnetem Mund und stark hervorgestreckter Zunge gewahrt man an der linken Hälfte derselben und zwar in ihrem ganzen hinteren Anteil eine etwa drei bis vier Millimeter über das Niveau des Zungenrückens sich erhebende Geschwulst. Dieselbe fühlt sich sehr derb an und reicht durch die Dicke der Zunge bis an ihre Basis einerseits und bis gegen ihre Mitte andererseits. An ihrer Oberfläche ist die Geschwulst von einem über 3 cm langen Geschwür durchfurcht. In der Mitte der Zunge, bis gegen ihre Spitze zu, sieht man eine aus mehrfachen knotigen Infiltraten bestehende Geschwulst, welche an drei Stellen nekrotisch zerfallen ist.

Therapie: Jodkalium. Mundpflege. Einleitung einer Inunktionskur am 17. November. Während derselben resorbiert sich das Infiltrat, das Geschwür heilt ab. Patientin wird nach 15 Einreibungen geheilt entlassen.

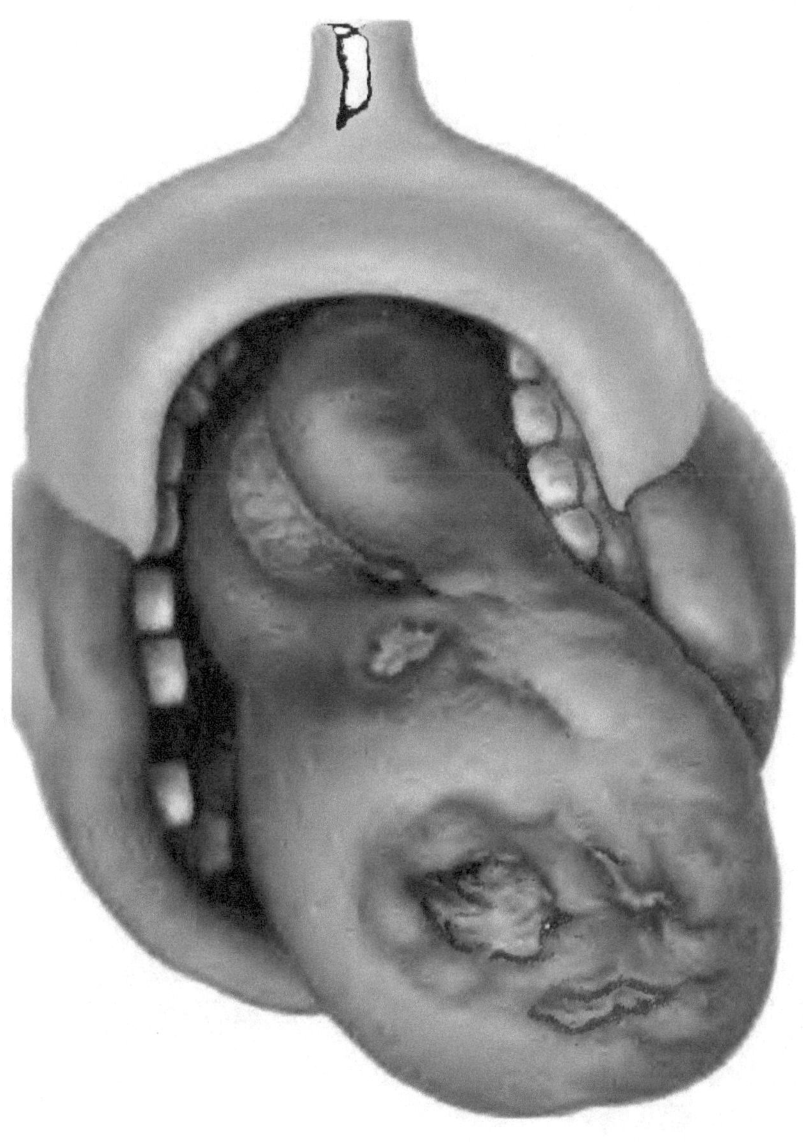

Tab. 58. Exanthema papulo-pustulosum. Syph. hered.

(Durch Güte des Direktors der Findelanstalt Dr. Braun zur Verfügung gestellt.)

S. K., aufgenommen am 8. Juli 1897, circa 4 Wochen alt, 2600 g schwer, sehr marastisch, mit Bronchitis und Darmkatarrh behaftet. Die blasse faltige Haut ist allenthalben besät mit syphilitischen Efflorescenzen; an der Stirn und um den Mund sowie am Stamm und den Extremitäten befinden sich blassrot umrandete Papeln, zum Teil Bläschen mit wenig serösem Inhalt und schlaffer, in Zerfall begriffener Epidermis. Starb nach 1 Tag.

S e k t i o n ergab: Allgemeine Tabescenz, Bronchitis, Lobulär-Pneumonie beiderseits, Milztumor, Hepatitis, Gastrointestinal-Katarrh, Osteochondritis luetica an der Knochen-Knorpelgrenze der Tibien.

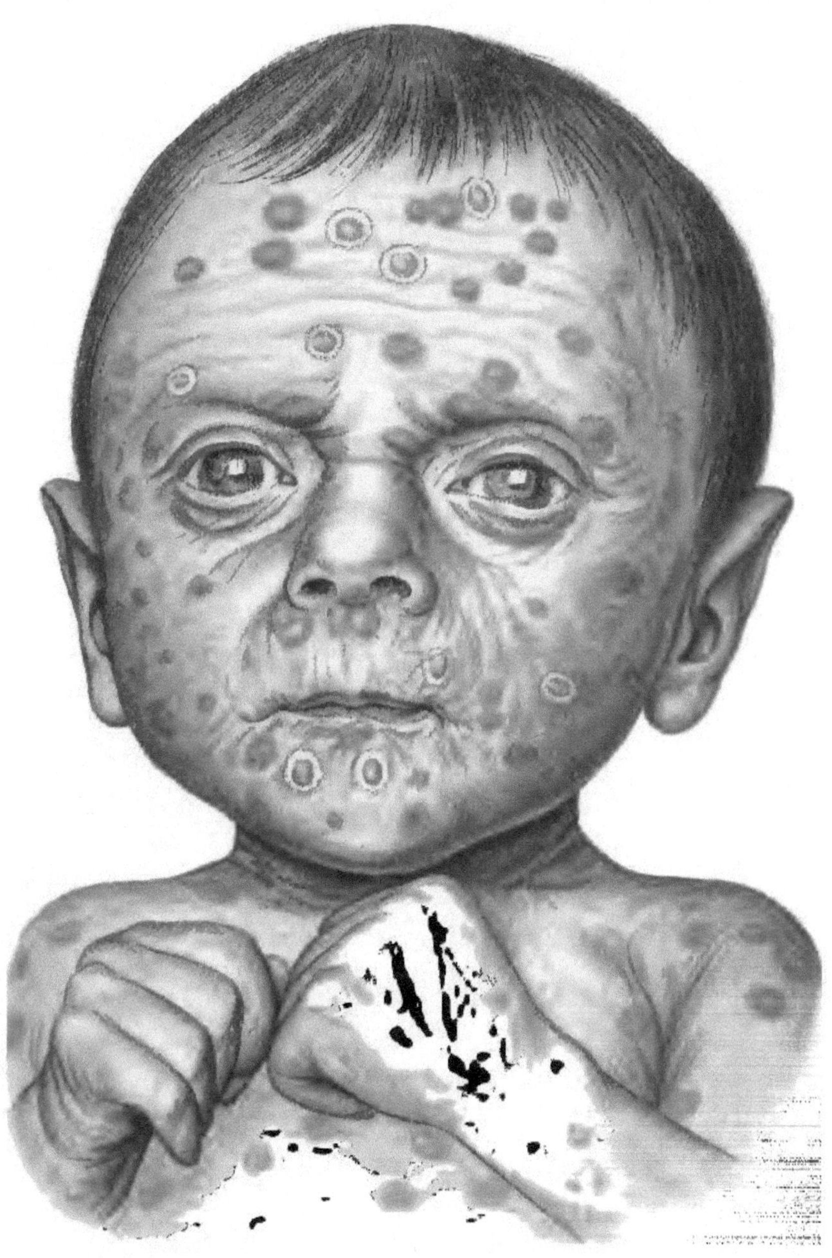

Tab. 59. Exanthema papulo-vesico-pustulosum. Lues hereditaria.

An den Unterschenkeln und an der Planta pedis des Säuglings lenticuläre bis über erbsengrosse papulöse Infiltrate und Bläscheneffloreszenzen mit eitrigem Inhalt und peripherem entzündlichen Halo.

F. J., geboren am 9. Juni 1897.

Aufgenommen in die Landesfindelanstalt am 10. Juni 1897.

Gewicht bei der Aufnahme 3900 g.

Mutter anscheinend gesund.

Am 15. Juni Eruption eines vorwiegend papulösen Exanthems an beiden plantae pedis und palmae manus. Am 16. Juni sind auch die Streckseiten der unteren Extremitäten, Nates und die Haut des Rückens von einem vorwiegend papulösen Ausschlag bedeckt. Zwischen den Papeln erscheinen vesiculöse und pustulöse Efflorescenzen. Die Nase bleibt frei.

Im weiteren Verlaufe Erscheinungen einer beiderseitigen Lobulärpneumonie und eines Gastrointestinalkatarrhs. Bei fortwährender Gewichtsabnahme bis 2700 g Exitus am 26. Juni 1897.

Obduktionsbefund: Lobulärpneumonie in den Unterlappen beider Lungen, Infiltration der Leber, Milztumor, Gastrointestinalkatarrh, keine Osteochondritis nachweisbar.

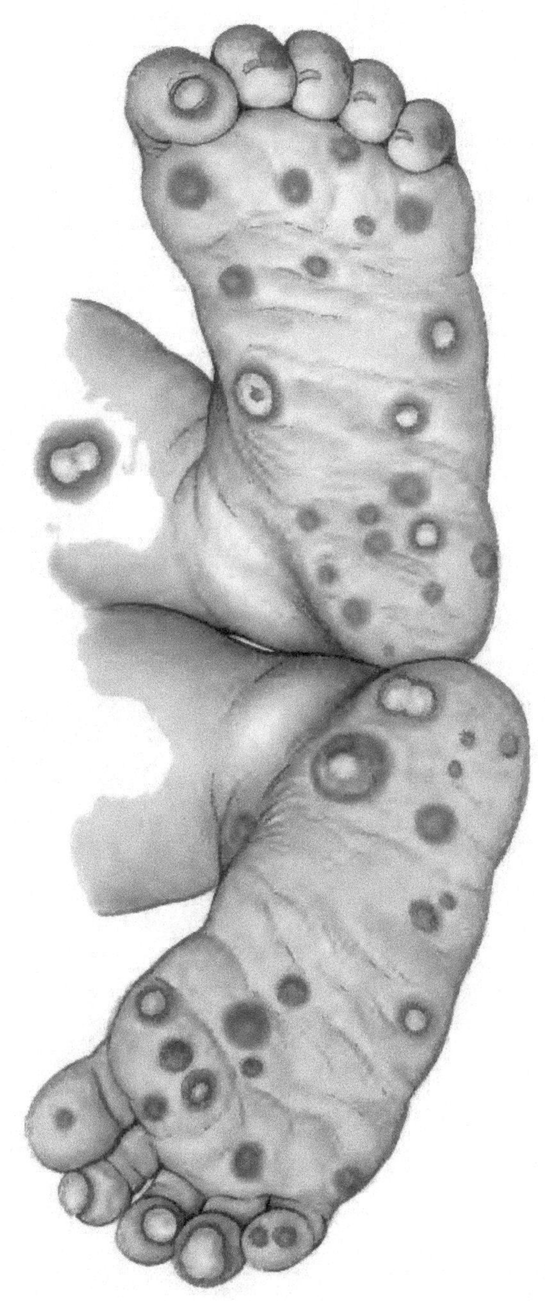

Tab. 60a/c. Syphilis hereditaria.

(Keratitis parenchymatosa, Syphilis ossium nasi, Hutchinson'sche Zähne.)

K. A., 20 Jahre alt, Knecht.

Aufgenommen am 5. Juni 1897 auf die Augenabteilung des Professor Bergmeister.

Derselbe gibt an, vor 9 Jahren auf dem rechten Auge krank gewesen zu sein. Das linke Auge ist erst seit 14 Tagen krank. Es besteht Lichtscheu und Thränenfluss.

St. pr.: Die Entwickelung des ganzen, sonst normal gebauten Körpers ist trotz der 20 Jahre pueril zu nennen, die Knochenanlage, namentlich der Extremitäten zart, mit stark aufgetriebenen Gelenksenden, die Genitalien pueril, die Schamhaare spärlich entwickelt. Der kompakte dolychocephale Schädel ist anscheinend voluminös entwickelt gegenüber der zarten Knochenanlage der Extremitäten. Nasenrücken sattelförmig eingesunken (s. schwarze Taf. 60c). Die Lippen, namentlich die obere, etwas wulstig, hypertrophisch. Bei Inspektion der Nasenhöhle findet man einen Defekt sowohl am Knorpel- als am Knochenanteil des Vomer, mit der Sonde stösst man auf rauhen Knochen. Bei der Abhebung der Oberlippe gewahrt man die Fortsetzung der Nekrose auf den Oberkiefer, sodass eine schmale Spange des Alveolarfortsatzes bis zum Rande nekrotisch ist und vorne von einem wulstigen Rest des Zahnfleisches und von Granulationen eingeschlossen wird. Die Zähne zeigen sowohl ihrer Anordnung nach, als auch, was die Meisselform und die wie ausgenagt aussehenden Defekte anlangt, den von Hutchinson beschriebenen congenitalluetischen Charakter.

Augenbefund von Professor Bergmeister: Das rechte Auge divergiert, ist gegenwärtig reizfrei, zeigt im Centrum Spuren

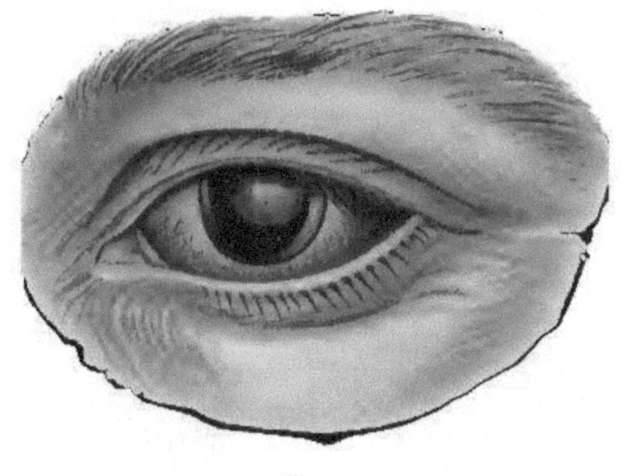

a

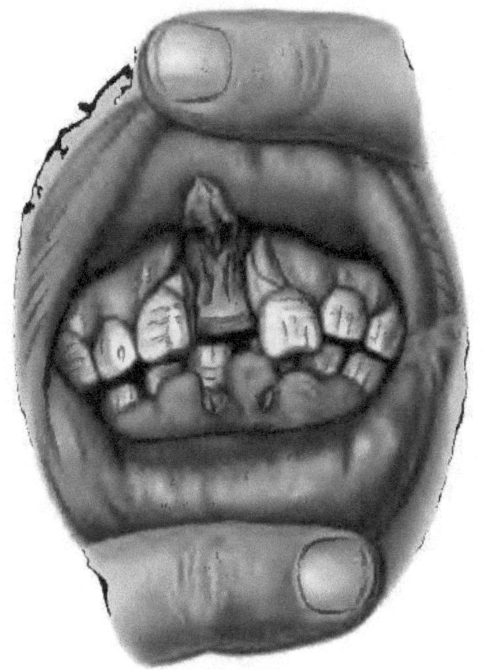

b

einer parenchymatösen Trübung. Pupille reagiert prompt. Linkes Auge. Ciliare Reizung, Limbusschwellung am oberen Rande, die angrenzende Cornea matt, gestichelt. Vom oberen Rande schiebt sich unter 'dem Limbus eine dichte parenchymatöse Trübung in die Cornea vor.

Therapie: Atropin, Schmierkur, Jodkali. 11. Juni: Linkes Auge abgeblasst, in der oberen Hälfte der Cornea eine leichte Trübung. 11. Juli: Geheilt entlassen.

Tab. 60c.

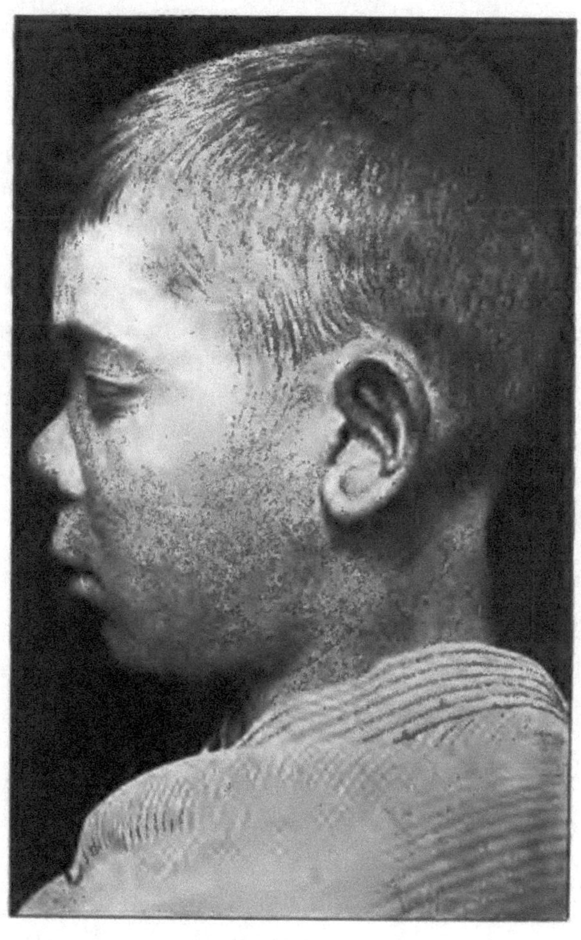

Tab. 61. Ulcera ven. in praeput. et in glande penis.

V. E., 26 Jahre alt, Maschinenschlosser.

Aufgenommen am 17. September 1896.

Ist zum erstenmale erkrankt. Den letzten Beischlaf hat der Kranke vor 14 Tagen ausgeübt; seit 10 Tagen beobachtete er das Entstehen der Geschwüre. An der linken Seite der inneren Lamelle des Präputiums befinden sich zwei grössere venerische Geschwüre mit mässig entzündeter Umgebung, eiterig zerfallenem Rande und stark eiterig secernierender Basis; fünf kleinere linsengrosse Geschwüre unterhalb der grösseren und ein überimpftes an der Glans stellen die jüngere Generation der Autoinoculationsgeschwüre dar. Auf Formalin-Gelatine, Ätzungen mit Karbolsäure reinigten sich die Geschwüre und vernarbten.

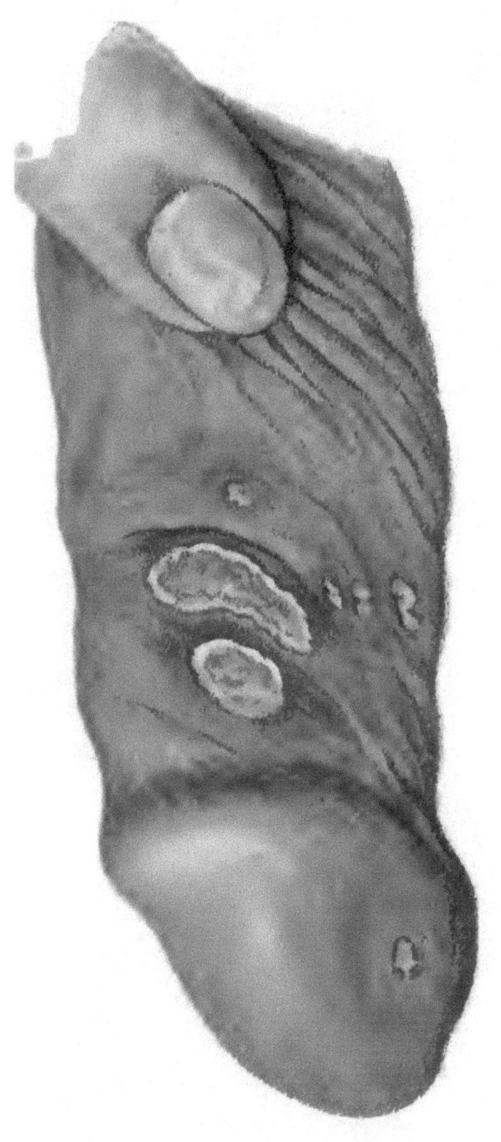

Tab. 62. Ulcera venerea contagiosa confluentia in cute penis. Adenitis inguinalis dextr.

K. J., 29 Jahre alt, Kutscher.

Aufgenommen am 26. November 1896.

Gibt an, zum erstenmale geschlechtskrank zu sein, bemerkt seit 14 Tagen das Entstehen von Geschwüren, letzter Beischlaf vor drei Wochen.

St. pr.: An der Haut des Penis und zwar in der Mitte ein grösseres, durch Konfluenz mehrerer Geschwüre entstandenes venerisches Geschwür, ein kleineres durch eine Brücke von dem ersteren getrennt nach vorne gegen das Präputium. Beide Geschwüre greifen durch die Haut, haben scharf abfallende buchtige Ränder, secernieren reichlich eiterig und zeigen die Tendenz, die Haut unterminierend sich weiter auszubreiten. Die Umgebung ist gerötet, die Lymphgefässe am Dorsum penis durch Rötung markiert. In der rechten Inguinalgegend eine kindsfaustgrosse Geschwulst, welche in der Mitte gerötet und schmerzhaft ist und leicht fluktuiert.

Therapie: Lokal Airolpulver, Operation der Adenitis. Heilung.

Tab. 62.

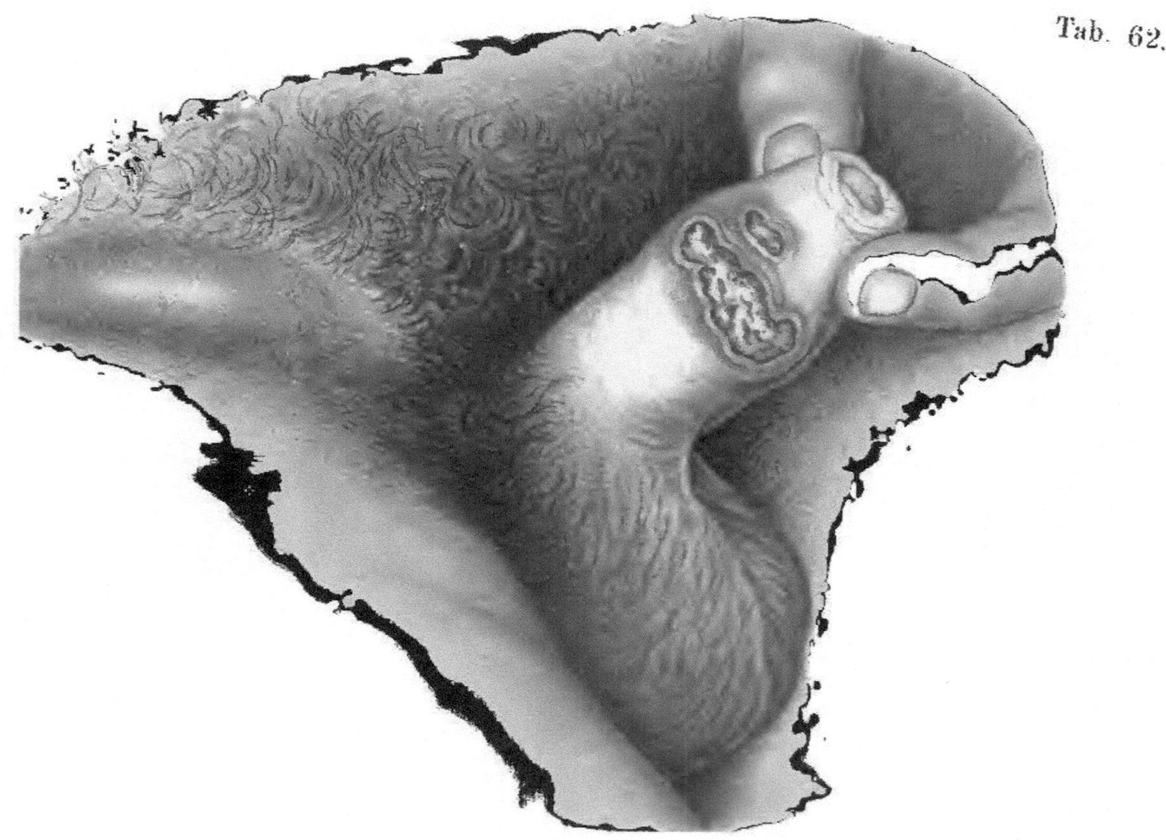

Tab. 63. Paraphimosis ex ulc. vener. in praep. oedem. inflamm. Adenitis inguinalis bilateralis suppur.

S. F., 21 Jahre alt, Handschuhmacher.

Aufgenommen am 30. Januar 1897.

Letzter Beischlaf vor 7 Wochen. Vor 4 Wochen beobachtete Patient das Entstehen der Geschwüre, vor 2 Wochen das Auftreten der Adenitis.

St. pr.: Präputium entzündlich geschwellt, retrahiert, nicht reponierbar. In der Gegend des Frenulum grössere, eitrig zerfallende venerische Geschwüre; ein kleineres an einer Falte des retrahierten ödematösen Präput. Inguinaldrüsen beiderseits geschwellt, die Haut über denselben gerötet, linkerseits bereits geschwürig zerfallen. Eczema vesiculos regionis pubis ex abusu ung. cineric.

Therapie: Kupfergliedbäder, Jodoformpulver (Geschwüre). Operative Entfernung der vereiterten Inguinaldrüsen.

Im weiteren Verlaufe erwies sich das Geschwür am Frenulum als induriert und am Stamme trat ein papulöses Syphilid auf, so dass sich der Kranke noch einer Einreibungskur unterziehen musste.

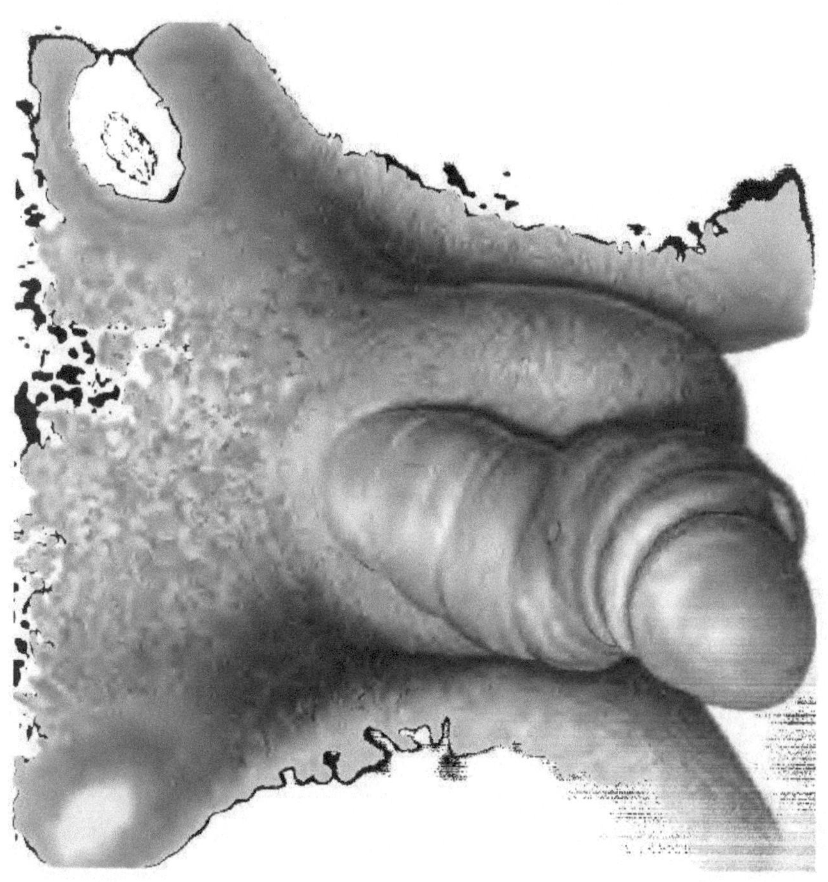

Tab. 64. Lymphangoitis dors. penis suppurans (Bubonulus Nisbethi) cum necros. integum.

N. B., 22 Jahre alt, Schlosser.

Aufgenommen am 1. Februar 1897.

Vor 3 Wochen Auftreten der Geschwüre. Die Vorhautverengerung und die Geschwulst am Rücken des Penis besteht seit 8 Tagen. Letzter Beischlaf vor 2 Monaten.

St. pr.: Präputialsack stark entzündlich geschwellt. Aus der verengten Öffnung entleert sich eitriges Sekret. Auf dem Rücken des Penis, etwa in der Mitte desselben befindet sich eine nussgrosse, halbkugelig vorspringende Geschwulst, welche auf ihrer Höhe, in der Ausdehnung etwa eines Pfennigs eine schwärzlich-braune Verfärbung zeigt. Die Geschwulst weist Fluctuation auf. Der nekrotische Schorf beginnt sich in der vorderen Partie von der entzündeten Umgebung bereits loszutrennen. Auf Druck sickert durch die Dehiscenz dünnflüssiger Eiter aus der Geschwulst hervor. Die inguinalen Lymphdrüsen beiderseits, namentlich rechts, multipel geschwellt. Nach einigen Tagen entleerte sich der Abscess vollständig, die nekrotische Decke wurde abgestossen und es lag nun ein Substanzverlust zutage, dessen oberer, gegen die Schamgegend gelegener Rand fistelartig unterminiert, und dessen Grund eitrig belegt, reichlich secernierend war.

Heilung unter Anwendung von Kupferbädern und Jodoformpulver. Beseitigung der Phimose auf operativem Wege.

Tab.

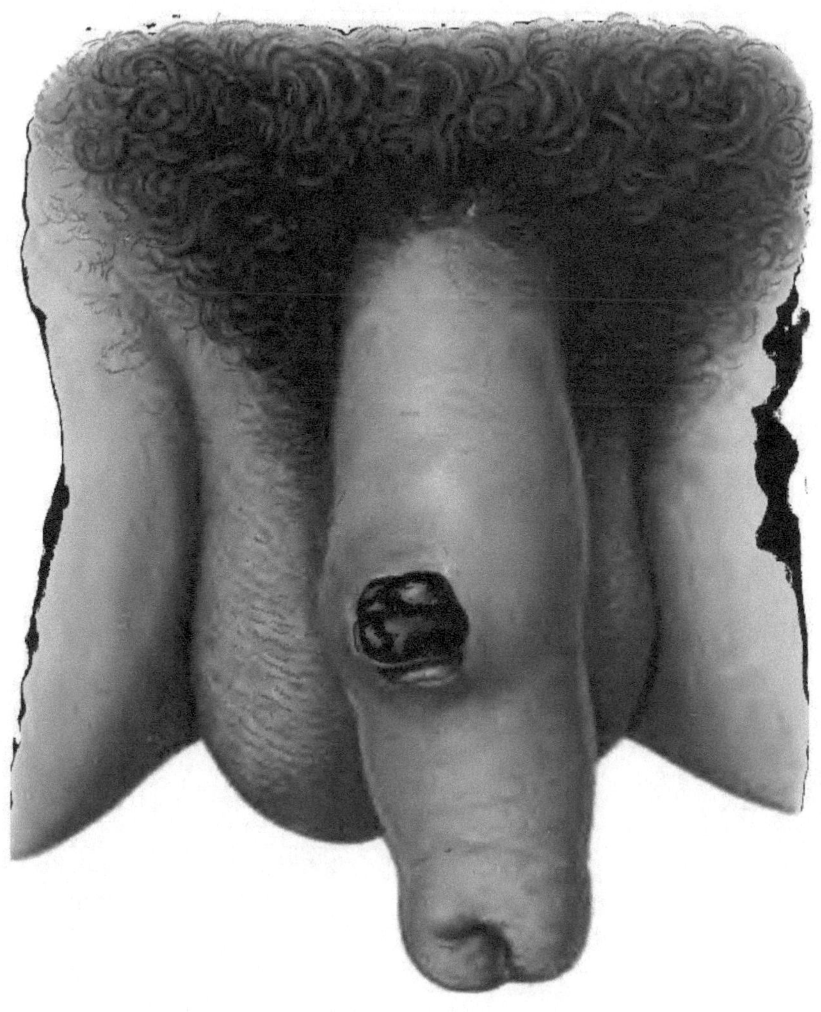

Tab. 65. Abscessus gland. Barthol. sin.

L. J., 19 Jahre alt, Prostituierte.

Aufgenommen am 10. März 1896.

Von ihrer Blennorrhoe hatte sie keine Kenntnis. Die schmerzhafte Anschwellung begann vor sechs Tagen. Die linke grosse Schamlippe ist in eine kindsfaustgrosse entzündliche Geschwulst verwandelt, welche im ganzen Umfange gerötet, schmerzhaft ist und gegen die Schamspalte eine livid verdünnte Hautdecke zeigt, unter welcher eine deutliche Fluktuation besteht. Durch diese Schwellung sind die rechte Schamlippe und die linke genitocrur.-Falte verdrängt.

Therapie: Incision des Abscesses.

Tab. 65

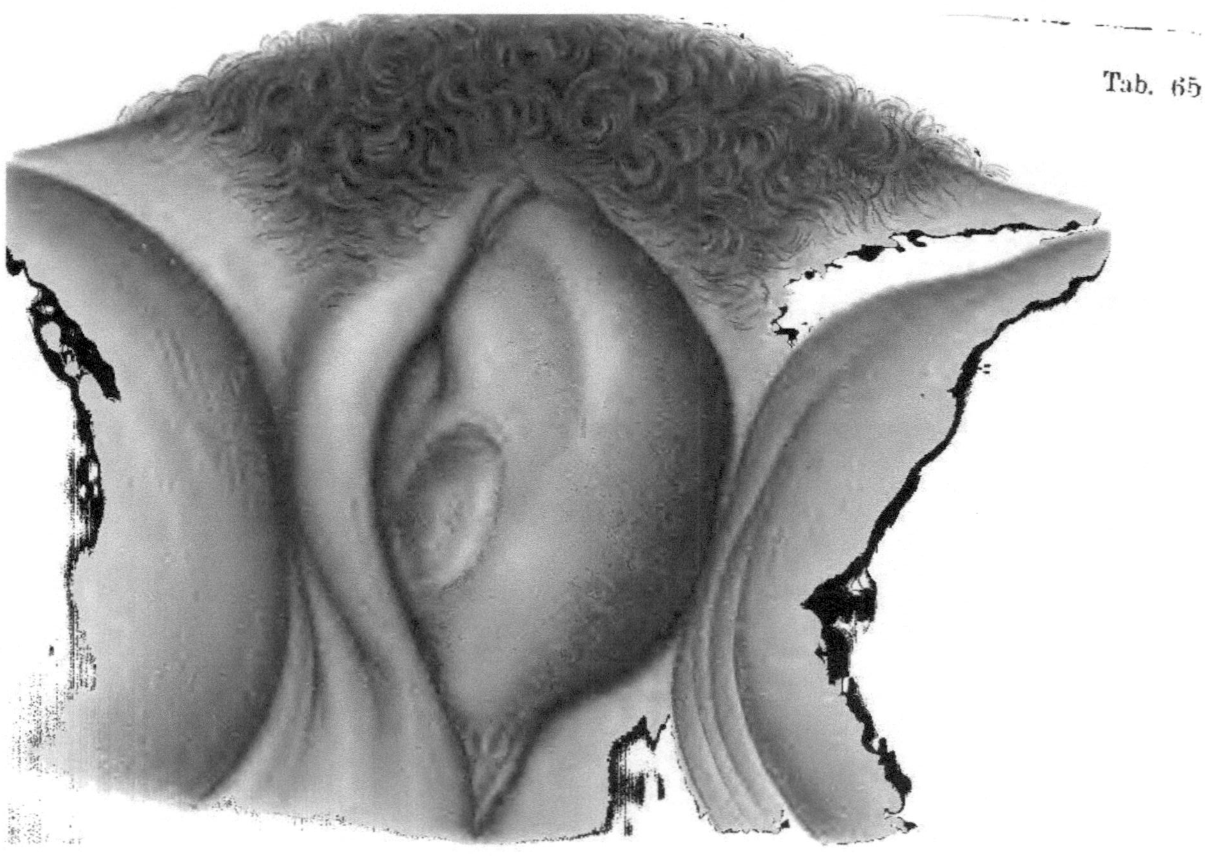

Tab. 66. Blennorrhoe. — Cavernitis.

J. R., 22 Jahre alt, Zuckerbäcker.

Behandlungsdauer: 12. Februar bis 20. April 1897.

Krankheitsdauer beim Spitalseintritt 8 Tage, letzter Coitus vor 14 Tagen.

Akuter Harnröhrentripper.

Im Verlaufe der Spitalsbehandlung treten Erscheinungen auf, welche in einer starken Schwellung an der Unterseite des Penis und Schmerzhaftigkeit daselbst, namentlich auf Druck, bestehen. Dabei erscheint das Glied abgeknickt, wobei die konkave Seite nach oben sieht. Incision rechterseits von der Raphe penis, nachdem daselbst Fluktuation aufgetreten war. Es entleerte sich eine mässige Menge rahmigen Eiters.

Drainage. Heilung der Wunde geht gut vor sich.

Patient wird am 20. April geheilt entlassen.

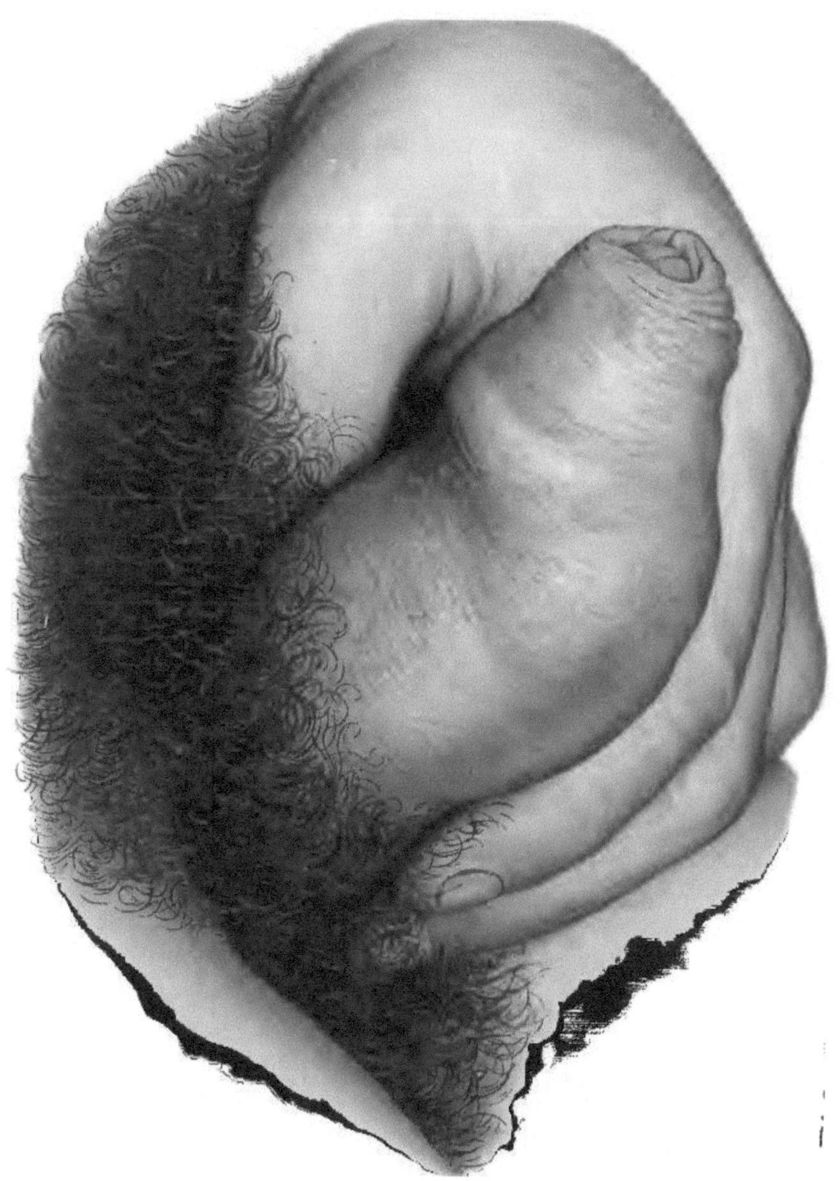

Tab. 67. Condylomata acuminata.

G. S., 24 Jahre alt, Magd.

Aufgenommen am 18. August 1896.

Patientin gibt an, seit 5 Monaten an einem Ausflusse zu leiden. Die Wucherungen an dem Genitale sollen seit 2 Monaten bestehen.

St. pr.: Die Labia maiora, das Perinaeum bis zur Afteröffnung und nach aussen die Gegend bis an die Genito-Cruralfalten eingenommen von einer warzig-höckerigen, aus papillomatösen Wucherungen sich zusammensetzenden Geschwulstmasse, welche an ihrer Oberfläche stellenweise maceriert erscheint, stellenweise mit einem grauweissen verdickten Epidermisüberzug versehen ist, endlich insulär eine lebhaft rote Färbung aufweist. Beim Auseinanderspannen der grossen Labien sieht man die kleinen Labien und das Vestibulum lebhaft gerötet und mit teils einzeln stehenden, teils konfluierenden papillomatösen Wucherungen besetzt. Harnröhren-Blennorrhoe. Eitrige Secretion aus dem Cervix uteri.

Therapie: Abtragung der Condylome in Chloroformnarkose.

Tab. 67.

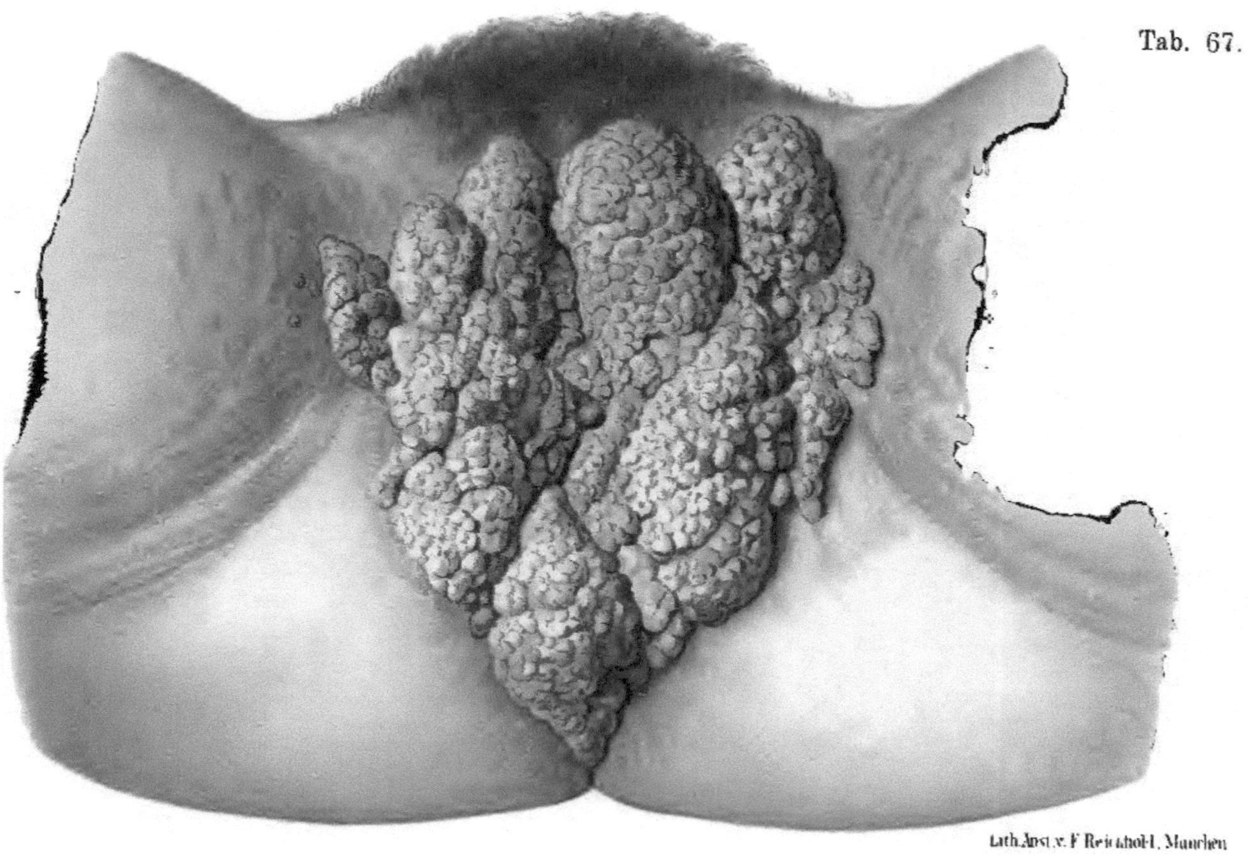

Lith.Anst.v. F Reichhold, München

Tab. 68. Condylomata acuminata in sulco coronar. et in lamina intern. praeputii inflammati in parte sin. necrotici.

(Das Bild wurde nach dem Original von Elfinger aus der Sammlung der Abteilung kopiert.)

Das Präputium ist auf der linken Seite durch Druck nekrotisch geworden und nach Abstossung die Nekrose in der Wunde noch ersichtlich. Die rechte Partie desselben nach rechts ausgewichen und umgestülpt. Aus diesem so erweiterten Präputialsack ist die Eichel und die condylomatösen Wucherungen hervorgetreten. Letztere sind zum Teil mit missfärbigem, grünlichem Eiter belegt.

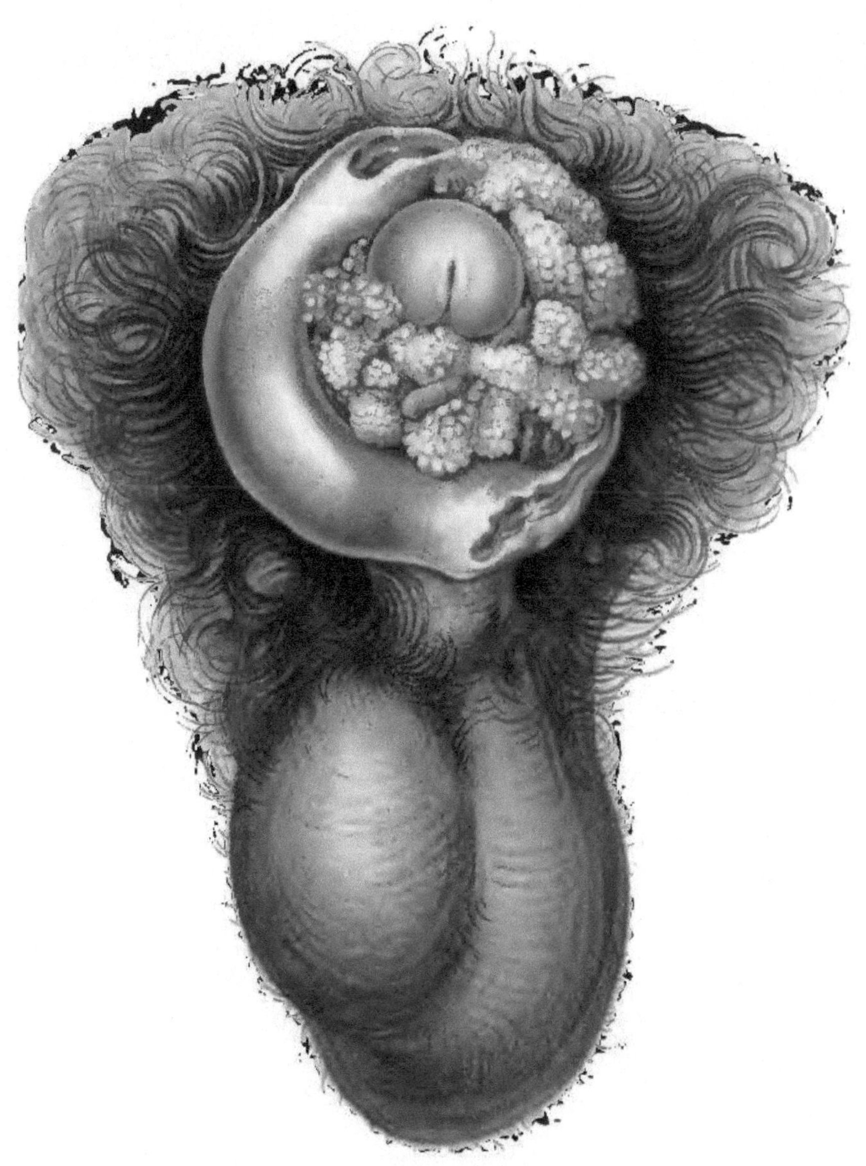

Tab. 69. Condylomata acuminata an der Portio vaginalis.

Cz. A., 19 Jahre alt, Puella publica.

Aufgenommen am 12. Oktober 1896.

Vor einem Monat wurde Patientin aus einem Krankenhaus, wo sie wegen Blennorrhoe, spitzen Condylomen in Behandlung gestanden, entlassen. Angeblich seit 4 Tagen (?) neuerlich Condylome.

St. pr.: Acute Harnröhrenblennorrhoe. Condylome an den Fimbrien. Vaginalportion nach rückwärts gewendet, platt, an beiden Muttermundslippen, besonders dicht an der vorderen confluierende spitze Warzen; eitriges Secret aus dem Orificium uteri.

Decursus: Abtragung der Condylome mit dem scharfen Löffel nach Vorziehung des Uterus.

Am 22. Dezember 1896 geheilt entlassen.

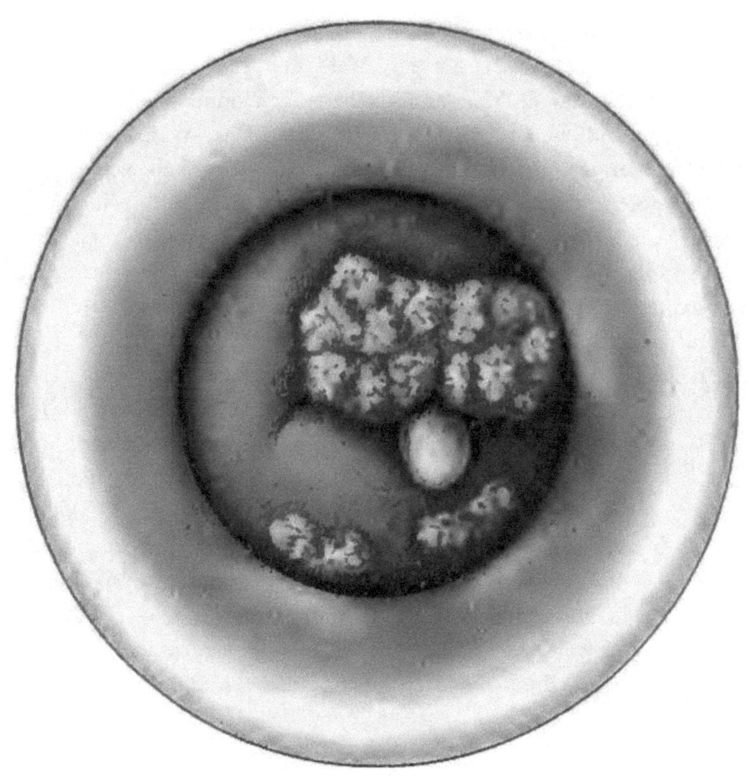

Tab. 70. Hämorrhagia subcutanea cutis penis.

J. R., 39 Jahre alt, Fabriksarbeiter.

Behandlungsdauer: 9. bis 16. Mai 1892.

Patient hat am 8. Mai unmittelbar nach einer Cohabitation den jetzigen Zustand seines Gliedes bemerkt. Das Weib, mit dem er damals zum ersten Mal den Coitus ausübte, war nach seiner Angabe keine Virgo, doch sehr eng gebaut, und er musste sich bei der immissio ausserordentlich anstrengen. Patient gibt ferner an, an häufigen spontan auftretenden Nasenblutungen zu leiden; auch soll er nach Zahnextractionen und kleinen Schnittwunden immer durch längere Zeit und intensiv bluten. (Haemophili.)

St. pr.: Kräftiger Mann von gesundem Aussehen. An den inneren Organen keinerlei Störungen nachweisbar. Genitale entsprechend entwickelt. Penis leicht ödematös, namentlich im unteren Anteil des Präputiums. An der Wurzel desselben ist die Haut stärker gespannt, dunkelblaurot verfärbt. Eichel von normaler Farbe. Der untere Teil des Präputiums als über walnussgrosser, dunkelblau verfärbter ödematöser Tumor herabhängend. — Unter lokalen Umschlägen Resorption des Hautextravasates, wobei dasselbe die bekannten Farbennuancen durchmacht.

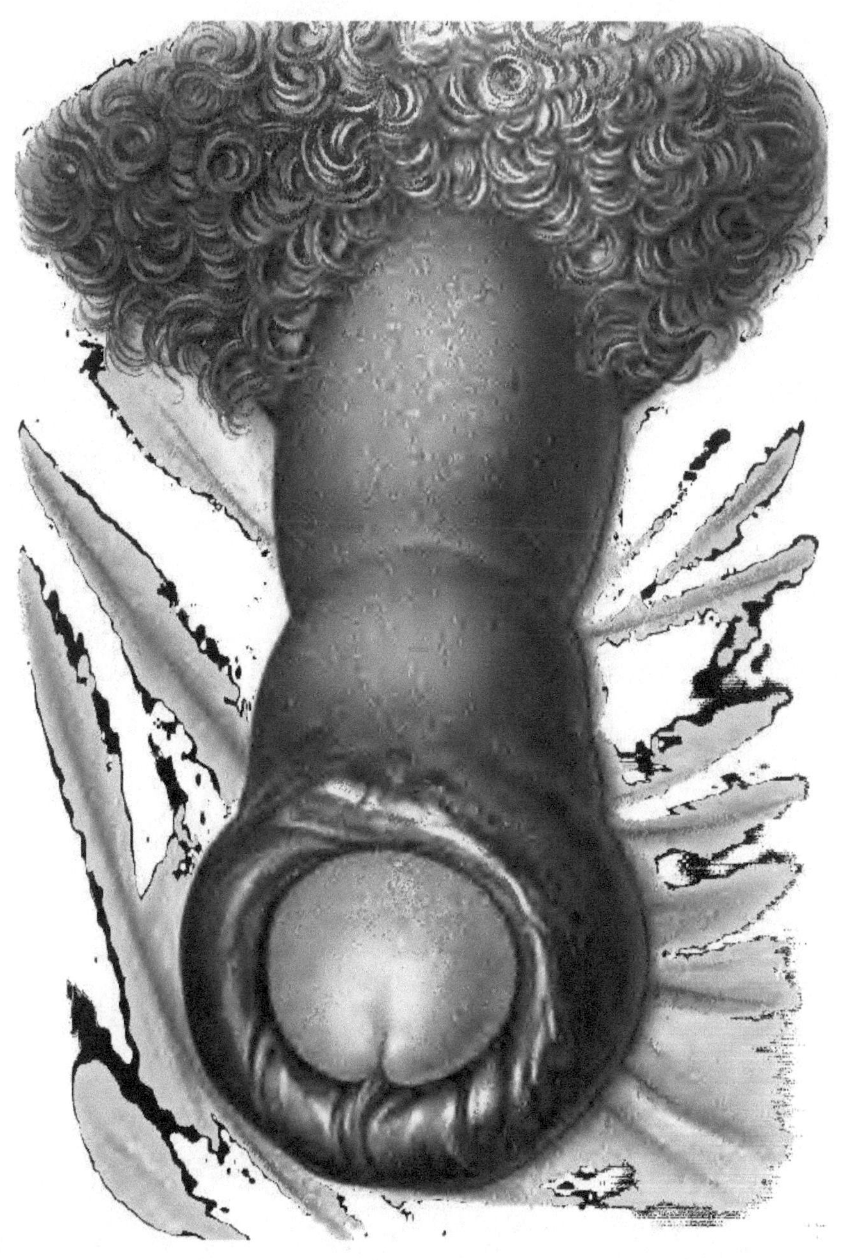

Tab. 71. Mollusca contagiosa (monitiformia).

M. W., 22 Jahre alt, Wäscherin.

Aufgenommen am 2. Februar 1897.

Seit 14 Tagen angeblich Ausfluss. — Harnröhrentripper.

An der Aussenseite beider grosser Labien und von da geradlinig bis auf die Gesässbacken sich fortsetzend eine grosse Anzahl in Reihen angeordneter blassroter Geschwülstchen von Stecknadelkopf- bis nahezu Erbsengrösse, central gedellt, hie und da von einem Haare durchbohrt.

Decursus: Abtragung der Mollusca mit dem scharfen Löffel. 23. Februar geheilt entlassen.

Tab. 71.

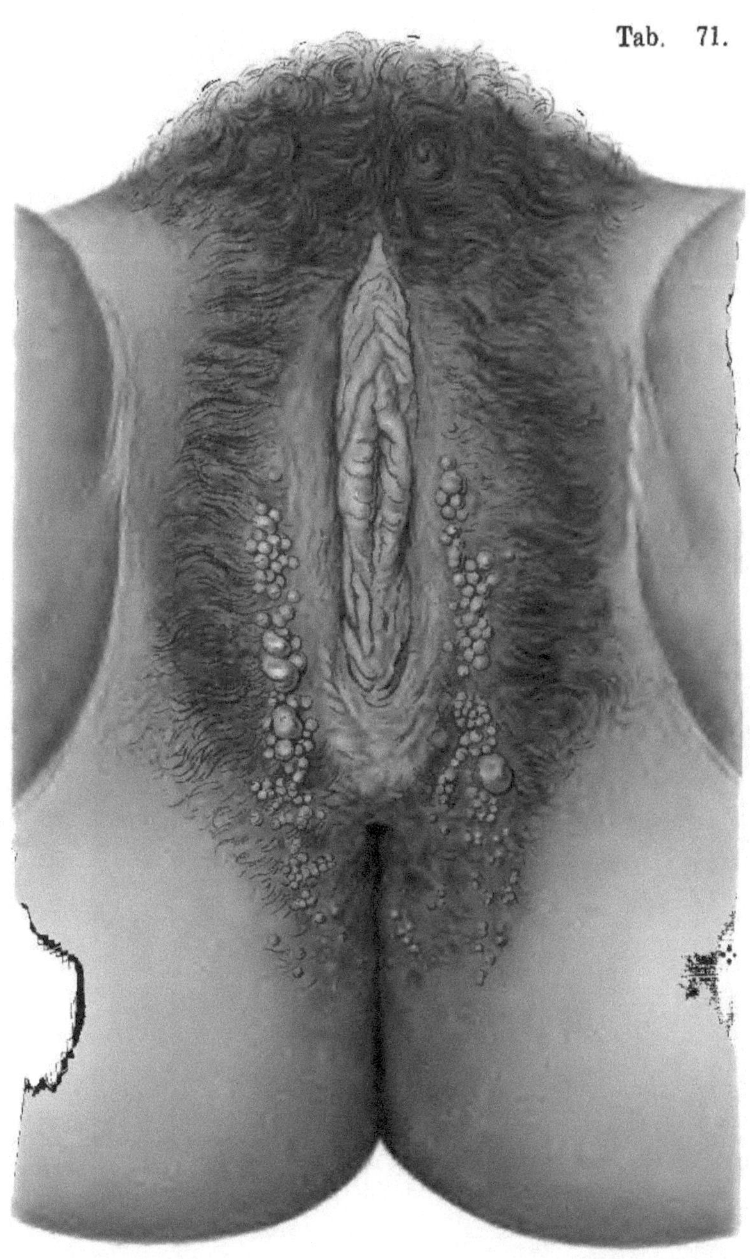

Lith.Anst.v. F Reichhold, München

Verlag von J. F. LEHMANN in MÜNCHEN.

Lehmann's medicin. Handatlanten,

nebst kurzgefassten Lehrbüchern.

Herausgegeben von

Prof. Dr. **O. Bollinger**, Dr. **L. Grünwald**, Prof Dr. **O. Haab**, Prof. Dr. **H. Helferich**, Prof. Dr. **A. Hoffa**, Prof. Dr. **E. von Hofmann**, Dr. **Chr. Jakob**, Prof. Dr. **K. B. Lehmann**, Prof. Dr. **Mracek**, Privatdocent Dr. **O. Schäffer**, Docent Dr. **O. Zuckerkandl**, u. a. m.

Bücher von hohem wissenschaftlichen Werte,

in bester Ausstattung, zu billigem Preise,

das waren die drei Hauptpunkte, welche die Verlagsbuchhandlung bei Herausgabe dieser Serie von Atlanten im Auge hatte. Der grosse Erfolg, die allgemeine Verbreitung (die Bände sind in neun verschiedene Sprachen übersetzt) und die ausserordentlich anerkennende Beurteilung seitens der ersten Autoritäten sprechen am besten dafür, dass es ihr gelungen ist, ihre Idee in der That durchzuführen, und in diesen praktisch so wertvollen Bänden hohen wissenschaftlichen Gehalt mit vollkommener bildlicher Darstellung verbunden zu haben.

Von Lehmann's medicin. Handatlanten sind Uebersetzungen in dänischer, englischer, französischer, holländischer, italienischer, russischer, schwedischer, spanischer und ungarischer Sprache erschienen.

Verlag von J. F. LEHMANN in MÜNCHEN.

Lehmann's medic. Hand-Atlanten.

Band IV:

Atlas der Krankheiten der Mundhöhle, des Rachens und der Nase.

In 69 meist farbigen Bildern mit erklärendem Text von

Dr. L. Grünwald.

Preis eleg. geb. *M.* 6.—.

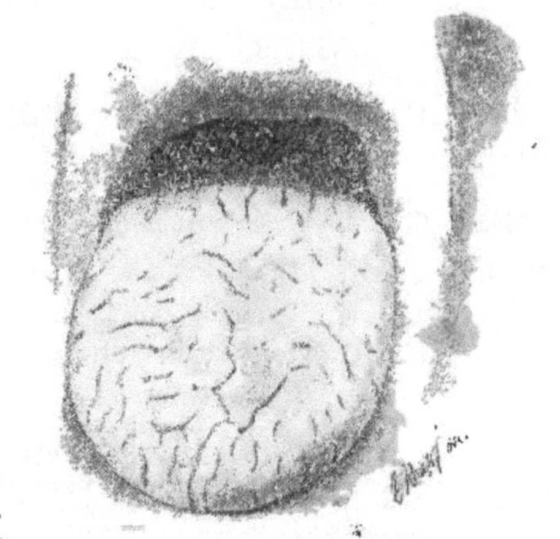

Der Atlas beabsichtigt, eine Schule der semiostischen Diagnostik zu geben. Daher sind die Bilder derart bearbeitet, dass die einfache Schilderung der aus denselben ersichtlichen Befunde dem Beschauer die Möglichkeit einer Diagnose bieten soll. Dem entsprechend ist auch der Text nichts weiter, als die Verzeichnung dieser Befunde, ergänzt, wo notwendig, durch anamnestische u. s. w. Daten. Wenn demnach die Bilder dem Praktiker bei der Diagnosenstellung behilflich sein können, lehrt anderseits der Text den Anfänger, wie er einen Befund zu erheben und zu deuten hat.

Von den Krankheiten der Mund- und Rachenhöhle sind die praktisch wichtigen sämtlich dargestellt, wobei noch eine Anzahl seltenerer Krankheiten nicht vergessen sind. Die Bilder stellen möglichst Typen der betreffenden Krankheiten im Anschluss an einzelne beobachtete Fälle dar.

Münchener medicin. Wochenschrift 1894, Nr. 7. G. hat von der Lehmann'schen Verlagsbuchhandlung den Auftrag übernommen, einen Handatlas der Mund-, Rachen- und Nasen-Krankheiten herzustellen, welcher in knappester Form das für den Studirenden Wissenswerteste zur Darstellung bringen soll. Wie das vorliegende Büchelchen beweist, ist ihm dies in anerkennenswerter Weise gelungen. Die meist farbigen Bilder sind naturgetreu ausgeführt und geben dem Beschauer einen guten Begriff von den bezüglichen Erkrankungen. Für das richtige Verständnis sorgt eine jedem Falle beigefügte kurze Beschreibung. Mit der Auswahl der Bilder muss man sich durchaus einverstanden erklären, wenn man bedenkt, welch' enge Grenzen dem Verfasser gesteckt waren. Die Farbe der Abbildungen lässt bei manchen die Beleuchtung mit Sonnenlicht oder wenigstens einem weissen künstlichen Lichte vermuten, was besser besonders erwähnt worden wäre.

Der kleine Atlas verdient den Studirenden angelegentlichst empfohlen zu werden, zumal der Preis mässig ist. Er wird es ihnen erleichtern, die in Cursen und Polikliniken beim Lebenden gesehenen Bilder dauernd festzuhalten. Killian-Freiburg.

Verlag von J. F. LEHMANN in MÜNCHEN.

Lehmann's medic. Handatlanten.

Band IX:

ATLAS
des gesunden u. kranken Nervensystems

nebst Grundriss der Anatomie, Pathologie und Therapie desselben

von

Dr. Christfried Jakob,

prakt. Arzt in Bamberg, s. Z. I. Assistent der medicin. Klinik in Erlangen.
Mit einer Vorrede von *Prof. Dr. Ad. v. Strümpell*, Direktor der medicin. Klinik in Erlangen.

Mit 105 farbigen und 120 schwarzen Abbildungen sowie 284 Seiten Text und zahlreichen Textillustrationen.

Preis eleg. geb. **Mk. 10.—**

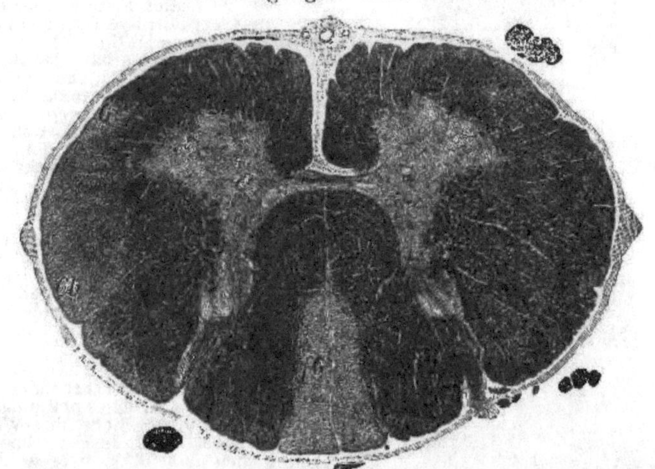

Prof. Dr. Ad. von Strümpell schreibt in seiner Vorrede zu dem vorliegenden Bande: Jeder unbefangene Beurteiler wird, wie ich glaube, gleich mir den Eindruck gewinnen, dass die Abbildungen Alles leisten, was man von ihnen erwarten darf. Sie geben die thatsächlichen Verhältnisse in deutlicher und anschaulicher Weise wieder und berücksichtigen in grosser Vollkommenheit fast alle die zahlreichen und wichtigen Ergebnisse, zu denen das Studium des Nervensystems in den letzten Jahrzehnten geführt hat. Dem Studierenden sowie dem mit diesem Zweige der medicinischen Wissenschaft noch nicht näher vertrauten praktischen Arzt, ist somit die Gelegenheit geboten, sich mit Hilfe des vorliegenden Atlasses verhältnismässig leicht ein klares Bild von dem jetzigen Standpunkte der gesamten Neurologie zu machen.

Wandtafeln für den neurologischen Unterricht.

Herausgegeben von

Prof. Dr. Ad. v. Strümpell in Erlangen und **Dr. Chr. Jakob** in Bamberg.

13 Tafeln im Format von 80 cm zu 100 cm.

Preis in Mappe **Mk. 50.—**. Auf Leinwand aufgezogen Mk. 70.—.

Der Text in den Bildern ist lateinisch.

Lehmann's medicin. Handatlanten.

Band X.

Atlas und Grundriss der Bakteriologie

und

Lehrbuch der speciellen bakteriolog. Diagnostik.

Von

Prof. **Dr. K. B. Lehmann** und **Dr. R. Neumann**
in Würzburg.

Bd. I Atlas mit 558 farb. Abbildungen auf 63 Tafeln, Bd. II Text 450 Seiten mit 70 Bildern.

Preis der 2 Bände eleg. geb. Mk. 15.—

Münch. medic. Wochenschrift 1896 Nr. 23. Sämtliche Tafeln sind mit ausserordentlicher Sorgfalt und so naturgetreu ausgeführt, dass sie ein glänzendes Zeugnis von der feinen Beobachtungsgabe sowohl, als auch von der künstlerisch geschulten Hand des Autors ablegen.

Bei der Vorzüglichkeit der Ausführung und der Reichhaltigkeit der abgebildeten Arten ist der Atlas ein wertvolles Hilfsmittel für die Diagnostik, namentlich für das Arbeiten im bakteriologischen Laboratorium, indem es auch dem Anfänger leicht gelingen wird, nach demselben die verschiedenen Arten zu bestimmen. Von besonderem Interesse sind in dem 1. Teil die Kapitel über die Systematik und die Abgrenzung der Arten der Spaltpilze. Die vom Verfasser hier entwickelten Anschauungen über die Variabilität und den Artbegriff der Spaltpilze mögen freilich bei solchen, welche an ein starres, schablonenhaftes System sich weniger auf Grund eigener objektiver Forschung, als vielmehr durch eine auf der Zeitströmung und unerschütterlichem Autoritätsglauben begründete Voreingenommenheit gewöhnt haben, schweres Bedenken erregen. Allein die Lehmann'schen Anschauungen entsprechen vollkommen der Wirklichkeit und es werden dieselben gewiss die Anerkennung aller vorurteilslosen Forscher finden. — —

So bildet der Lehmann'sche Atlas nicht allein ein vorzügliches Hilfsmittel für die bakteriologische Diagnostik, sondern zugleich einen bedeutsamen Fortschritt in der Systematik und in der Erkenntnis des Artbegriffes bei den Bakterien. Prof. Dr. Hauser.

Allg. Wiener medicin. Zeitung 1896 Nr. 28. Der Atlas kann als ein sehr sicherer Wegweiser bei dem Studium der Bakteriologie bezeichnet werden. Aus der Darstellungsweise Lehmann's leuchtet überall gewissenhafte Forschung, leitender Blick und volle Klarheit hervor.

Pharmazeut. Zeitung 1896 S. 471/72. Fast durchweg in Originalfiguren zeigt uns der Atlas die prachtvoll gelungenen Bilder aller für den Menschen pathogenen, der meisten tierpathogenen und sehr vieler indifferenter Spaltpilze in verschiedenen Entwickelungsstufen.

Trotz der Vorzüglichkeit des „Atlas" ist der „Textband" die eigentliche wissenschaftliche That.

Für die Bakteriologie hat das neue Werk eine neue, im Ganzen auf botanische Prinzipien beruhende Nomenklatur geschaffen und diese muss und wird angenommen werden. C. Mez-Breslau.

Verlag von J. F. LEHMANN in MÜNCHEN.

Lehmann's medicinische Handatlanten.

Band XIII.

Atlas und Grundriss der Verbandlehre.

Mit 220 Abbildungen auf 128 Tafeln nach Originalzeichnungen von Maler Johann Fink

von

Professor Dr. A. Hoffa in Würzburg.

8 Bogen Text. Preis elegant geb. Mk. 7.—.

Dieses Werk verbindet den höchsten praktischen Wert mit vornehmster, künstlerischer Ausstattung. Das grosse Ansehen des Autors allein bürgt schon dafür, dass dieses instruktive Buch, das die Bedürfnisse des Arztes, ebenso wie das für den Studierenden Nötige berücksichtigt, sich bald bei allen Interessenten Eingang verschafft haben wird. Die Abbildungen sind durchwegs nach Fällen aus der Würzburger Klinik des Autors in prächtigen Originalaquarellen durch Herrn Maler Fink wiedergegeben worden.

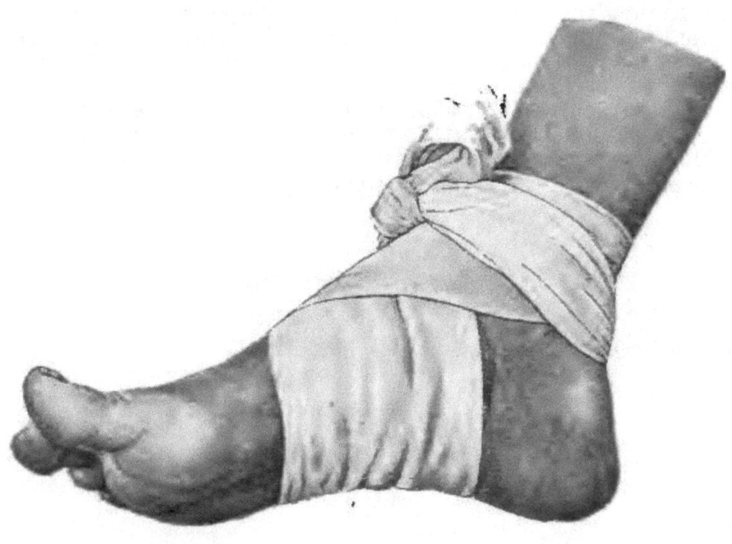

Verlag von J. F. LEHMANN in MÜNCHEN.

Lehmann's medicinische Handatlanten.

Band XVI.

Atlas und Grundriss der chirurgischen Operationslehre

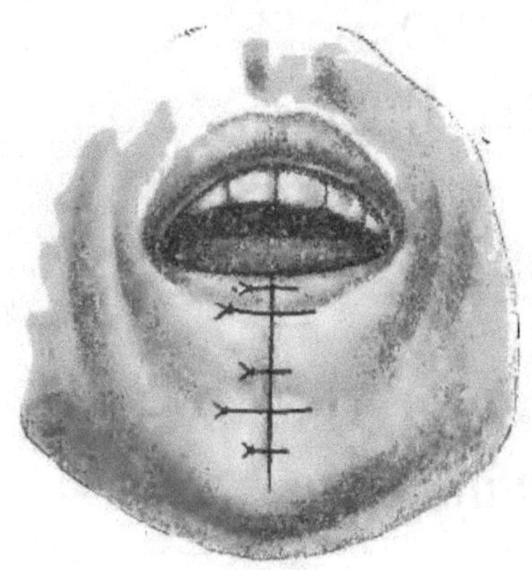

von

Dr. Otto Zuckerkandl

Privatdozent an der Universität Wien.

24 farbige Tafeln nach Originalaqarellen des Malers
BRUNO KEILITZ.

217 schwarze Abbildungen meist auf Tafeln. 27 Bog. Text.
Preis eleg. geb. M. 10.—

Dieses hervorragend instruktive Werk des bekannten Wiener Chirurgen schliesst sich würdig an Professor Helferich's Atlas der Frakturen und Professor Hoffa's Verbandlehre an und hat sich gleich diesen Bänden aus den medicinischen Handatlanten in kürzester Zeit nicht nur bei den Studierenden als unentbehrliches Lehrbuch, sondern auch bei den praktischen Aerzten als hochgeschätztes Nachschlagewerk eingebürgert.

Verlag von J. F. LEHMANN in MÜNCHEN.

Cursus der topographischen Anatomie

von **Dr. N. Rüdinger,** o. ö. Professor an der Universität München.
Dritte stark vermehrte Auflage.
Mit 85 zum Teil in Farben ausgeführten Abbildungen.
Preis broschiert Mk. 9.—, gebunden Mk. 10.—.

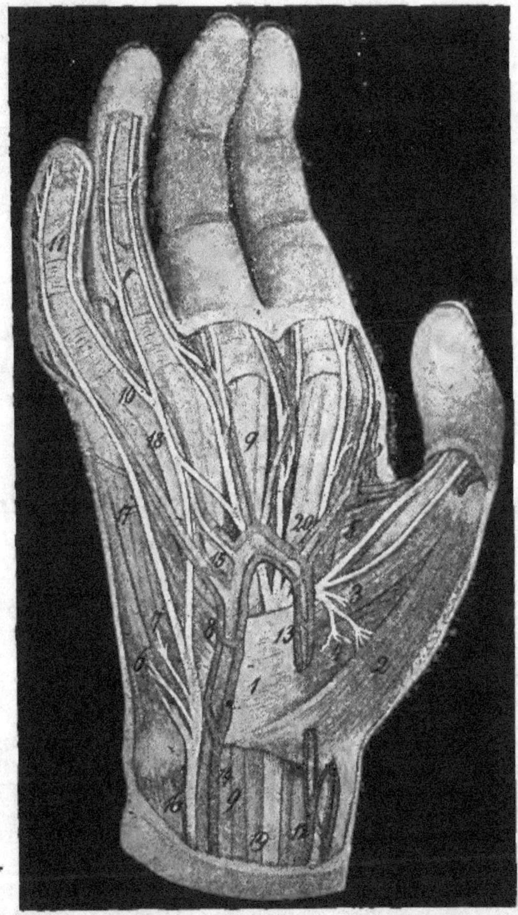

Das Original ist in 3 Farben ausgeführt.

Allg. medic. Centralzeitung, 1892, 9. März: Der Verfasser des vorliegenden Buches hat einem wirklichen Bedürfnis abgeholfen, indem er den Studierenden und Aerzten ein aus der Praxis des Unterrichts hervorgegangenes Werk darbietet das in verhältnismässig kurzem Raum alles Wesentliche klar und anschaulich zusammenfasst. Einen besonderen Schmuck des Buches bilden die zahlreichen, in moderner Manier und zum Teil farbig ausgeführten Abbildungen. Wir können das Werk allen Interessenten nicht dringend genug empfehlen.

Die typischen Operationen und ihre Uebungen an der Leiche.

Kompendium der chirurgischen Operationslehre.

Fünfte erweiterte Auflage
von
Oberstabsarzt **Dr. E. Rotter.**
388 Seiten.
Mit 116 Illustrationen
Eleg. geb. **M. 8.—.**

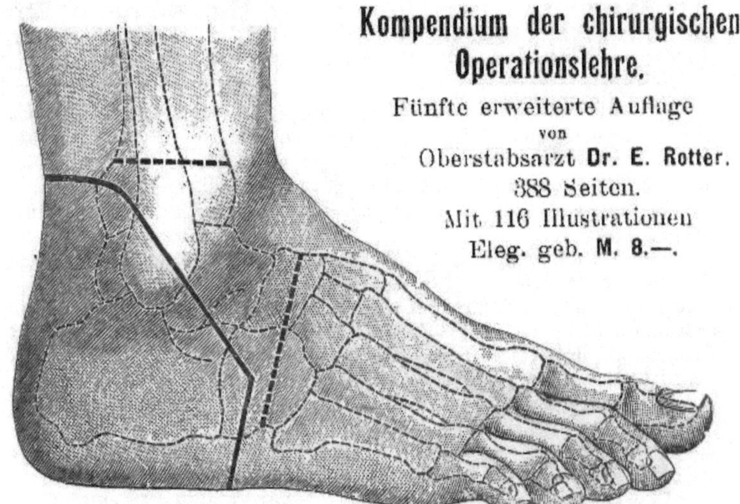

Die **Münchener medic. Wochenschrift** schreibt: Nachdem erst vor relativ kurzer Zeit die 3. Auflage des Rotter'schen Buches hier besprochen wurde, liegt — der beste Beweis für die allgemeine Anerkennung der Vorzüge des Werkchens — schon die 4. Auflage vor. Die klare Anordnung des Stoffes, die kurze präcise Darstellung der verschiedenen Operationen, die sich sowohl von einer zu cursorischen Behandlung, als einem zu detaillierten, in Kleinigkeiten sich verlierenden Ausführen ferne hält, neben der topographischen Anatomie, den speciell bei dem Eingriff zu berücksichtigenden Momenten, doch genügend auf Modificationen, Indication, statistische Verhältnisse eingeht, und dadurch die Lektüre zu einer wesentlich interessanteren macht, lässt, (wie die Aufnahme zeigt) das Werk nicht nur für den studierenden, an der Leiche übenden Arzt, sondern auch für den praktisch thätigen Collegen, speciell den Feldarzt, ein treffliches Hilfsbuch sein. Die klaren hübschen Holzschnitte in anschaulicher Grösse und reicher Zahl eingefügt, erhöhen die Brauchbarkeit des Büchleins wesentlich; ebenso wird die Anführung einer Reihe anscheinend kleinerer Momente, Verbesserungen etc., wie sie z. B. für den Feldgebrauch angegeben wurden sowie einer Reihe von Ratschlägen hierin competenter Autoritäten, speciell von Nussbaums, von vielen sehr geschätzt werden.

Referent zweifelt nicht, dass das Werkchen, das die neuesten Operationen und operativen Modificationen völlig berücksichtigt und somit durchaus auf modernem Standpunkt steht, zu seinen bisherigen Freunden sich noch zahlreiche neue erwerben wird. Die hübsche Ausstattung macht das Buch auch äusserlich zu einem sehr handlichen. Ein ausführliches Autoren- und Sachregister ist nicht minder als Vorzug anzuerkennen.

Schreiber.

Zeitfracht Medien GmbH
Ferdinand-Jühlke-Straße 7
99095 Erfurt, Deutschland
produktsicherheit@kolibri360.de